ウサギ学

隠れることと逃げることの生物学

山田文雄──[著]

東京大学出版会

Lagomorphology :
Biology of Evasion and Escaping Strategy
Fumio YAMADA
University of Tokyo Press, 2017
ISBN 978-4-13-060199-3

はじめに

　わが国には，日本列島の北から南まで，多様な種類の野生のウサギ類（ナキウサギ類，ノウサギ類，アナウサギ類）が生息している．すなわち，ナキウサギ類では北海道のエゾナキウサギ，ノウサギ類では北海道のエゾユキウサギと九州・四国・本州などのニホンノウサギ，そしてアナウサギ類では奄美群島のアマミノクロウサギである．種数では，2科3属4種のウサギ類が日本列島に生息している．面積的には狭い日本であるが，北海道から奄美群島まで南北距離はおよそ3000 km もあり，地史的にみると，日本列島はユーラシア大陸と結合分離を行ってきた「大陸島」であるため，多様な種類のウサギ類が生息する列島といえる．

　「ウサギ」といえば，12年ごとにめぐってくる干支の「うさぎ年（卯年）」，あるいは物静かで愛らしいために現代人を癒してくれるペット（愛玩動物）としてよく知られる．ウサギをモチーフとした絵本やアニメ，マスコットキャラクターなどでも人気がある．ペットのウサギは家畜化されたウサギで，「カイウサギあるいはイエウサギ」とよばれ，野生のヨーロッパアナウサギが家畜化された動物である．「ウサギ」といえば，このペットのウサギをまず想像するかもしれないが，野生のウサギ類にはさまざまな種類がいる．本書でおもに取り扱うウサギは，野生のウサギ類である．

　生物多様性の重要性や保全対策の必要性が，国際的に，また社会的に，広く認識されるようになってきた．生物多様性保全の立場から，野生の動植物や自然生態系を保護し，必要に応じて改善し，健全な自然環境を後世に引き継ぐ義務を，現代の人間は求められている．とはいえ，まずは，私たちの住むこの日本列島の自然や野生動植物を理解することから始めてもよいだろう．ウサギ類といえども，ペットのウサギだけでなく，私たちの住む日本や世界には，それぞれの歴史をもったさまざまな野生のウサギ類が住んでいることを知ることから始めてみよう．

　わが国の野生ウサギ類に関する研究は古くからある．しかし，一般書や学術的モノグラフとしての書籍は少ない．私はウサギに関してさまざまなメディアや行政機関，研究者からの問い合わせを受ける機会が多く，わが国の野生のウ

サギ類に関してまとまった書籍が必要と考えてきた．私は，野生ウサギ類の生物学的特性や適応的特性の解明に興味をもち，生息の現状，被害，保全の諸問題などに取り組んできた．そのため，これまでの研究の蓄積や内外の研究成果なども交えて，学術的なモノグラフとしての書籍をまとめてみたいと考えた．そこで，私が40年近く取り組んできたノウサギ類研究，侵略的外来生物の野生化アナウサギ類研究，さらに希少種アマミノクロウサギ研究の成果をわかりやすく解説し，ウサギ類への新たな理解，人間とウサギ類との新たな関係づくり，さらに今後の新たなウサギ学の発展に貢献できるような書籍として刊行したいと考えた．

　本書は「ウサギ学」と称し，副題として「隠れることと逃げることの生物学」とした．副題は，捕食者に対して，ウサギたちはまず身を隠し，追われた場合，逃げて隠れるという戦略をとることで生き延びたという特徴を表現したつもりである．本書は私の研究とその断片的な成果であり，また他の研究者の成果を私なりにとりまとめた書籍である．このため，教科書的なウサギ類の生物学として網羅的な情報が掲載されているわけではない．ウサギ類とはなにか，ウサギ類は歴史的にどのように誕生して生き残ってきたのかなどに興味をもち，私の視点からとらえたものであることをお断りしたい．内容は，おもに生態学的研究成果にもとづいて，ウサギ類の生物学的特性や適応的特性に保全生物学的な観点を加え，ウサギ類と人間との関係も検討し，ウサギ学としてできるだけ包括的内容になることをめざしたつもりである．また，研究者や動物学に関心のある一般読者，行政やマスコミ関係者などに理解してもらえるように，専門的ではあるが，わかりやすくなるように心がけたつもりである．

　本書の構成は，私がこれまでに取り組んできた研究を時間軸に沿って記述した．研究履歴や時代的背景を時間軸で表すことによって，ウサギ類の社会的位置づけや研究史としても，読者に興味をもってもらえると考えたためである．

　第1章は「ウサギと人間——古くからのつきあい」として，狩猟，食糧，家畜化，衣料，被害および文化など，ウサギ類と人間とのつきあいについて述べた．身近にいて手ごろなサイズの野生動物としてのウサギ類と人間との長い歴史を日本や海外の事例から紹介した．第2章は「ウサギ学概論——分類・分布・進化」として，世界のウサギ類（ナキウサギ類，アナウサギ類，ノウサギ類）の種類や分布，生物学的特徴，起源と系統，ウサギ科の進化傾向などを述べた．近年の分子系統学的研究などの成果によって，ウサギ類の系統進化がかなり明らかになってきた．第3章は「ノウサギ——走ることへの適応」として，

とくにニホンノウサギについての研究成果によって，繁殖，成長，採食生態などについて述べた．ノウサギとはなにかを理解してもらいたい．第4章は「アナウサギ——穴居生活への適応と侵略的外来種問題」として，わが国で起きている野生化アナウサギを対象にした研究成果を述べ，アナウサギと外来種問題を紹介した．第5章は「アマミノクロウサギ——日本の特別天然記念物」として，アマミノクロウサギの発見史，なぜ遺存固有種として生息するか，亜熱帯での生活，生息の現状や今後の課題などについて述べた．第6章は「ウサギ学のこれから——保全生物学の視点」として，最近のウサギ学の進展や成果を紹介し，研究者の交流や希少種問題，日本のウサギの現状と課題，これからのウサギ学について述べた．

　本書により，他の分類群の研究者や一般の方々にウサギ類の最近の研究成果を知ってもらい，後進の若い研究者がそれぞれの研究分野において新たな手法に取り組むうえで，また，比較生物学的研究，系統進化学的研究，さらに保全生物学的研究を開始するうえで参考となれば幸いである．行政担当者の被害対策や保全対策のために，基礎的な知見として参考になることも期待したい．

目　　次

はじめに……………………………………………………………………… i

第 1 章　ウサギと人間——古くからのつきあい ……………………… 1

1.1　捕らえる——狩猟………………………………………………… 1
　　（1）古くから捕獲利用されたわが国のノウサギ　1
　　（2）軍需事業で証明された正確な狩猟統計　4
　　（3）ウサギで生き残った人類　6

1.2　食べる——食糧…………………………………………………… 8
　　（1）縄文と弥生遺跡のノウサギ　8
　　（2）徳川将軍家の正月料理　9
　　（3）絵画に描かれたノウサギ　9

1.3　飼いならす——家畜化…………………………………………… 11
　　（1）家畜化されたヨーロッパアナウサギ　11
　　（2）家畜化による生理的変化　12　　（3）日本の品種改良　12

1.4　まとう——毛皮…………………………………………………… 13
　　（1）低品質のノウサギの毛皮　13　　（2）生産量　14

1.5　そこなう——被害………………………………………………… 14
　　（1）わが国の林業被害　14　　（2）侵略的外来種としての被害　16
　　（3）ウサギから人間に移る病気　17

1.6　知る——文化史…………………………………………………… 17
　　（1）博物学的視点から　17　　（2）最古の神話のウサギ　18
　　（3）最古の博物学のウサギ　18　　（4）近年の書籍　19

第 2 章　ウサギ学概論——分類・分布・進化……………………… 22

2.1　分類と分布………………………………………………………… 22
　　（1）現生種の分類と種数　22　　（2）ウサギの自然分布　23

vi 目　　次

2.2 生物学的特徴··26

（1）草食性哺乳類としてのウサギ 26 　　（2）歯と頭骨 27

（3）四肢，耳介，尾 28 　　（4）消化システム 32

（5）総排出腔と繁殖器官 35

2.3 起源と系統···36

（1）ウサギ目の系統的位置づけの論争 36

（2）ウサギ目の近縁系統──齧歯目 36 　　（3）化石種の系統樹 38

（4）ウサギ目2科の分岐年代 39 　　（5）ナキウサギ科の系統進化 40

（6）ウサギ科の系統進化 41 　　（7）アフリカのアカウサギ属 46

（8）中国南西部起源のスマトラウサギ属 46

（9）北アメリカで多様化したワタオウサギ属 47

（10）北アメリカ，ユーラシア，アフリカで多様化したノウサギ属 47

（11）ウサギ科の属レベルの系統的位置づけと問題点 51

2.4 日本のウサギ···53

（1）種多様性に富むウサギ類 53

（2）エゾナキウサギの分類学的変遷と位置づけ 55

（3）アマミノクロウサギの分類学的変遷と位置づけ 56

（4）ニホンノウサギの分類学的変遷と位置づけ 57

（5）エゾユキウサギの分類学的変遷と位置づけ 58

（6）日本産ノウサギの和名 59

2.5 ウサギ科──穴居性から走行性へ·······································60

（1）アナウサギ類とノウサギ類の比較 60

（2）核型変異からみたアナウサギ類とノウサギ類 61

（3）ウサギ科の進化傾向 61 　　（4）「食われるもの」の戦略 63

（5）効率的に多産繁殖 64 　　（6）巣穴と出産の関係 64

（7）大型化で適応環境を拡大 65

第3章　ノウサギ──走ることへの適応·······································67

3.1 固有種ニホンノウサギ··67

（1）シーボルトによる発見 67 　　（2）新種登録記載の和訳 68

（3）当時のウサギの分類体系 69

（4）"Fauna Japonica" の記載のまちがい 70

目　　次　*vii*

3.2　白変化する体毛 ··· *71*
　　（1）"Fauna Japonica" に記載のない体毛の白変化　*71*
　　（2）体毛白変化地域と亜種区分　*71*
　　（3）身体部位の毛色変化の順序と要因　*74*
　　（4）毛色の季節変化と進化　*76*

3.3　効率よい繁殖方法 ··· *77*
　　（1）繁殖行動の観察　*77*　　（2）短時間の交尾行動　*78*
　　（3）配偶システム　*80*
　　（4）分娩行動　*81*　　（5）新生獣の誕生　*82*　　（6）哺育行動　*82*
　　（7）希薄な母子関係　*84*　　（8）優れた走行適応　*86*
　　（9）交尾刺激で起きる排卵　*86*
　　（10）交尾刺激による卵胞成熟と排卵の過程　*87*
　　（11）交尾後の排卵所要時間　*89*
　　（12）1回の産子数と年間の繁殖回数の関係　*89*

3.4　成長と発育 ··· *89*
　　（1）成長・発育の過程　*89*　　（2）成長過程の地域間比較　*90*
　　（3）頭骨の成長　*92*　　（4）頭骨主要縫合の癒合　*92*
　　（5）頭頂間骨の識別　*93*
　　（6）歯の萌出，交換，摩耗の過程と時期　*94*
　　（7）ノウサギで早い歯の萌出・交換　*94*　　（8）水晶体重量の成長　*97*
　　（9）ノウサギとアナウサギ類の種の成長の比較　*98*
　　（10）齢査定基準と野外個体群への適用例　*99*

3.5　食害問題と採食生態 ·· *100*
　　（1）食害問題　*100*　　（2）食害研究への取り組み　*102*
　　（3）被害の経年変化と生息地環境　*103*
　　（4）植物現存量と餌選択　*104*　　（5）植物部位の採食選択　*105*
　　（6）餌植物の栄養的価値　*105*
　　（7）採食生態にもとづく食害低減試験　*107*
　　（8）餌選択と採食行動および食害発生メカニズム　*109*
　　（9）食害防止のためのこれまでの研究　*110*

3.6　生態系のなかのノウサギの役割 ····································· *111*

viii　目　　次

　　（1）被食者としてのノウサギ　*111*
　　（2）希少猛禽類生息地のノウサギの生息実態把握の取り組み　*111*
　　（3）糞によるノウサギの生息数推定と森林との関係　*112*
　　（4）他の手法によるノウサギの生息状況の把握　*114*
　　（5）ノウサギの減少と要因　*117*
　　（6）猛禽類の餌資源の評価としての今後の課題　*119*
　　（7）ノウサギの生息数推定法　*120*

3.7　ノウサギの生息数減少と希少種問題……………………………………*122*
　　（1）わが国におけるノウサギの減少と希少種　*122*
　　（2）海外におけるノウサギの減少　*123*

第4章　アナウサギ——穴居生活への適応と侵略的外来種問題…………*125*

4.1　起源と原産地………………………………………………………………*126*
　　（1）化石からみた起源と原産地　*126*
　　（2）現生種の原産地と集団の分化　*127*　　（3）穴居生活への適応　*127*
　　（4）家畜化と野外への人為的導入による再野生化　*129*

4.2　侵略的外来種アナウサギの現状…………………………………………*131*
　　（1）わが国における法的扱い　*131*
　　（2）アンケート調査で明らかになった日本の野生化アナウサギ　*131*
　　（3）導入目的，導入時期および生息数　*133*
　　（4）導入定着により生じる自然環境への問題　*136*
　　（5）対処の経緯と現状　*136*　　（6）今後の対策と課題　*137*

4.3　野生化アナウサギの影響と対策——石川県七ツ島大島の事例……*138*
　　（1）国指定七ツ島鳥獣保護区特別保護地区　*138*
　　（2）放されたアナウサギの品種と繁殖特性　*140*
　　（3）生息数の変動　*140*　　（4）捕獲個体の分析　*142*
　　（5）餌植物と栄養価　*143*　　（6）巣穴構造　*147*
　　（7）駆除のための海外事例からの対策　*150*
　　（8）今後の課題と対策の必要性　*151*

4.4　侵略的外来種としての対策——海外の事例………………………………*151*
　　（1）農業被害対策から生態系保全対策　*151*
　　（2）ヨーロッパ大陸　*152*　　（3）イギリス　*152*

目　　次　*ix*

（4）オーストラリア　*153*　　（5）ニュージーランド　*154*

（6）その他の島々　*155*　　（7）ミキソーマトシス　*155*

（8）ウサギウイルス性出血病　*156*

第 5 章　アマミノクロウサギ──日本の特別天然記念物……………*158*

5.1　奄美大島と徳之島………………………………………………*159*

（1）大陸島と地形　*159*　　（2）湿潤亜熱帯気候とドングリの森　*162*

（3）島の成立と固有種の誕生　*163*

（4）東アジアで起きた特異な種分化　*165*

5.2　発見史……………………………………………………………*169*

（1）なぜアメリカ人の発見か　*169*　　（2）原記載と再分類　*170*

（3）タイプ標本の保管場所　*171*

（4）標本採集者ファーネスとヒラー　*172*

（5）ファーネスたちのアジア，オセアニアの探検と動物標本採集　*173*

（6）江戸から明治の琉球・奄美の動物調査　*178*

（7）明治期の自然保護と天然記念物の法制化　*180*

5.3　外部形態と分子系統……………………………………………*182*

（1）外部形態　*182*　　（2）骨格，頭骨，下顎骨　*184*

（3）化石　*185*　　（4）分子系統　*186*

（5）アマミノクロウサギの系統　*187*

5.4　生活史……………………………………………………………*187*

（1）生息地と食性　*187*　　（2）行動圏と活動時間帯　*190*

（3）熱ストレス回避　*193*　　（4）巣穴　*194*　　（5）繁殖　*196*

（6）遺存的形質としての音声コミュニケーション　*198*

（7）排糞行動と糞　*200*

（8）島嶼生態系のなかのアマミノクロウサギ　*202*

5.5　分布や生息数の変化と減少要因………………………………*204*

（1）糞粒カウント法による生息数の変遷　*204*

（2）糞 DNA による生息数推定と個体群構造解析　*205*

（3）生息地改変・喪失による生息数の減少　*206*

（4）外来種による生息数の減少　*207*

（5）交通事故による生息数の減少　*213*

x　目　　次

　　（6）病気による生息数の減少　*213*

5.6　絶滅危惧種を保全する意味……………………………………………*214*

　　（1）人知れず起こる生物の絶滅　*214*

　　（2）IUCN レッドリストと保全対策の優先度評価　*215*

　　（3）絶滅危惧種を守るわが国の法律　*215*

5.7　保護対策の取り組みと課題……………………………………………*217*

　　（1）種の保存法によるアマミノクロウサギ保護増殖事業　*217*

　　（2）世界自然遺産候補地と今後への期待　*217*

　　（3）外来生物法による奄美大島の外来種マングース防除事業　*219*

　　（4）野生化イエネコ（ノネコ）対策と課題　*219*

第6章　ウサギ学のこれから──保全生物学の視点………………………*222*

6.1　研究の現状と今後の課題………………………………………………*222*

　　（1）古生物学と系統進化　*222*　　（2）個体群生態学と動態　*223*

　　（3）生理と行動　*225*　　（4）病気　*226*　　（5）保全と管理　*227*

6.2　研究者の交流……………………………………………………………*228*

　　（1）世界ウサギ類学会の設立　*228*

　　（2）4年ごとに開催される世界ウサギ類学会の会議　*229*

　　（3）国際自然保護連合のウサギ類専門家グループの役割　*230*

　　（4）わが国のかつての野兎研究会　*231*

6.3　希少種の保全……………………………………………………………*232*

　　（1）国際自然保護連合のレッドリストと生息の現状　*232*

　　（2）希少種保護のための行動計画　*233*

　　（3）日本のウサギ類の保護と行動計画　*236*

6.4　これからのウサギ学……………………………………………………*238*

　　（1）まとめと今後　*238*　　（2）これからの研究や人間との関係　*239*

引用文献………………………………………………………………………*243*

おわりに………………………………………………………………………*263*

事項索引………………………………………………………………………*265*

生物名索引……………………………………………………………………*272*

第1章 ウサギと人間
——古くからのつきあい

　ウサギと人間との関わりは古くからあり，ウサギは人間にとって身近な動物の1つである．昔話や説法にある「自身は弱者にもかかわらず，残忍で狡猾なウサギ」というイメージは，鋭い聴覚と逃げ足の速さだけを武器に生き残ってきたウサギを人々はうまくとらえてきた．一方，ノウサギの体の大きさは人間にとってちょうどよい大きさで，くくり罠のような簡単な罠で老人1人でも捕獲でき，また農業の片手間でも作業は可能で，食糧や衣料に利用できる手ごろな動物といえる．本章では，ウサギと人間との関わりのいくつかを紹介する．

1.1　捕らえる——狩猟

（1）古くから捕獲利用されたわが国のノウサギ

　わが国では，ノウサギはどれぐらい捕獲されてきたのだろうか．これを示す統計資料として「狩猟統計」（現在の「鳥獣関係統計」）がある．これは，狩猟で捕獲される鳥獣の捕獲数を毎年集計し，1923（大正12）年から今日までを載せた統計資料である．時代により変化は多いが，ノウサギの捕獲数は他の狩猟獣に比べて毎年もっとも多い（図1.1，図1.2）．最盛期（1955-1977年）には，毎年の総捕獲数に占める割合は，ノウサギ（最大で70-80%），オスイタチ（10%），ムササビ（2%），リス類（1%），タヌキ，テン，キツネ，アナグマ，クマなどである．しかし近年は，ノウサギの捕獲数はしだいに減少傾向にあり，シカやイノシシの捕獲数が増えている．

　では，それより以前の時代のノウサギの捕獲はどのようであったかを歴史的にみていこう．わが国の狩猟の歴史は日本列島に人々が定着した約1万年前の縄文時代にさかのぼり，それ以降今日までさまざまな目的のために狩猟が行われてきた．それらは食糧，作物を荒らすための駆除，交易・換金，また儀礼・

図 1.1 群馬県で自動カメラで撮影されたニホンノウサギ．

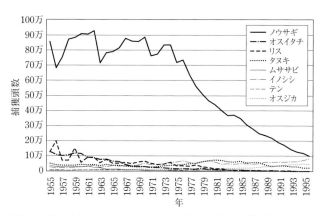

図 1.2 わが国におけるノウサギと他の狩猟獣の捕獲数の推移（「鳥獣関係統計」1955-1995 年から）．狩猟獣種ごとの捕獲数比較のために「狩猟」捕獲数だけを示す．なお，「有害捕獲」と合算したノウサギの合計捕獲数の推移は図 1.7 参照．

軍事などを目的とした．

　動物考古学的手法による動物の遺骸の研究によって，縄文時代の遺跡から，野生哺乳類では，おもにシカやイノシシが捕獲されてきたことが明らかになっている．ところが，青森県の三内丸山遺跡ではノウサギとムササビが多量に狩

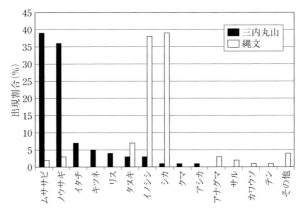

図 1.3 青森県三内丸山遺跡と全国の縄文遺跡との哺乳類の出現割合の比較（西本，2001 より改変）.

猟され，他地域と異なることが報告されている（図 1.3；西本，2001；佐藤，2008）．なぜ，ノウサギが多量に捕獲され消費されていたのか興味がわく（くわしくは後述）．次いで，水稲稲作が開始される弥生時代から近世まで，作物を荒らすシカやイノシシなどの狩猟活動は，農耕を守り営むための条件として行われてきたが，ノウサギの捕獲に関してはほとんど記述がない（佐藤，2008）．弥生人たちの住居位置が縄文人よりもより低地になったことや，また縄文人のような貝塚や遺跡が少なく，動物の遺骸が残っていないために，ノウサギの消費を示す資料が少ないという．

　これより，さらに後年の時代では，狩猟を専門とするマタギによって，ノウサギも含めて野生動物が捕獲されてきた．また，大陸伝来の狩猟方法として，支配者層において「鷹狩り」の記録が『日本書紀』にあり，歴代の天皇や諸大名たちが，おもに水鳥などの野生動物の捕獲を行っていた（塚本，1998；佐藤，2008）．諸大名たちは「巻狩り」方式での狩猟を行っていた．江戸時代の 17 世紀ごろの動物や人間を描いた『江戸図屏風』には，家畜や野生動物が描かれている（塚本，1998）．家畜ではウシ，ウマ，イヌ，タカ（鷹狩りに使用）などが描かれており，野生動物では狩猟獲物のシカ，イノシシ，ノウサギ，キツネ，サルなどが描かれている．このなかで，将軍の鹿狩りの獲物として，6 頭のシカに混じり，ノウサギ 1 頭とキツネ 1 頭も描かれている．当時の将軍家の大規模な狩猟においても，狩猟対象のメインはシカであっても，同時にノウサギな

ども獲物にされていた記録がある．下総国小金原（現在の千葉県松戸市）の1795年の鹿狩りの獲物の数はシカ95頭，ノウサギ9頭およびキツネ3頭という記録があり，1849年の鹿狩りの獲物の数はシカ19頭，ノウサギ166頭およびタヌキ・キツネ8頭であったという（塚本，1998）．

近代では，1873（明治6）年に地租改正条例が布告され，農山漁村の納税形態が物納から金納へと変わると，狩猟活動の目的は現金収入へと変質した（佐藤，2008）．毛皮輸出の増大や日中戦争のための大陸侵攻にともなう軍用防寒具としての毛皮需要が増加した．

（2）軍需事業で証明された正確な狩猟統計

このような時代の変遷のなかで，ノウサギの捕獲が重要になった時期があった．わが国で捕獲されたノウサギの大方が，毛皮として，軍隊に大量に買い上げられた時期がある．それは，「日中戦争」(1937-1945年)時代に，ノウサギの毛皮が軍需用防寒具の一部の毛皮として使用されるための買い上げである（図1.4；松山，1986）．戦時下の農業生産力拡大政策のなかで，当時の農林省の鳥獣調査事業を担当した鳥獣調査室（当時のメンバーとして内田清之助，松山資郎ほか）は組織の廃止と配置換えが懸念されたため，生き残りをかけて全国の猟友会の協力を得てノウサギ供出に取り組んだ．初年の1937年には，狩猟統計によるノウサギ捕獲数は73万5633頭で，そのうちの58万2986枚の毛皮（捕獲数の79.2％）が東京に集まり，そのうち防寒具用として56万3689枚が陸軍に買い上げられた．ノウサギの毛皮は薄く破れやすいために，裏面を和

図1.4 軍需用防寒具として陸軍に利用されたノウサギの毛皮（松山，1986より）．1937年には74万頭の捕獲ノウサギのうち，56万頭の毛皮が買い上げられた．

紙などで補強して使用されることになった. 価格は, 上質なカイウサギの毛皮 (1枚あたり1円45銭) 程度であった. 一方, 当時も狩猟統計の信頼性に疑問がもたれており, ノウサギの年間捕獲数は60万-70万頭と報告されていたが, この事業で, 狩猟統計がほぼ正確であることを証明したことにもなった. 捕獲のしすぎで, ノウサギの生息数が減少し, 天敵鳥獣への影響を懸念する意見もあったが, 狩猟統計が開始された1923 (大正12) 年から当時 (1937年) まで, ノウサギの毎年の捕獲数は, 最低で50万頭, 普通60万-70万頭であったので, 毛皮供出のための捕獲は問題ないとされた. 存続の危機にあった鳥獣調査室は, ノウサギ毛皮の供出の成功によって, さらに羽毛や猪皮の集荷供出へと発展し, 当時の農林省林業試験場 (東京都目黒区) への所属替えとなり (林野庁, 1999), 道楽と思われていた猟友会の存在価値が高まったという (松山, 1986). なお, 農林省林業試験場に所属替えとなった鳥獣調査室は, 現在の森林総合研究所野生動物研究領域鳥獣生態研究室にあたる.

　では, 上記の日中戦争をはさんで, 昭和の時代のノウサギの狩猟はどのように行われていたのか, 具体的に秋田県の事例をみてみよう (天野, 1987). 秋田県はマタギで有名であるように狩猟がさかんで, 秋田県の捕獲数は全国的にみても多い. 1928 (昭和3) 年から1984 (昭和59) 年の狩猟統計によると, 平年で4万-7万頭の狩猟獣が捕獲され, このうちのノウサギの捕獲数は8-10割近くを占めている (図1.5). ノウサギの狩猟は単独猟 (個人猟) で, 積雪期の長い期間中に継続的に行われる. 一方, ツキノワグマなど大型獣の狩猟は集団で猟銃を用いて, 初冬や春先に集中して行われていた. 人々の生活する里山には, ノウサギの生息地として適する薪炭林や茅刈場が広がり, ノウサギは身近な狩猟獣であったといえる. 狩猟法として2つあり, 1つが飼い慣らした野生のクマタカによる猟法 (タカ使い猟法) で, 他方は, ものを空中に投げ飛ばして雪穴に隠れたノウサギを手づかみで捕獲する猟法 (ワラダ猟法) である. タカ使い猟法では, 一冬で60-70頭のノウサギを捕獲した例がある. ワラダ猟法は, 直径40cmほどの稲わらの輪を空中に投げる猟法である. 空中に投げるものとして, この他に, 棒きれ, かんじき, 菅笠なども使用された. 雪上でノウサギの足跡をみつけ, 隠れひそむノウサギをみつけて, 空中にこれらのいずれかを投げ上げて, 雪穴に隠れたノウサギを捕獲する.

　猟銃が使えるようになると, これらの猟法時に, 猟銃もあわせて使用された. さらに, 発展して集団による巻狩り猟法が行われていった. 猟銃7名で勢子2名程度の10名ほどの集団猟で, 30-40頭のノウサギを捕獲し分配したという.

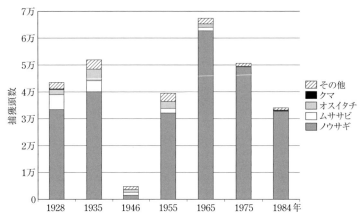

図 1.5 日中戦争（1937-1945 年）をはさんでの 1928（昭和 3）-1984（昭和 59）年の秋田県におけるおもな狩猟獣の捕獲数の変化（天野，1987 より改変）．終戦直後（1946 年）を除き，ノウサギの捕獲数は全捕獲数のほとんどを占めている．

捕獲したノウサギは，現金や米などに交換された．昭和初期におけるノウサギ1頭の価格相場は米 3-5 kg に相当するため，現在の 2000-3000 円程度である．またクマタカ 1 羽の値段は米 120 kg に相当するため，現在の 6 万円ほどになる．タカ使い猟法やワラダ猟法は 1950 年代までで，それ以降は巻狩りや，猟犬の使用による狩猟が続いたが，近年は狩猟者の高齢化などのため，ノウサギ猟は下火になっている．

(3) ウサギで生き残った人類

人類がウサギ類を狩猟し食肉としてきた証拠は，フランス南部の 12 万年前の遺跡から発見されている（Lumpkin and Seidensticker, 2011）．また，氷河がヨーロッパを南下したときのレフュージア（氷河に覆われなかった避難場所）として，最終氷期の 4 万-2 万年前にイベリア半島では，人類は狩猟したウサギをおもな食糧として生き残ってきたという最近の研究がある（Carrión *et al.*, 2008）．北アメリカ，ヨーロッパ南部およびアフリカ北部における多数の遺跡から，シカなどの大型獣，あるいはカメや貝類が乱獲や気候変動で捕獲できなくなった場合，ウサギを食糧にしていた証拠が多数発掘されている．ウサギ類は，体の大きさとしては小型ではあるが，生息数は多く繁殖力が高く，狩猟後の生息数の回復は早いために，信頼できる食糧の 1 つとみなされていた．ウサ

ギ類にとっては，農地など下層植生が存在する自然環境は餌場として魅力的な場所であるため，人間の生活場所の近くに生息している場合が多かったはずである．このため，人間にとっては，大型獣の狩猟のように遠くまで出かける必要はなく，自分たちの住居のまわりで，比較的容易にウサギを捕獲できるというメリットがあった．

　北アメリカでは，現在の先住民の祖先にあたる旧石器時代の古代インディアンが北アメリカ西部に1万2000年前に住んでおり，古代インディアンの食糧の多くは大型獣（マンモス，バイソンなど）であったが，ウサギ（ワタオウサギやノウサギ）も重要な食糧源であったことが遺跡から明らかになっている．さらに，それ以降の遺跡からは，ウサギ類の消費のほうが，シカやヒツジの消費よりも多くなっている例がある．メキシコでは，マヤ文明の紀元前1000-400年の遺跡からトウブワタオウサギ *Sylvilagus floridanus* が多数発掘される．農地や焼き畑に集まるウサギ類やシカなどを集団で追い詰めて捕獲していた．また，12世紀ごろには，北アメリカ北部の森林に住む先住民にとって，大型獣のムースは重量的には最大の食糧ではあったが，毎日の食糧として，罠で捕獲するカンジキウサギ *Lepus americanus* が利用されていた．男性はムースなどの狩猟に出かけるが，女性はウサギ用の罠を毎日見回り家族の食糧とした．このような狩猟採集民のなかで，とくにノウサギに食糧生活を大きく依存した「ヘアー・インディアン（Hare Indian）」とよばれる人々がいた（原，1989）．彼らは，カナダ北西部の極北地帯から南西部にかけてのムースやカリブなどの大型獣が少なく痩せた土地で，人口250-350人ほど（1930-1960年の人口）で生活した．このような生活は20世紀半ばぐらいまで営まれていた．カンジキウサギは10年周期の生息数変動を起こすため（第6章参照），ノウサギの数が少なく不猟の年には，飢えと寒さのため餓死者が多く出たという．

　このように，ウサギ類が住む地域では，ウサギ類は人間にとって比較的容易な狩猟対象であり，また常備食的な存在の重要な食糧になってきたといえる．アフリカのコンゴではウガンダクサウサギ *Poelagus marjorita* が狩猟され，中国の海南島ではハイナンノウサギ *Lepus hainanus* が狩猟されてきた．ラオスの市場では，狩猟されたアンナミテシマウサギ（仮和名）Annamite striped rabbit *Nesolagus timminsi* が販売されてきた．しかし，ナキウサギ *Ochotona* を人間が狩猟し食べてきたかどうかの証拠はない．

　古代ギリシャでは，ノウサギの狩猟のために，猟犬としてグレイハウンドがつくられた．ノウサギの走るスピードや俊敏な動きにグレイハウンドの敏速さ

8　第1章　ウサギと人間——古くからのつきあい

と行動がちょうど一致していた．そのために，この猟犬は狩猟用というよりは，むしろノウサギの逃走と猟犬の追走を，当時の人々は観賞して楽しんだらしい．その後，ローマ人は，ヤブノウサギ *L. europaeus* とグレイハウンドをイギリスにスポーツハンティングのために導入した．イギリスでの他のウサギ猟犬として，吠え声をあげてウサギを追うビーグル犬がつくられ使われている．

　後年になるが，移住した西洋人が移住先でも狩猟を行うために，ヨーロッパアナウサギ *Oryctolagus cuniculus* やノウサギをオーストラリア，ニュージーランドそして南アメリカに導入した．一方，ヨーロッパアナウサギの原産地でも，とくにスペインやポルトガルでヨーロッパアナウサギは狩猟の対象となっている．スペインでは130万人のウサギ猟師が年間に300万頭のヨーロッパアナウサギを捕獲している．ポルトガルでは30万人のウサギ猟師が30万頭以上のヨーロッパアナウサギを捕獲している．

1.2　食べる——食糧

（1）縄文と弥生遺跡のノウサギ

　先に述べたように，本州や九州ではシカとイノシシが多く食べられていた縄文時代であったが，縄文遺跡の青森市郊外の三内丸山遺跡（6000-4000年前）から出土した動物の骨の7割近くがノウサギとムササビで占められていたという（赤田，1997；西本，2001）．なぜ，肉量の少ないノウサギやムササビが多量に消費されていたのだろうか．通常はシカやイノシシが獲り尽くされると，人々は他の場所に移動したとされるが，この三内丸山遺跡では，人々は移住せずに，動物質食糧として海からの魚類（ブリやサバ）に大きく依存する一方で，ノウサギやムササビなどの小型動物ではあるが，身近に生息する陸上動物からも動物質食糧を確保していたと考えられている（西本，2001）．

　本州北端の青森県における大規模集落とクリの柱やクリ栽培で有名な三内丸山遺跡では，大規模な集落とその周囲にクリ林や草地が配置されており，クリ（栽培），クルミ，トチノミなどの堅果類やニワトコ属や液果類（ブドウ属やキイチゴ類），さらにヒョウタンやエゴマ，ゴボウなどの種子も出土しているという（辻，1999）．森林の伐採と草地化によって，これらの植物が繁茂し，林縁部を好むノウサギの増加と捕獲が行われ，食糧にされていたことが遺跡から想像される．

さらに歴史を下って，弥生遺跡の京都府向日市の長岡京遺跡（2000 年前）から出土した木簡に「兎 膾」と書かれており，ノウサギの干し肉が当時の貴族たちに食べられていたと考えられている（赤田，1997）.

（2）徳川将軍家の正月料理

江戸時代では，ノウサギは農民にとっては農産物への加害獣として，また支配者からは鷹狩りの獲物として，食用にもなっていた（塚本，1998）.ノウサギはシカより小型で，神聖さや殺処分の罪悪感も比較的薄い動物のため，食肉の対象ともされてきたという.徳川将軍家では，正月の食膳としてノウサギの肉が用いられた（塚本，1998）.これは徳川家の先祖がまだ不遇の流浪生活を送っていたときに，たまたま正月にノウサギの進呈を受けて，肉と野菜を入れた汁物「羹」に調理して食べて以来の習慣とされている.

近年では，長野県などの猟師の獣肉に関する感想として，ノウサギ肉の味は，油気がなく淡白で食べ飽きないという（両角，1972）.ちなみに，他の獣肉の味はつぎのとおりである.テンは肉が硬くしつこい，イタチは食べない，アナグマは美味でとくに冬眠前は脂肪があり美味となり，脂肪油は塗り薬に使用，タヌキは油気少なく土臭い，キツネは臭みがあり食べない，シカは美味で淡白で柔らかい，カモシカは美味で淡白，内臓はツガのにおいがする，クマは少し硬いが油気があり美味のほう，イノシシは最高の美味，野ネズミは焼き鳥風で美味，とくに精巣がよいという.私もノウサギの肉を新潟県で汁物として食べたが，味は鶏肉に似ていたと記憶する.

長野県などの猟師のノウサギの料理法として，肉は骨ごと切り，鶏肉ガラのスープで煮立て，野菜類などを入れ塩味にし，それに赤ワインを加えると高級料理になるという（黒瀬，1974）.また，厳寒期に捕獲されたノウサギの小腸内の植物片は，豆腐と切りゴボウを混ぜて醤油味にすると，木の香りがして酒のアテによいという.ノウサギの骨はパイプに使い，足はひげ剃り用のブラシに使ったという.

（3）絵画に描かれたノウサギ

ヨーロッパの絵画では，ドイツルネッサンス画家のアルブレヒト・デューラー作「野うさぎ」（1502 年）は有名であるが，フランソワ・デボルト作「薔薇の茂みの傍らの獲物を見守る犬」（1724 年），ジャン・シメオン・シャルダン作「死んだ野兎と火薬入れと獲物入れ」（1729 年ごろ），ジャン・バティスト・

図 1.6 絵画に描かれたノウサギ．左：アルブレヒト・デューラー作「野うさぎ」（1502年）．右：ジャン・バティスト・ウードリ作「雉，野兎，赤い山うずら」（1753年）．

ウードリ作「雉，野兎，赤い山うずら」（1753年）や「野兎と子羊の脚」などの狩猟で得られたウサギが描かれており，いかに食糧としても重要であったかがわかる（図 1.6）．

　狩猟で得られたノウサギのさばき方と食べ方について，イギリスの田舎での伝統的な方法を紹介する（Mason, 2005）．捕獲したノウサギは，ハエのこない涼しい風通しのよいところに，後足（足首から遠位の部分）を上に頭を下に吊り下げる．このとき，内臓は取り出すことはしない．頭の下には血液を受けるボールを置いておく．集めた血液が固まらないように，酢を 2-3 滴加えておく．血液はスープや料理に使う．吊り下げる期間は，熟成に応じて 7-10 日間ぐらいである．熟成後に剝皮し，前肢（肩関節から足先の部分）や後肢（股関節から足先の部分）および頭部を切断し，内臓を取り出し，調理用の肉に分ける．スープやシチューとして食べられる．成獣のノウサギ 1 頭は 5-6 人分の料理になる．別の調理法では，捕獲したノウサギは，すぐに内臓を取り出し，後足で吊り下げて 2-3 日熟成させる（ニコル，1986）．剝皮後，胸や腹に野菜類などの詰めものを入れて閉じ，ローストする．上記のウードリの描いた野兎の姿がまさに熟成中の姿である．なお，ウサギ類を食べることをタブーとしている文化もあり，ユダヤ教では禁じられている．

1.3 飼いならす——家畜化

（1）家畜化されたヨーロッパアナウサギ

　家畜化されたウサギは，ウサギ類のなかではヨーロッパアナウサギだけである．ヤブノウサギも飼育下での繁殖は行われてきたが，継代繁殖は困難で家畜化に至っていない．ノウサギはストレスを感じやすいために，病気になりやすく，幼獣死亡率が高く，また繁殖に問題が多いためである（Lumpkin and Seidensticker, 2011）．

　ヨーロッパアナウサギの家畜化は，今から 2000 年前の古代ローマ時代にさかのぼる．古代ローマ人は，イベリア半島原産のヨーロッパアナウサギを組織的に地中海の島々やイタリアおよびローマ帝国の領地に移送していた．おそらく，中国にもシルクロードを通じて移送されたと思われる．古代ローマ人は，レポリア（leporia）とよばれる 1-2 ha ぐらいの広さの囲い地に，ヨーロッパアナウサギの他にノウサギも飼育し，ときにはシカや鳥類も飼育していた．飼育場所として，さらには小さな島も使われたという．ウサギの捕獲方法として，野生種のケナガイタチ *Mustela putorius* か *M. eversmanni* を家畜化したフェレットを使い，ウサギを巣穴から追い出して人間がネットで捕獲し食用にしていた．しかし，ローマ人はヨーロッパアナウサギの家畜化までには至っていない．ヨーロッパアナウサギの家畜化は，中世時代（西暦 500-1000 年）のフランスの僧院で達成された．当時，ウサギの胎児や新生獣は珍味として食用にされ，このためウサギに妊娠や出産を小さな部屋でさせていた．このような方法で家畜化が進み，西暦 1600 年までには多数の家畜の品種がつくられてきた（第 4 章参照）．

　今日，家畜化されたヨーロッパアナウサギの利用でもっとも多いのは食肉用である．他は，ペットや実験動物用などである．FAO（国際連合食糧農業機関）の 2010 年の統計によると，世界で年間 169 万 3000 トンのウサギ肉が生産され，そのうちもっとも多くは中国（66 万 9000 トン）で生産され，次いでイタリア（25 万 5000 トン），韓国（13 万 3000 トン）の順で生産されている（McNitt *et al.*, 2013）．一方，消費をみると，国別の年間 1 人あたりのウサギ肉の消費量は，数値がやや古くなるが（1992 年と 1994 年の資料），地中海（マルタ 9 kg が最多，次いでイタリア 6 kg など）やヨーロッパ（フランス 3 kg，スペイン 3 kg など）で多く，アジアや南北アメリカで少なく，日本（0.03 kg）は最少の国の 1 つである（Lebas *et al.*, 1997）．

12　第1章　ウサギと人間——古くからのつきあい

　食肉生産の面で他の大型家畜と比べると，ウサギは有利な面が認められている（McNitt *et al.*, 2013）．ウサギは，植物繊維だけで生育が可能で穀類を必要としないため，人間や他の家畜との食糧の競合が少ない．同量の牧草に対して，ウサギはウシよりも5倍の肉を生産できる．繁殖力は高く，幼獣の成長も早く，周年繁殖が可能である．さらには，飼育施設は簡単で維持費は安価である．このような有利面をもつウサギ肉生産は，発展途上国の重要な食肉生産となりつつある．大型家畜の場合，食肉保存のための冷蔵庫が必要になるが，1頭のウサギ肉は適量ですぐに消費できるため，必ずしも保存のための冷蔵庫を必要としない．このため，環境にやさしいという意味で，ウサギ肉生産は「生物学的冷蔵庫（biological refrigerator）」ともよばれる．世界的金融危機に陥った2009年のアメリカでは，食糧自給のために，多くの人々が家庭菜園とともに，庭でウサギ飼育をさかんに行ったという．

（2）家畜化による生理的変化

　ここで，家畜化による動物の性質や生理などの変化について説明する．家畜種とそのもとになった野生種とは，形態や性質などまったく異なる．哺乳類では，ウサギ，イヌ，ラット，ネコ，ヒツジ，ヤギ，ブタ，ウシ，ウマなどが家畜化されている（Feldhamer *et al.*, 2015）．家畜種は，一般的に野生種に比べて，体の小型化あるいは大型化，斑点やストライプなど異なる色彩の毛皮，カールした毛，大きめの耳介などの形態的変化に加えて，最大の変化は周年繁殖が可能になることである．このような変化は家畜化遺伝子による「従順化」によると考えられている（Dobney and Larson, 2006）．たとえば，家畜化によって内分泌系の変化が起き，甲状腺ホルモンの小型化や，神経伝達物質のセロトニンの増加が認められている（Kruska, 2005）．セロトニン分泌は攻撃性や気分の抑制など生理的作用がある．さらに，脳内でメラトニン分泌に働き，活動性や光周性（繁殖活動や毛皮成長や毛変わり）などを支配する．家畜化されたヨーロッパアナウサギの遺伝的多様性は，上記で述べた経緯を経て淘汰され，少集団化によるボトルネック効果を受け，野生種に比べると，きわめて低いことが明らかになっている（Queney *et al.*, 2002）．

（3）日本の品種改良

　このような経緯で家畜化されたヨーロッパアナウサギ（日本では，カイウサギ［飼兎］，あるいはイエウサギ［家兎］の名称）の品種は150種以上あると

される．このなかで「ジャパニーズ・ホワイト（Japanese White Rabbit）」あるいは，「日本白色種」ともよばれる品種がある．この品種は，日本で江戸時代にすでに飼われていたウサギと，明治時代に食用を目的として海外から輸入した「ニュージーランド・ホワイト種」とを交配し改良して生み出された品種で，もともとは畜産向きのウサギとされる．アルビノとよばれる色素欠乏症の眼の赤い個体が多い．体重が 3-6 kg の大型の品種である．全身が真っ白，短毛で，耳が長くとがった顔つきをしている．

日本白色種（大型，中型および小型）は，独立行政法人家畜改良センター茨城牧場・長野支場において，家畜遺伝資源の維持を目的として飼育されている．この日本白色種は実験動物用として，もっとも多く利用されている．第二次世界大戦中や戦後の食糧難の時代には，軍事用の毛皮などの生産目的とされた品種であり，戦後は学校で情操教育の 1 つとして飼育が推奨された．一般的に丈夫で粗食にも耐える．

1.4　まとう──毛皮

（1）低品質のノウサギの毛皮

先にも述べたが，ウサギの毛皮は，とくに野生のノウサギの場合，皮が薄くて破れやすい難点があるため，毛皮としてよりは，毛を集めて圧縮してシート状にしたフェルトに加工して帽子などに使われている．冬季の白変化した種類（北海道産のエゾノウサギ *L. timidus ainu*）や年中白いホッキョクウサギ *L. arcticus* が使用され，場合によっては染色されて，ギンギツネの模倣毛皮として使われている（寺田，1977；McNitt *et al.*, 2013）．

毛皮は被毛と皮革からなり，両者が強く結合している．耐久性は動物の種類で異なり，被毛の強度や上毛や下毛の長さ，被毛密度，抜け度合い，毛の脆弱性，皮の構造と強度，加工方法，光線の影響などで異なる．これらの観点で，およそ 160 種類の哺乳類の毛皮の耐久性の順位づけを行うと，もっとも耐久性が高い毛皮を 100% とした場合，カワウソ（100-90%），オットセイ（100-90%），ビーバー（100-90%），ミンク（90-80%），マスクラット（60-50%）で耐久性は高いが，カイウサギ（30-20%）やノウサギ（10-5%）は最低にランクされる（寺田，1977）．ちなみに，昭和初期（1929 年）から第二次世界大戦後（1957 年）ごろにかけ，大量にわが国からアメリカに輸出されたニホンイ

タチ（50-40%）やタヌキ（60-50%）の耐久性は高く評価されている.

（2）生産量

カイウサギの毛皮の生産では，大生産国としてフランスがあげられ，シャンパーニュやブルゴーニュが最良とされ，農家による食肉用飼育の副産物として利用されている（寺田，1977；McNitt *et al.*, 2013）．毛皮出荷はオランダやベルギーもさかんで，東欧諸国も有名であった．また，大量に中国で生産があり，オーストラリアやニュージーランド，アメリカも産出が多かった．日本の白色短毛種は良質のため有名であったが，第二次世界大戦後は減少した．染色が容易なため，他の動物の毛皮（ビーバー，アザラシ，ヌートリア，モグラなど）に似せて染色して利用された．かなり古い資料ではあるが，日本の輸入量は1974年931万枚，1975年740万枚で，8割がフランスから，次いで韓国，ベルギー，中国，ポーランド，アメリカなどであった（寺田，1977）.

カイウサギの品種のレッキス（Rex rabbit）はフランスで生み出された品種で，短毛で濃密な毛をもち高品質のために毛皮としても使用され，とくにアメリカでの生産が多い（McNitt *et al.*, 2013）．一方，トルコ原産のアンゴラ（Angora rabbit）は高品質のウールが得られる．今日，中国での生産が世界の9割を占めている.

1.5　そこなう──被害

（1）わが国の林業被害

古来，農作物の栽培が開始されて以来，獣類による農業被害は農民にとって大きな問題となってきた.

とくに林業では，ノウサギの被害発生量は1960-1970年代には単年あたり1万-3万haと最大値を示したが，1980年代初期に9000ha，後期に2000ha，さらに90年代後期に700haに減少した（図1.7）．造林面積の大きかった1960-1970年代にはノウサギの被害は哺乳類による被害の30-50%を占めていたが，80年代に20-40%，90年代後期には8-10%程度に減少している．90年代後期（1997年度）の被害量を都道府県別にみると，全国で10県では無被害であるが，残り多くの都道府県では小面積（数十ha単位）の被害が発生している．比較的面積の大きな地域は岐阜県（約80ha），徳島県（80ha），高知県

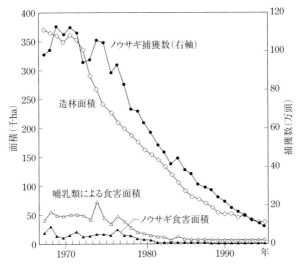

図 1.7 わが国の造林面積とノウサギによる造林木食害面積およびノウサギ捕獲数との関係（「林業統計要覧」と「鳥獣関係統計」の 1965-2000 年から）．ノウサギ捕獲数は「狩猟」と「有害捕獲」の合計値を示す（図 1.2 参照）．

(80 ha)，静岡県（60 ha）などである（林野庁，1999）．

　被害樹種として，1970 年代まではヒノキ，スギ，アカマツ，クロマツ，カラマツ，エゾマツ，トドマツの針葉樹が主要であったが，1980 年代以降の造林面積の減少にともない，ヒノキ，スギが主要な被害樹種になった．さらに，広葉樹（コナラ，カエデなど）造林が行われるようになると，それらへの被害が発生してきた．被害発生季節は地域により異なり，北海道や本州の東北および日本海側など冬季の積雪地帯では，ほとんどの食害は冬季に発生する（谷口，1986）．一方，本州の太平洋側，四国や九州では，おもに初春から初夏にかけて発生する．食害年数は植栽当年から数年間にわたる（第 3 章参照）．現在では，造林面積が極端に減少していることもあり，ノウサギによる被害は少なくなっている．

　海外においても，ノウサギ属を含むウサギ科の多くの種は造林木，農作物，牧草，庭園樹および果樹などに被害を与えるために，その防止法や管理法などが各国で古くから検討されている．近年では確実かつ実際的な食害防止法として，狩猟や罠，天敵，ウイルス（Myxoma），毒餌および毒ガスなどの使用，

生息地の破壊や改変による生息密度の低減化，フェンス（rabbit-proof fence）や防壁の設置，個木の保護具（tree trunk protector や "cylinder" type protector など），および忌避剤の使用などが試みられている（Thompson and King, 1994；Williams *et al.*, 1995；Wray, 2006；Lough, 2009 など）．

（2）侵略的外来種としての被害

ウサギ類による人間への被害としては，農林業被害がもっとも大きい．さらには，ヨーロッパアナウサギが人為的に導入されたイギリス，オーストラリア，ニュージーランドや島嶼などでは，農林業被害に加えて，生態系の破壊者として有害生物と位置づけられ，このため「侵略的外来種（Invasive Alien Species；IAS）」として「世界の侵略的外来種ワースト 100」の 1 種に指定されている（Lowe *et al.*, 2000；Luque *et al.*, 2013；第 4 章参照）．おもな被害は，植物への食害，餌や生息地の競合による在来種の絶滅，ウサギの捕食者（野生化イエネコや外来キツネなど）の増加とこれらによる在来種への捕食圧の増加，巣穴掘削による土壌崩壊や土壌流出などである．島嶼だけでなく，農地，荒野，自然林や人工林地帯，草地，灌木地や都市域で被害は起きている．

イギリスでは推定 4000 万頭の外来種のヨーロッパアナウサギによって，年間 2.6 億ポンド（約 500 億円）の被害を発生していると 2010 年に報道されている（The Gurdia：URL: https://www.theguardian.com/environment/2010/dec/15/rabbits-invasive-species-cost. 2016 年 6 月 14 日版）．このウサギの被害額は，イギリス全土で起きている外来生物による被害額のなかでもっとも多く，合計金額（約 3400 億円）の約 15% を占める．同様に，オーストラリアの被害額は毎年 6 億 AU ドル（約 580 億円）で，牧畜業（羊毛，羊肉，肉牛など）や農産物への被害が大きい（URL：http://www.pestsmart.org.au/pestsmart-factsheet-economic-and-environmental-impacts-of-rabbits-in-australia/ 2016 年 6 月 14 日版）．ニュージーランドでも同様に，牧畜や農産物への被害額は毎年 5000 万 NZ ドル（約 45 億円）と推定され，1260 万 NZ ドル（約 11 億円）の防除費を費やしている（Lough, 2009）．

このように，外来種のヨーロッパアナウサギの引き起こしている問題はきわめて大きく深刻である．日本のある放送局が，イギリスのヨーロッパアナウサギの生態番組を制作するにあたり，イギリスがこの外来種問題に苦慮し多大な経費を費やして対策を実施していることを，私は番組中の説明で付け加えてもらったことがある．テレビの動物番組は，ややもすると情緒的となり，アナウ

サギのかわいいイメージを強調する場合が多いが，その陰に隠れた大きなネガティブな問題や，対策を困難にさせるアナウサギの生態的特性や外来種問題を知ることも重要と考えたからである．

（3）ウサギから人間に移る病気

ウサギから人間に感染する人畜共通感染症として，「野兎病」がもっとも重要である．野兎病の原因は野兎病菌 *Francisella tularensis* で，北アメリカの西海岸とユーラシア大陸に固有の感染症である（神山，2004）．人間やノウサギ，プレーリードッグ，野生齧歯類などに感染する．わが国では，野兎病は「家畜伝染病予防法」における「届出伝染病」，「感染症法」における「4類感染症」に指定されている．日本では，野兎との接触による感染が多く報告されているため，この名前が使われている．

人間における潜伏期は3-5日で，突然の波状熱，頭痛，悪寒，吐き気，嘔吐，衰弱，化膿，潰瘍の症状がみられる．未治療では3割以上の死亡率となるが，適切な治療が行われれば，ほとんどは回復する．日本では東北地方や関東地方などで，年間10人ほどの感染者が出るが，死亡例はない（神山，2004）．動物ではノウサギと齧歯類が高感受性であり，敗血症により死亡することが多く，死体では各部リンパ節の腫脹がみられる．人間への予防としてはワクチンも開発されているが，動物との接触の機会低減が重要である．ノウサギや齧歯類との接触回避，媒介動物による刺咬を防ぐことなどがあげられる．ダニの駆除，ノウサギの解体には手袋を用いることも予防には有効である．

一方，野兎病は，海外の汚染地から輸入されるペットによっても起きる．北アメリカ産のプレーリードッグがペットとして年間1万頭あまりわが国に輸入されていたが，日本政府は野兎病の侵入予防のため，2003年以降プレーリードッグの輸入を禁止している（感染症法第54条にもとづく）．わが国では，異常なほどのペットブームが続いているが，動物とのつきあい方を冷静に考えていく必要のある事例である．

1.6　知る——文化史

（1）博物学的視点から

ウサギは，干支，昔話，童謡，童話，絵画，デザインなどを通じて，幼いこ

18　第1章　ウサギと人間——古くからのつきあい

ろから親しみ深い存在である．わが国におけるウサギの文化的側面については，古くは『古事記』に始まり，アニミズムとしての聖獣信仰の対象となり，また中国からの影響による干支，仏教，絵画，言い伝えなどを通じて，さまざまな文化を形成してきた（赤田，1997；今橋，2013 など）．海外においても，ウサギはヨーロッパ，アジア，アメリカ，アフリカなどの文化を形成してきた（Mason, 2005；Carnell, 2010；Lumpkin and Seidensticker, 2011 など）．

　以下では，文化的側面の詳細はそれらの書籍に譲るとして，ウサギが日本人の精神や文化の形成に影響を与えた『古事記』の事例を紹介し，また博物学的文献として，『本草学』や近年のウサギの学術的・博物学的書籍を紹介したい．

（2）最古の神話のウサギ

　日本の山野に生息する野生動物と人間との関わりを通じて形成された精神的・文化的側面の代表として，もっとも古くは『古事記』の「稲羽の素兎」があげられる（赤田，1997）．ワニに裸にされたウサギが大国主神に助けられ，助けられたウサギの予言どおりに，地元の姫と結婚して統治者になり，ウサギは兎神として祭られるという神話である．原始古代におけるアニミズムをふまえた統治の重要性を表していると解釈される（赤田，1997）．

　当時，ウサギなどの野生動物や昆虫などは，田畑を荒らす最大の敵であり，統治者として被害防除対策の能力が最大の資格であった．一方，自然への恐怖心や崇拝心をもちあわせることも，統治者としての重要な資格で，アニミズムとよばれる自然のすべてのものに霊が宿るという考え方が求められた．人間が生きていくために，自然（石や水や火などの無機物や生物）を利用し殺生も行うが，一方で，自然への恐怖心や災いを払拭するために，精霊の宿る自然を祭礼することも必要だからであった．「殺しつつ祀る」という二律背反的行為による統治の必要性を「稲羽の素兎」は物語っている．ノウサギの長い耳や長い後肢という異形性や俊敏性，単独行動する孤独性から，ノウサギは聖獣として位置づけられ，日本の自然との関わりの精神史や文化史において，象徴的な存在と解釈される（赤田，1997）．

　このような「殺しつつ祀る」考えは，他の動物に対しても，統治者だけでなく狩猟者や人々においても形成されてきた（千葉，1975）．

（3）最古の博物学のウサギ

　わが国の博物学的文献として奈良時代からの『本草学』があり，江戸時代に

入ると，中国から1596年に李時珍により『本草綱目』が輸入された．これを
もとに1708年に貝原益軒により書かれた『大和本草』や1712年の寺島良安の
『和漢三才図会』において，ウサギの記事がわが国で初めて紹介されている
（赤田，1997）．いずれの文献においても，中国の『本草綱目』の記事に依拠し
ており，ウサギの生態や薬用の記述，月とウサギとの関係や迷信なども含めて
記述されている．『大和本草』では，ウサギの肉の保存法，食用法および薬用
法が詳細に述べられ，わが国で広く知られることになったという．また『和漢
三才図会』では，冬季に毛色が白変化する新潟産ノウサギが記述されていると
いう．

　江戸時代には，諸藩で地誌や風土記が多く編纂され，ノウサギなど野生動物
の記録が増えた．幕末の薩摩藩で，奄美大島の民族誌として1855年に名越左
源太により『南島雑話』が著されている．このなかに野生動物の記述があり，
アマミノクロウサギが文字と図版によって初めて記録された文献である（第5
章参照）．

（4）近年の書籍

　わが国は明治維新以降，近代西洋文明の導入や殖産興業に重点を置くあまり
に，生物研究においては実験室的研究が主流となり，それまでの博物学は古い
遺物として軽視され，明治期から昭和期にかけ，足元の野生動物の基礎的研究
は停滞していた．

　このようななかで，第二次世界大戦（1939-1945年）後の1948年から，京
都大学理学部の今西錦司氏のグループは，哺乳類の動物社会学的研究として，
ウマ，ニホンジカ，ニホンザル，そしてアナウサギ（家畜種のカイウサギ）を
対象に取り組みを開始した．わが国で最初のウサギ類の学術書として1955年
に発刊された『飼いウサギ』（河合，1955，改訂版1971）は，近代的な博物学
的研究の最初といえる．著者の河合雅雄氏が1952年から自宅裏庭でカイウサ
ギ20頭ほどの群れをつくり，動物社会学的研究を行った最初の成果である．

　『ノウサギの生態』（高橋，1958，改訂版1982）は，新潟県十日町市の当時
の農林省林業試験場（現在の森林総合研究所十日町試験地）に勤務していた著
者の高橋喜平氏が，1937（昭和12）年から約20年間をかけて，自身で撮影し
たノウサギの写真と生態観察の記録を詳細に書き著した書籍である．わが国で
は，また海外を見渡しても，この年代で，初めてのノウサギの書籍である．後
年，『ノウサギ日記』（高橋，1983）として，より詳細な記録が発刊されている．

その後,『静岡県の哺乳類』(鳥居,1989)では,ノウサギの生態の調査研究の成果が収録されている.

　日本の野生動物を対象としたナチュラルヒストリー研究が,1960年代から1970年代にかけて各地で行われるようになってきた.このなかで,『生きた化石アマミノクロウサギ』(桐野,1977)が刊行されている.桐野正人氏は,奄美大島大和村の大和小中学校の教員として赴任していた1972-1976年の4年間の飼育観察や野外での調査などの成果を報告している.また,『クロウサギの棲む島』(鈴木,1985)で,東京大学医科学研究所奄美病害動物研究施設の鈴木博氏は島内調査を行い,生息分布域の記録などを報告している.

　『ウサギがはねてきた道』(川道,1994)は,ナキウサギ研究者の川道武男氏による北海道や中国そして北アメリカにおけるフィールドワークにもとづく動物社会学的研究であり,わが国初のウサギやナキウサギのモノグラフである.

　ウサギ目の解説を含めた哺乳類の図鑑類として,『原色日本哺乳類図鑑』(今泉,1960)や『日本哺乳類図説上巻』(今泉,1988),『日本動物大百科1　哺乳類I』(日高,1996),『日本産哺乳類頭骨図説』(阿部,2000),『日本の哺乳類』(阿部,2005),"The Wild Mammals of Japan"(Ohdachi et al., 2009, 2015)などがある.

　一方,海外では,『シートン動物誌12巻　ウサギの足跡学』(シートン,1998)はアメリカのウサギ目のナキウサギやウサギ類の生態を初めて著した記録である.イギリスの外来種のアナウサギを扱った"The Rabbit"(Thompson and Worden, 1956)は初めてのアナウサギのモノグラフで,その後の『アナウサギの生活』(ロックレイ,1973)は外来種対策を念頭に置いたアナウサギの観察記録である.イギリスのアナウサギやノウサギを解説した『ウサギの不思議な生活』(マクブライド,1998)は,両種の違いや文化史などを体系的に示した一般書である.第1回世界ウサギ会議の論文集"Proceedings of the World Lagomorph Conference, 1979"(Myers and MacInnes, 1981)や第2回世界ウサギ会議の論文集"Lagomorph Biology"(Alves et al., 2008)は,ウサギ目の多くの種を網羅した研究成果がまとめられている.また,"Rabbits, Hares and Pikas"(Chapman and Flux, 1990a)はウサギ目の生息現状と保全行動計画をまとめている."Rabbit : The Animal Answer Guide"(Lumpkin and Seidensticker, 2011)は,アメリカで発刊された最新の体系的なウサギ学のモノグラフで,疑問に答える一般書のかたちをとっている.

　写真集として,『野うさぎの四季』(富士元,1986)は,北海道のエゾユキウ

サギを映像としてとらえている．『時を超えて生きるアマミノクロウサギ』（浜田，1999）は奄美大島のアマミノクロウサギの姿をとらえている．"The Hare"（Mason，2005）は，イギリスのヤブノウサギを中心に30年間にわたりとらえた体系的な写真と解説のナチュラルヒストリーの書籍である．

この他に，ウサギを理解するための一般書としての物語をあげてみたい．『赤目』（白土，1998；原著1961-1962年刊行）は，シートン動物記からヒントを得てつくられ，ウサギを生態学的な視点で取り上げたコミック本である．赤目すなわちウサギを保護することによりウサギを増殖させ，やがて餌不足で起きるウサギ個体群崩壊と増殖した捕食者（ヤマネコ）による人間への加害を利用した農民一揆を描いている．北アメリカのカンジキウサギ Lepus americanus が10年サイクルで増殖と個体群崩壊を繰り返し，その増減に対応してカナダオオヤマネコ Lynx canadensis が生息数の増減を示す生態学的知見にヒントを得て描かれたものである．描かれているウサギがノウサギでなくカイウサギのような形態であり，捕食者のヤマネコはわが国にいないネコを描いているため違和感がある．しかし，農作物の豊凶や飢饉などのもととなる自然環境の変化やそれにともなう生態学的変化のとらえ方は，当時としては新鮮である．『野うさぎの冒険』（B. B.，1990）は，ノウサギの生態にもとづいた物語としてじつによくできた作品である．イギリスの牧草地で誕生したノウサギの子が主人公で，母親の哺育を受け独立し，成長後に大型のノウサギとして近隣で有名になるが，最後は猟犬に追われて捕まってしまう．このノウサギは，イギリスの農地などに生息するヤブノウサギ L. europaeus で，山岳地に生息するユキウサギ L. timidus ではない．一方，『ウォーターシップ・ダウンのうさぎたち』（アダムス，1980）は，イングランドのハンプシャー州北部に定着した外来種のヨーロッパアナウサギたちの物語で，地下に張りめぐらされたトンネルのアナウサギの生活や，個体の優劣関係やグループ間の争いなどアナウサギの生態に即してじつによく描写されている．人間による外来種アナウサギ対策（毒ガスやミキソーマウイルスの生物兵器など）が迫りくるなかで，危機を察知した11頭のアナウサギたちが，数km離れた新しい生息地に移り住むための生き残りをかけた危険に満ちた脱出と放浪の旅の物語であり，アニメにもなっている．

第2章 ウサギ学概論
——分類・分布・進化

　生物分類学における基本的階級として，ウサギの仲間（ナキウサギ類 pikas，アナウサギ類 rabbits およびノウサギ類 hares）は「ウサギ目，学名 Order Lagomorpha」にまとめられる．この学名の Lagomorpha とはギリシャ語で「ノウサギのかたちをした（hare-shaped）」に由来する名称である．このため「兎形目」と表わされる場合もある．このウサギ目のなかに，世界中のさまざまなウサギがすべて含まれる．ウサギとはどんな動物かと問われると，たとえば，耳が長い，ピョンピョンと跳ねる，草を食べて丸い糞をする動物という答えがまずは思い浮かぶのではないだろうか．

　本章では，ウサギとはそもそもどんな動物かを知るうえで，ウサギの分類と分布，ウサギの生物学的な特徴，ウサギの起源，ウサギ目の2つのグループであるナキウサギ科 Ochotonidae とウサギ科 Leporidae の違い，ウサギ科の進化などについて述べる．

2.1　分類と分布

（1）現生種の分類と種数

　ウサギ目には，現在生息している現生種として2科12属91種ほどのウサギが含まれる（Hoffmann and Smith, 2005；図2.1）．ナキウサギ科にはナキウサギ属 Ochotona の1属しか存在せず，30種ほどが含まれる．ウサギ科では11属61種ほどが含まれる．このうち，ウサギ科の9属はモノタイプ（1属1種）か，あるいは少数種で構成されるが，残り2属は，比較的多くの種を含むアナウサギ類のワタオウサギ属 Sylvilagus（17種）と，最多のノウサギ属 Lepus（32種）である．

　このようなウサギ目の種数は，哺乳類の他の分類群，たとえば草食性哺乳類

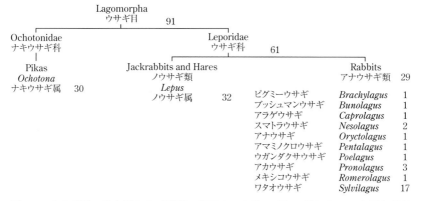

図 2.1 ウサギ目の科と属および種数．世界中で 2 科 12 属 91 種ほどのウサギが現存する（種数は Hoffmann and Smith, 2005 より）．

表 2.1 草食性哺乳類におけるウサギ目と齧歯目および有蹄類との種数や生息環境の比較．

分類群	目・亜目	科	種数	生息環境	食性
ウサギ目	—	2	91	地上，地下	草食
齧歯目	リス，ネズミ，ヤマアラシ亜目	33	2277	地上，地下，樹上，水中	草食，雑食
有蹄類	偶蹄目，奇蹄目，長鼻目，イワダヌキ目，管歯目，海牛目	12	211	地上，水中	草食

種数は Wilson and Reeder, 2005 より．

の齧歯類 Rodentia や有蹄類 Ungulata に比べるときわめて少ない（表 2.1）．生息環境で比べると，ウサギ目の生活空間は地上と地下だけに限られるが，他の草食性哺乳類は地下，地上，樹上および水中にまで生息環境を拡大させている．旧大陸やアフリカ大陸および新大陸に分布するウサギ目ではあるが，他の草食性哺乳類に比べて，ウサギ目の種多様性はそれほど豊富ではなく，また適応放散の範囲も狭いといえる．

（2）ウサギの自然分布

ウサギ目は極地から熱帯までのほぼ全地球的に分布するが，南アメリカの南部，オーストラリアとニュージーランド，および島嶼（たとえば，マダガスカル，フィリピン諸島，カリブ海諸島）には，もともと分布していない（図 2.2，図 2.3，図 2.4）．現在それらの地域に分布しているのは，人為的に導入され定

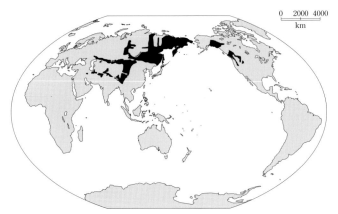

図 2.2 ナキウサギ科（属）の分布（黒）．ユーラシア大陸東側と北アメリカ西側の極地から温帯域の高標高地帯に生息（Chapman and Flux, 1990a；川道, 1992, 1994 より描く）．

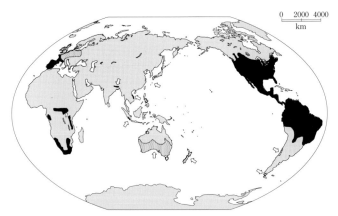

図 2.3 ウサギ科のアナウサギ類の分布（黒と矢印）．ドットは導入されたヨーロッパアナウサギの分布（Chapman and Flux, 1990a；山田, 1992 より描く）．アナウサギ型のウサギ科はアメリカ大陸で広範囲に分布するが，他の大陸では大陸辺縁部や島嶼に分布する．

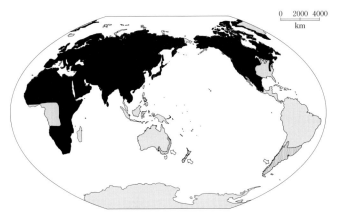

図 2.4 ウサギ科のノウサギ類の分布(黒と矢印).ドットは導入された地域(Chapman and Flux, 1990a；山田, 1992 より描く).ノウサギ型のウサギ科は北アメリカ大陸とユーラシア大陸およびアフリカ大陸で広範囲に分布する.

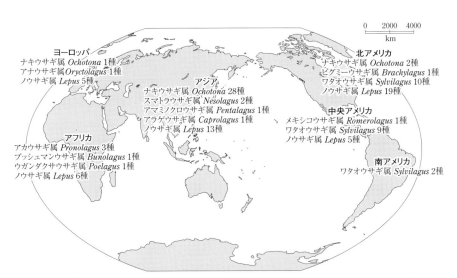

図 2.5 大陸別のナキウサギ属の種数とウサギ科の種数(種数は Wilson and Reeder, 2005 より).ウサギ目はアジアと北アメリカで種数が多く,種多様性が高い.

26 第2章 ウサギ学概論——分類・分布・進化

着した外来種のウサギである.

　現生種の大陸別の分布をみると, ナキウサギ属はアジアでもっとも多く28種, 北アメリカで2種およびヨーロッパで1種が生息しており, すべての種が北半球だけに生息する (図2.5). 同様に, ウサギ科もアジアでもっとも多く5属 (17種) が生息し, 次いで北アメリカの3属 (30種) と中央アメリカ3属 (15種) および南アメリカの1属 (2種), アフリカで4属 (11種) とヨーロッパで2属 (6種) であり, 南半球にも生息を広げている (図2.5). ウサギ科の属レベルでみると, ノウサギ属は北アメリカとユーラシアおよびアフリカに分布している (図2.4, 図2.5). 一方, ワタオウサギ属は, 北アメリカと南アメリカだけに分布している (図2.3, 図2.5). モノタイプ属や少数種の属は, アジアに3属, ヨーロッパに1属, アフリカに3属, および北アメリカに2属分布している.

　このように, ウサギ目の本来の自然分布は, 北半球や南半球の主要な大陸に広く生息しているが, もっとも広範囲に分布するのはノウサギ属だけで, 他の属は一部の大陸か局所にしか生息していないことがわかる.

2.2　生物学的特徴

（1）草食性哺乳類としてのウサギ

　草食性哺乳類は植物だけを餌とし, 食物網では一次消費者に位置づけられる. 草食性哺乳類は植物から栄養を摂取するが, 植物の細胞壁が厚いため細胞内のタンパク質を摂取することは直接にはできない. おもな草食性哺乳類は採食方法で大きく2つに分けられる (Feldhamer *et al.*, 2015). 1つは「ノウワー (gnawers)」とよばれる齧歯類やウサギ類で, 成長し続ける切歯で植物をかじる草食性哺乳類である. 他方は「ブラウザー (browsers) またはグレーザー (grazers)」とよばれるシカ類 Cervidae やイノシシ類 Suidae などの有蹄類である. この他に植物に依存する哺乳類の分類群として, カンガルー Macropodidae などの有袋類 Marsupialia やゾウとハイラックス類 Procaviidae, 水生哺乳類のジュゴン *Dugon* やマナティー *Trichechus* などがいる.

　草食性哺乳類の頭蓋骨, 歯, 消化管などは, 植物の採食に適するために, またセルロース分解酵素の欠損を補完するために, 共通の形態をもっている. たとえば, 犬歯が縮小あるいは欠損しており, 臼歯は幅広くなっている. 以下で

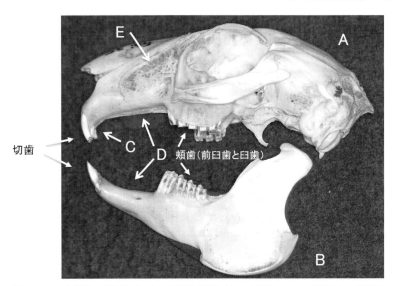

図 2.6 ウサギ科の頭骨における形態的特徴（A：上顎骨，B：下顎骨）．上顎切歯は前後に二重の切歯が存在する（C）．また，切歯と頬歯の間に犬歯が存在せず，この部分を歯隙（diastema）とよぶ（D）．上顎骨吻部などに「有窓構造（fenestrated skull）」が存在する（E）．写真はニホンノウサギを使用．

は，とくにウサギ類の特徴を述べる．

（2）歯と頭骨

　ウサギの上顎には，前後方向に2本の切歯が存在する（図2.6C）．これはウサギの最大の特徴で，他の哺乳類には存在しない．この前後の切歯の名称はそれぞれ「第一切歯」と「第二切歯」，「大切歯」と「小切歯」，「切歯」と「副切歯」，英語では「インサイザー（incisors）」と「ペグ・ティース（peg teeth）」などとよばれる．噛み合わせをみると，上顎の切歯と小切歯との間に，下顎の切歯の先端が入り込む構造のため，上下の切歯で硬い植物を切断でき，また下顎切歯の衝撃を上顎の2本の切歯がストッパーの役割として受け止める．ウサギの歯はすべて無根歯で生涯伸び続けるために，硬い植物で摩耗が起きても再生する．しかし，摩耗の機会を失うと，歯が伸び続けているため不正咬合となり，摂食障害を起こす．

　ウサギの歯を歯式で表すと下記のようになり，成獣では合計28本の歯があ

る．上顎の小切歯は誕生時点にはすでに崩出している．胎児期では，第一切歯と第二切歯および第三切歯は横に並んでいるが，成長とともに第三切歯は消失し，第一切歯の横に並んでいる第二切歯が第一切歯の背面に移動し，第一切歯と第二切歯が前後に配置されるかたちとなる（Hirschfeld *et al.*, 1973）．

$$成獣 \quad \frac{2 \cdot 0 \cdot 3 \cdot 3}{1 \cdot 0 \cdot 2 \cdot 3} \quad 幼獣 \quad \frac{2 \cdot 0 \cdot 3 \cdot 2}{1 \cdot 0 \cdot 2 \cdot 2}$$

つぎの特徴として，上顎と下顎に犬歯がないため，切歯と頬歯（前臼歯と臼歯をあわせた名称）との間には，「歯隙（diastema）」という間隙が存在する（図2.6D）．採食した植物をこの空間と頬の間に留めておき，順次頬歯に送り，頬歯が裁断と磨り潰しを行う．つまり，歯隙が存在することで頬張り食いが行えるのである．

ウサギも含めた草食性哺乳類の下顎骨の筋肉のうち，とくに下顎骨の主要な3つの内転筋（側頭筋，咬筋および外側翼突筋）の特徴は，食肉類のそれらと異なる（Feldhamer *et al.*, 2015）．すなわち，ウサギでは咬筋がより大きいが，側頭筋はより小さく，かつ筋突起自体が存在しない．上顎歯列幅は下顎歯列幅より広く，上下頬歯の咬面の稜は横方向に形成されているため，横方向の咀嚼や片側だけの咀嚼が可能である．頬歯の咬面は植物繊維質を細かく裁断し，磨り潰すために適したかたちをしている．これらの構造は，植物繊維質の多い食物を咀嚼するため，水平方向に下顎を持続的に動かすために機能している．

頭骨の特徴では，頭骨の一部の骨は，頑丈な骨ではなく薄くて格子状で，あたかもレース生地のような「有窓構造（fenestrated skull）」をしている（図2.6E）．とくに，上顎骨の吻部で顕著に認められ，種により後頭骨でも認められる（たとえばアンテロープジャックウサギ *L. alleni*；Vaughan *et al.*, 2015）．しかし，この構造の機能に関しては不明である．この有窓構造はウサギ目ではウサギ科だけに存在するが，ナキウサギ科では認められない．

さらに，ウサギの頭骨の特徴として，頭骨を構成する骨（頬骨から後頭骨や聴骨）間が緩く癒合し，わずかに移動できることがある（Bramble, 1989）．これは，高速走行の際の頭骨への振動を和らげる役割があると考えられ，中新世のウサギ化石種以降から認められる構造である．

（3）四肢，耳介，尾

ウサギは長い四肢をもち，大きな後肢をもつことが特徴である．四肢はナキウサギ科では短いが，ウサギ科で顕著に長い．ウサギ科の後肢骨では，脛骨と

2.2 生物学的特徴　29

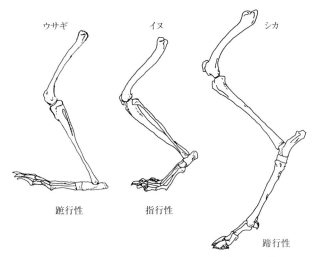

図 2.7　哺乳類における後肢の使い方の動物種による違い．ウサギは歩行時は蹠行性で，走行時は指行性になる．

腓骨の遠位端が癒合することで，後肢骨の軽量化と強化を図り，高速での走行適応に重要な役割を果たしている．走行跳躍型の運動能力を高めるために，跳躍力を得るための骨質の軽量化と体重の軽量化を図り，筋肉を発達させている．鎖骨はナキウサギ科ではよく発達しているが，ウサギ科では未発達で機能しない．肘関節は前後にしか動かせない構造になっている．前肢には5本の指があり，後肢には4-5本の指がある．後足の足裏は体毛で覆われている．ただし，ナキウサギ科ではつま先の最遠位端に肉球（パッド）が存在する．前肢の指は，餌やものをつかんだり，操作することはできない．もっぱら走行に使われるが，穴を掘ったり，引っかく程度の動作は可能である．このように，ウサギ科においては，とくに高速走行に適した骨格の形態変化が起きたといえる．

　後肢の使い方をみると，ウサギでは走行時は，かかとを地面からあげて指で走行する「指行性（あるいは趾行性）姿勢（digitigrade posture）」をとるが，緩やかな移動や休息時は，かかとを地面につけた「蹠行性姿勢（planatigrade posture）」をとるのが特徴である（図2.7）．

　ウサギは歩行や走行の際に，「ホッピング，ジャンピング，あるいはリーピング」という用語で表すように，跳躍することで移動する．つまり，ウサギは左右の後肢をずらすことなく同時に後肢で地面を蹴り，また地面に着地するこ

図 2.8 ニホンノウサギの足跡．手前の足跡で，4つの穴がT字状に手前から奥に向かって進む．手前2つの穴が前足で，それに続く大きな穴が後足．茨城県の里山の整地された畑をニホンノウサギは夜間に駆けまわっている．

とで跳躍する．前肢の左右のどちらかが交互に地面を蹴り，着地するのとは対照的である．歩行時にも走行時にも，後肢を同時に動かし跳躍する走行様式は，ウサギ目の最大の特徴といえる．このような後肢による跳躍の走行様式は，有袋類のカンガルーでも認められる（Feldhamer et al., 2015）．

ウサギはゆっくりと歩くときも，また高速で走るときも，前足より後足が前にくることも特徴である．このような四肢の使い方は，他の四足歩行の哺乳類では高速走行時だけにみられ，低速歩行時にはみられない．このような走行様式を「ギャロップ，駆足」とよび，高速走行時では，後足2本は同時に動き，前足2本もほぼ同時につき，後足は前足より前につく跳躍前進を行う（図2.8）．

ウサギの耳，すなわち外耳の耳介は，哺乳類だけに発達した器官である．耳介の長さは，とくにウサギ科で長く顕著であるが，ナキウサギ科では短い．頭胴長に対する耳介の長さの比率を比較すると，ナキウサギ科で10-12%，ウサギ科のアナウサギタイプで10-14%，ノウサギ属で15-25%である．ウサギの耳は長さだけでなく，耳介の表面積は体全体の20-25%を占め，単位体積あたりの表面積が胴体部に比べて8倍も大きい．耳介の基部は筒状で，先端に向けて開いたかたちをしており，かつ非常に薄い構造をしている．耳介には体毛や筋肉および脂肪などの熱産生や保温組織が少ない．血管や神経網が密で，毛細

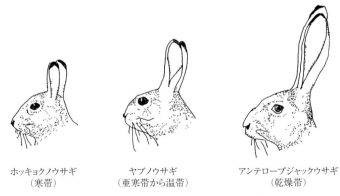

図 2.9 ノウサギ属における種間での耳介の長さの違い（川道，1994 より改変）．ノウサギ属の耳介の長さはアレンの法則によく従うとされる（本文参照）．

血管への血流をコントロールする動静脈吻合が豊富である．耳介の機能として，集音装置，体温調整機能としての放熱装置，および跳躍運動でのショック吸収装置があげられる．集音装置としては，ウサギの耳介は弾力性に富み，動耳筋という筋肉によって，顔面部を動かさずに，耳介だけを自由に動かせる．より長い耳介は集音能力を高める．放熱装置としては，被毛の少ない耳介から放射や対流による熱放散で放熱される．運動や気温の上昇によって，体温が上昇すると，耳介に血液を集中させて，耳介から体外に放熱させる．より長い耳介（より広い表面積）ほど放熱効果が高い．聴覚機能や放熱機能をより高度化するために，ウサギ科でより発達したといえる．

ノウサギ属の耳介の長さや尾の長さは「アレンの法則（Allen's rule)」によく従うとされる（図 2.9；Stevenson, 1986；川道，1994）．アレンの法則とは，「恒温動物において，同種内や近縁種で，寒冷気候地域に生息する種ほど，体の突出物（耳，吻，首，肢，尾など）が短くなる」というもので，寒冷地適応として体温消失を抑えるのに役立つ（Allen, 1877）．北極産や北アメリカ産およびアフリカ北部産のキツネ類 *Vulpus* の比較においても，顕著に認められる（Feldhamer *et al.*, 2015）．一方，温暖・熱暑地域では，体の突出物は長くなる傾向があり，体熱の発散に役立つ．アジア産のサル類 *Macaca* 4 種で，とくに尾長の比較においても認められる（Fooden and Albrecht, 1999）．なお，ウサギ科では，ワタオウサギ属の耳介長はアレンの法則に適合せず，ワタオウサギ

32 第2章 ウサギ学概論——分類・分布・進化

属やノウサギ属の後足長も適合しない（Stevenson, 1986）.

　最近の再検証研究によると，北アメリカ産ノウサギ属の体サイズと緯度との関係において，耳介長と緯度との相関関係は見出されず，この理由として低緯度地域にも短い耳介長のノウサギがおり，他の要因の影響を受けていて，後足長や体長と緯度との間に見出された正の相関が，むしろベルグマンの法則（Bergmann's rule；Bergmann, 1847）に従うと報告されている（岸，2015）.ベルグマンの法則とは，恒温動物において，同種内では寒冷地域に生息するものほど体重が大きく，近縁種間では大型種ほど寒冷地域に生息し，体温維持のために体重と体表面積の関係からこのような大型化が生じるとされ，アレンの法則とも類似する．しかし，この再検証研究においては，アレンの法則に適合しないとされるワタオウサギ属（Stevenson, 1986）を含めて検討しており，気温との関係を緯度との関係として検討しているため，今後ノウサギ属のみを対象とし，気温との関係から再検証が必要と考えられる.

　ノウサギ属では，耳介や四肢は成長段階の早い段階に完成する（Yamada *et al.*, 1990）.生後早くから運動能力に優れ，独立生活に入るノウサギにとって，聴覚機能や運動機能および放熱機能を果たすこれらの器官が，生存にとって重要であることを示していると考えられる.

　その他の特徴として，体毛は長く柔らかい毛で，一般的には保護色をしている．ウサギ科では尾は短くて丸いかたちをしている．ナキウサギ科では尾は短く，体毛に隠れて外見上ほとんどみえない.

（4）消化システム

　ウサギも含め草食性哺乳類は，セルロース分解酵素を生産できず，植物の細胞壁のセルロースを溶解できないので，消化管中の共生する微生物によってセルロースを分解・代謝し，脂肪酸や糖類を摂取する（Cheeke, 1987）.草食性哺乳類は採食習性に応じて，集中的選択者と中間的採食者および大量・低質採食者に分けられ，ウサギ類は集中的選択者で，低繊維質，高タンパク質および高炭水化物の植物の採食者に位置づけられる（表2.2）.野生のウサギ類は柔らかい多肉植物を食べ，また，栄養的要求以外の理由として，消化管の運動性を刺激するために，消化されにくい繊維質を含む低質な植物も食べる．なお，ウサギ類や齧歯類の新成獣は母親の糞を食べて嫌気性原生動物やバクテリアを摂取することで，体内に微生物を獲得する.

　セルロース分解のための消化管システムとして，草食性哺乳類は消化管の発

2.2 生物学的特徴　　33

表 2.2　採食習性による草食性哺乳類の分類（Cheeke, 1987
より）．

分類	反芻動物	非反芻動物
集中的選択者	シカ，キリン	ウサギ
中間的採食者		
木本選好者	ヤギ	
草本選好者	ヒツジ	
大量・低質採食者		
新鮮な草本採食者	ウシ	カバ
低質採食者	シカ，レイヨウ	ウマ，シマウマ
乾燥遅滞採食者	ラクダ	カンガルー

表 2.3　消化器官の発酵戦略の違いによる草食性哺乳類の分類（Cheeke, 1987
より）．

分類	例
前腸発酵	
非反芻動物	ハムスター（齧歯類），カンガルー（有袋類）
反芻動物	ウシ，ヒツジ，ヤギ
後腸発酵	
盲腸発酵動物	ウサギ，カピバラ（齧歯類）
結腸（大腸）発酵動物	ウマ

酵場所に応じて，前腸発酵動物と後腸発酵動物に分けられ，また反芻と非反芻
の動物に分けられる（表2.3）．体重あたりの消化管の相対的重量を比較する
と，発酵場所の比率が高いことからもわかる．ウサギ類は後腸発酵で盲腸にお
いて発酵を行う（図2.10）．しかし，盲腸以降の消化管が短く，必要な栄養素
（ビタミンBやミネラルなど）を十分に吸収できないために，盲腸での発酵物
（軟糞）を経口で採食する．盲腸糞は，結腸で分泌される粘膜に覆われており，
口を肛門に直接つけて発酵物（軟糞）を咀嚼せずに摂取する．ウサギ類の盲腸
糞は硬糞に比べると，タンパク質や水分が多いが繊維質は少ない．また，ビタ
ミンB群はきわめて多い．軟糞は食後4時間ほどで排出される．糞食を阻害
されたウサギは健康障害を起こす．ウサギは盲腸内での発酵を効率的に行うた
めに，採食した植物繊維で発酵に不要な大きな繊維を，小腸から結腸へ直接移
行させたり，盲腸内から結腸へ選択的に移行させ，硬糞として排出する．さら
に，結腸内に移行した小さな植物繊維を選別して盲腸内に回収する．これを

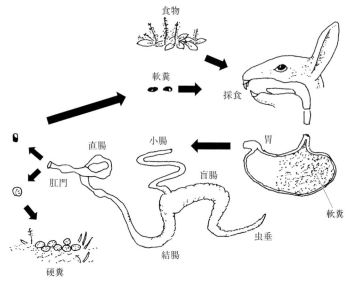

図 2.10　ウサギ類における消化システム．

「結腸分離機構（colonic separation mechanism）」という（Cheeke, 1987）．

　ニホンノウサギ L. brachyurus において，盲腸糞の採食とともに硬糞の採食が報告されている（Hirakawa, 1994, 1995, 2001；平川，1995；森田ほか，2014）．この報告は飼育条件下における結果であるが，野外においても同様に，硬糞も食べられていると予想される．ウサギ類では，食物や水が得られない環境に置かれても，腸内容物の再循環によってある程度の期間（1 週間かそれ以上）生存できることが報告されている（ハント・ハリントン，1974）．

　植物を餌にする草食性哺乳類には，数 g の体重の齧歯類（たとえばカヤネズミ Micromys minutus）から数トンの長鼻類（アフリカゾウ Loxodonta africana）まで多くの種類が進化過程で生まれた．それは植物の種類や部分によって栄養の質やエネルギー効率などが異なり，それぞれを利用できるようにさまざまな動物が適応した結果といえる（表 2.2）．草食性哺乳類にとっての「食物」を考えた場合，生息地には普通，低品質の食物が多量にあり，比較的手に入りやすい状態にある．このような食物を利用できるよう，形態的，生理的，さらに行動的に特殊化した動物の一種として，中・小型の草食性哺乳類ではウサギ類が存在する．

（5）総排出腔と繁殖器官

　膀胱と直腸および子宮の開口部が1つの場合，「総排出腔 cloaca」とよばれ，哺乳類では原始的哺乳類のカモノハシ *Ornithorhynchus anatinus*（単孔類 Monotremata）でみられる（Feldhamer *et al.*, 2015）．一方，膀胱と子宮は総排出腔に開口するが，直腸はこれとは分離し，腸から体外への開口部である「肛門」を備える哺乳類として，有袋類や一部の食虫目 Insectivora の動物がいる．これらを除くすべての哺乳類では「尿道口，肛門および膣」がそれぞれ分離している．

　しかし，ウサギ目は特殊で，ナキウサギ科は総排出腔型であるが，ウサギ科は膀胱と子宮を総排出腔に開口し，肛門部を備えている．すなわち，ウサギ科は上記の有袋類と一部食虫目と共通する．

　また，ウサギ科の雄の精巣は陰茎よりも前方に位置していることが特徴で，これは他の哺乳類ではカンガルーでしかみられない．他の哺乳類は精巣の位置は陰茎より後方に位置している．ウサギ科では精巣は繁殖期に体外に降下するが，非繁殖期に体内にしまわれる．しかし，ナキウサギ科では陰嚢は存在せず，繁殖期でも精巣は体内に存在し続ける．他の哺乳類や齧歯目に存在する陰茎骨はウサギには存在しない．ウサギの子宮は重複子宮で，両側の子宮は完全に分

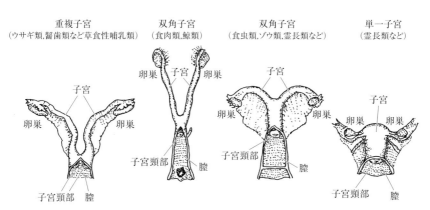

図 2.11　哺乳類の雌の繁殖器官の違い．ウサギや齧歯類など草食性哺乳類は重複子宮タイプで，子宮と子宮頸部が左右独立しているのが特徴．双角子宮では子宮が左右独立するが，子宮頸部は単一．単一子宮では子宮と子宮頸部は単一（Feldhamer *et al.*, 2015 より改変）．

離している（図2.11）．これは，有袋類や多くの齧歯類でもみられる．乳頭数は種によって異なるが，一般的に6-8個（腹面に3-4対）存在する．

2.3 起源と系統

（1）ウサギ目の系統的位置づけの論争

哺乳類進化におけるウサギ目の系統的位置づけについての論争はこれまで続いてきており，いくつかの仮説が過去に提出されてきた．このことは，ウサギ目のもつ種的特徴が中間的で曖昧なためではないかと私は考える．たとえば，草食性哺乳類としてもつ形質の収斂的な特徴や，あるいは遺伝的多様性の少なさなどの理由ではないだろうか．近年の分子遺伝学的研究や新たな化石の発見などを参考に解説する．

（2）ウサギ目の近縁系統──齧歯目

ウサギ目（兎形目）の起源として，もっとも古い仮説は齧歯類に近縁としてグリレスGlires からの起源と考えられ，ウサギ目を重門歯亜目 Duplicidenta-ta，齧歯類を単門歯亜目 Simplicidentata と位置づけた（Gregory, 1910；Simpson, 1945；Dawson, 1958）．その後には，ウサギ目は，霊長類 Primates，食虫類および偶蹄類 Artiodactyla とも姉妹群と提唱された（Wood, 1957）．しかし，近年の研究からは，やはり齧歯類との起源（グリレスからの分岐）が支持されている．すなわち，頭骨の形質（Gaudin et al., 1996），胎盤膜，分子遺伝学（Douzery and Huchon, 2004；Kriegs et al., 2010），および新たな化石（Meng, 2004）の研究から，系統分類学的に近縁なグループとして，齧歯類との姉妹群の仮説が有力視されている（冨田ほか，2002；Vaughan et al., 2015）．

分子系統学的研究による哺乳類の目レベルの分岐系統関係が検討され，有胎盤類の哺乳類（真獣下網 Eutheria）は大きく4区分され，ウサギ目は真主齧類 Euarchontoglires において齧歯類と共通祖先のグリレス類を形成すると考えられている（図2.12；Murphy et al., 2001；Kriegs et al., 2006）．

このグリレスの出現時期は，化石の証拠にもとづくと，白亜紀と第三紀境界層（6500万年前）で，恐竜の絶滅期に一致すると考えられている（Ade, 1999；Asher et al., 2005）．一方，分子遺伝学的には，グリレスの出現はこれより早く，1億年前から8000万年前と推定されている（Douzery and Huchon, 2004）．ま

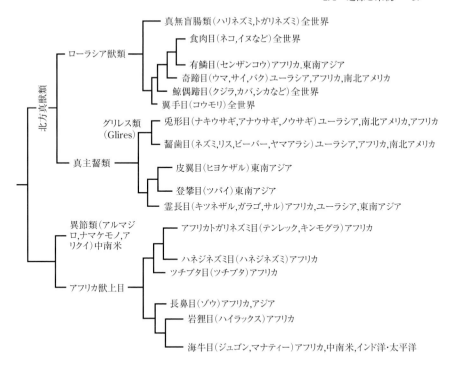

図 2.12 哺乳類の進化系統樹と現生種の分布域．ウサギ目と齧歯類は近縁性が高い (Murphy *et al.*, 2001 ; Kriegs *et al.*, 2006 より改変).

た，最近の研究では，グリレスは9200万年前に出現し，齧歯目とウサギ目は8500万年前に分岐したと考えられている（Asher *et al.*, 2005）．しかし，発見されているウサギ目の最古の化石証拠から，ウサギ目は少なくとも5300万年前に出現したとされていることから，分子遺伝学的推定のほうがより早く出現したことを示している．

近年の他の化石証拠では，モンゴルにおいて最初のウサギ目に近縁で，絶滅種 Mimotonidae のグループに属す5500万年前の化石 *Gomphos elkema* が発見されている（Meng *et al.*, 2004）．この化石は，上顎に二重の切歯があるが下顎に2対の切歯もあり，重門歯亜目かウサギ目あるいはグリレスの近縁種と考えられている．しかしその後，より確実にウサギ目に属する化石としては，*G. ellae* が発見されている（Kraatz *et al.*, 2009）．この化石は，切歯と頰歯の間に「歯隙 diastema」が形成されているため，*G. ellae* は，*G. elkema* とウサギ目

38　第2章　ウサギ学概論——分類・分布・進化

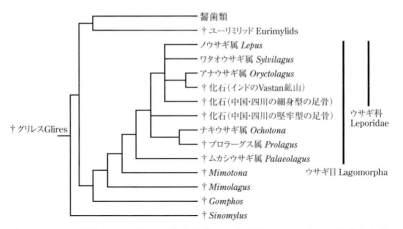

図 2.13　ウサギ目とウサギ科の進化過程．ウサギ目はモンゴルで発見された *Gomphos* 属から誕生したと考えられている（Rose *et al.*, 2008 より改変）．†は化石種を示す．

（化石種と現生種）とをつなぐ種と考えられている（図 2.13；Rose *et al.*, 2008）．そのため，この *G. elkema* から，78 属 230 種のウサギ目が誕生していると考えられている．

（3）化石種の系統樹

ウサギ科の化石種アリレプス属 *Alilepus* はユーラシア大陸と北アメリカの両方から出現しているが，おもにはユーラシア大陸の旧北区から出現している（Jin *et al.*, 2010；図 2.14）．アリレプス属の祖先ハイポラーグス属 *Hypolagus* は北アメリカから出現している．アリレプス属の祖先は東アジアと考えられているが，北アメリカの可能性が高く，北アメリカのほうが東アジアよりもやや古い（Jin *et al.*, 2010）．したがって，アリレプス属から現世のウサギ科の進化過程をみると，中新世に北アメリカから中国に進出したアリレプス属は，中国南部の系統と中国北部の系統に分かれたと考えられる．中国南部の系統アリレプス属の1種 *A. longisinuosus* からスマトラウサギ属 *Nesolagus* が誕生し，一方，中国北部の系統アリレプス属の別種 *A. lii* から化石種プリオペンタラーグスの1種 *Pliopentalagus huainanensis* が分化し，アマミノクロウサギ属 *Pentalagus* の誕生につながると考えられている（Jin *et al.*, 2010）．

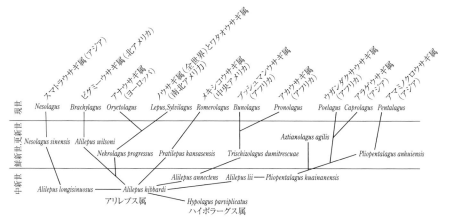

図 2.14　ウサギ科の化石種と現生種との類縁関係（Jin *et al.*, 2010 より描く）.

（4）ウサギ目2科の分岐年代

　ウサギ目で最古の化石の発見は，2007 年にインドの西中央部において発見された足骨（踵骨と距骨）の化石で，始新世初期の 5300 万年前の年代である（Rose *et al.*, 2008）．現生のウサギ目で足骨のかたちや大きさは走行能力に応じて変化しており，ナキウサギ科の骨は短く堅牢であるが，ウサギ科の骨は長くて細身である．発見された化石はナキウサギ科やウサギ科の両方の特徴をもっている．一方，これらの化石よりも年代の新しい中国で発見された化石類（4800 万年前）と比べると，踵骨は類似しているが，中国の化石類にはナキウサギ科の堅牢型の化石とウサギ科の細身型の化石が存在し，2 科の分化を示している．したがって，これらの化石類から，ウサギ目のナキウサギ科とウサギ科が分岐したと考えられ，この分岐開始年代は 5000 万年前と推定される．その後の化石証拠によると，4500 万年前までには，ウサギ目はユーラシア大陸から北アメリカ大陸まで分布を広げ，初期のウサギ目は 1000 万年前まで存続したようである．

　現生のウサギ目は 3400 万年前から出現した．ナキウサギ科はアジアで誕生し，ウサギ科は北アメリカ，あるいはおそらくアジアで誕生し，初期のウサギたちとしだいに交代したと考えられる．分子遺伝学的には，ウサギ科の新たな属は，およそ 1300 万-900 万年前の間に誕生したと推定されているが，化石の

証拠はない（Ge *et al.*, 2013）．中米で誕生したらしいワタオウサギ属は500万年前から多様化し，南アメリカ大陸に分布を拡大できた唯一のウサギであるが，400万年前以降は海峡ができたために南アメリカ大陸への侵入は不可能になった．

その後の700万-500万年前の間は，地球規模で寒冷化が進み，世界的に森林が衰退し草原が優勢になってきた．今日も陸地の3分の1は草原で占められている．草原的環境に有利なノウサギ属が，森林依存のアナウサギ型のウサギから草原適応できるウサギへと進化したと考えられる．さらに，南極大陸の氷床の拡大化と海水面低下にともない，各地で大陸や島嶼がつながり，とくにベーリング海の陸橋ができ，ユーラシアと北アメリカを移動できるようになった（くわしくは後述）．およそ1400万年前からノウサギ属はアジアと北アメリカを相互に行き交いあったが，やがて温暖化して海峡が復活する1100万-1000万年前以降は隔離が始まったと考えられる．

（5）ナキウサギ科の系統進化

ナキウサギ科の系統関係はまだ明確ではなく，おもに形態にもとづいて，研究者により2つかそれ以上の亜属を設けるなど意見は分かれている．そのなかで，最近の分子遺伝学的研究による系統推定が行われ，ナキウサギ属30種のうちの27種を対象に生物地理も考慮して，5つの主要グループに分けられた（図2.15；Niu *et al.*, 2004；Ge *et al.*, 2013）．すなわち，①北部グループ，②青海チベット高原周辺グループ，③青海チベット高原グループ，④黄河グループ，そして⑤中央アジアグループである．①北部グループには，キタナキウサギ *Ochotona hyperborea*，アルタイナキウサギ *O. alpina*，モンゴルナキウサギ *O. pallasi*，および北アメリカの2種のアメリカナキウサギ *O. princeps* とクビワナキウサギ *O. collaris* が含まれる．北アメリカ産の祖先は，アジアから北アメリカに200万年前のベーリング陸橋を経由して移動したと考えられている．②青海チベット高原周辺グループにはロイルナキウサギ *O. roylei* など13種が存在し，また，③青海チベット高原グループにはチベットナキウサギ *O. thibetana* など8種が含まれる．中国の中央山岳地の④黄河グループは単独の種 Tsing-ling pika *O. huangensis* で形成されている．⑤中央アジアグループを形成するステップナキウサギ *O. pusilla* は，かつてユーラシア大陸全体に分布を拡大し，イギリスの更新世 Pleistocene で化石が発見されていることから，ナキウサギ科の祖先型の種と考えられている．

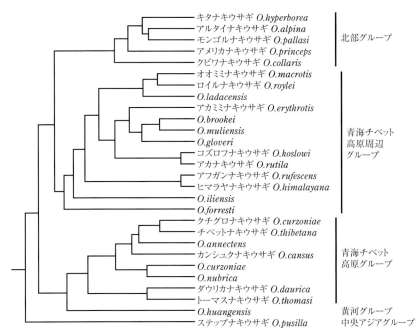

図 2.15 ナキウサギ属の系統進化．分子系統学的研究と地理的分布にもとづき，ナキウサギ属は 5 グループに分けられる（Niu *et al.*, 2004 より改変）．なお，本図では，亜種や地域個体群を種としてまとめて表示している．

（6）ウサギ科の系統進化

　ウサギ科は属レベルでみると，多数の種分化を起こしたノウサギ属（32 種）とは対照的に，その他の多くはモノタイプ（1 属 1 種）の 7 属と，少数の種分化を起こした 3 属（スマトラウサギ 2 種，ワタオウサギ 17 種およびアカウサギ *Pronolagus* 3 種）から成り立つ．ウサギ科の系統推定に関する研究は，化石にもとづく研究（Dawson, 1981）以降ほとんど最近まで行われていない．ここでは，ウサギ科の系統進化の解釈がどのように行われてきたのかを解説する（Robinson and Matthee, 2005 ほか）．

　まず，化石にもとづく系統推定では，頰歯のエナメルパターンが用いられ，ウサギ科 11 属のうちアフリカ産のウガンダクサウサギ属 *Poelagus* とブッシュマンウサギ属 *Bunolagus* を除く 9 属が 4 つの系統に分けられた（Dawson,

1958；Hibbard, 1963）．すなわち，1つはスマトラウサギ属とピグミーウサギ
属 *Brachylagus* が原始的な姉妹グループと位置づけられ，2つめはアカウサギ
属とアマミノクロウサギ属の姉妹グループである．3つめはノウサギ属，アナ
ウサギ属 *Oryctolagus*，アラゲウサギ属 *Caprolagus* およびワタオウサギ属であ
る．4つめはメキシコウサギ属 *Romerolagus* である．しかし，南アフリカ産
アカウサギ属とアジア（日本）産アマミノクロウサギ属やアジア産スマトラウ
サギ属と北アメリカ産ピグミーウサギ属が近縁とされたが，頰歯のエナメルパ
ターンの類似性は系統関係とは独立した形質との指摘があり（Daxner and
Fejfar, 1967），この形質による系統推定の精査が必要ではあるが，結論には至
っていない．

　外部形態や頭骨形態の22の形質について，ウサギ科22種を対象に比較検討
した系統推定によると（Corbet, 1983），化石種のムカシウサギ科 Palaeolagi-
nae と現生種のウサギ科の形質比較（Dice, 1929）から，アマミノクロウサギ
属，アカウサギ属およびブッシュマンウサギ属がムカシウサギ科に含まれると
され，メキシコウサギ属はムカシウサギ科からウサギ科に移された．しかし，
ウサギ科における属的特徴が少ないために系統推定は不十分と結論づけられた
（Corbet, 1983）．

　一方，化石種（新第三紀層）と現生種ウサギ科の28属を対象にした29の形
態特徴，地理的特徴，染色体による系統推定によると（Averianov, 1999），現
生のアカウサギ属とブッシュマンウサギ属およびアマミノクロウサギ属が姉妹
グループを形成し，これにいくつかの絶滅種も含めた系統が提案された．また，
アラゲウサギ属とウガンダクサウサギ属が姉妹グループを形成し，ノウサギ属
とアナウサギ属が姉妹グループを形成するという系統樹が提案された．

　さらに，染色体と分子細胞学的研究的手法を取り込んだ系統推定も提案され
た．ウサギ科の染色体数（$2n=38\text{-}52$）は属や種によって大きく変化するが，
祖先型を $2n=48$ とすると（Robinson, 1980），その子孫の北アメリカ産のメキ
シコウサギ属，ノウサギ属およびワタオウサギ属（$2n=48$）から，個体群の
縮小化や創始者効果による染色体の再編が起き，ピグミーウサギ属（$2n=44$），
アマミノクロウサギ属（$2n=46$），ブッシュマンウサギ属（$2n=46$）およびア
ナウサギ属（$2n=44$）に変化したという系統推定が提案された（Robinson
and Matthee, 2005）．これによると，初期のアジア産ウサギ（現生のスマトラ
ウサギ属）の祖先から，アフリカにおいてウガンダクサウサギ属やアカウサギ
属（$2n=42$）が誕生したと考えられる．しかし，アラゲウサギ属のデータは

ないので，アラゲウサギ属の位置づけは行われていない．

　次いで，ミトコンドリア（mt）DNA（cytochrome b と 12S rRNA）による分子系統樹解析による系統推定では，スマトラウサギ属とアカウサギ属が姉妹グループとして古く種分化を起こし，その後 8 属が急速な放散によって形成されたと推定されたが，8 属の系統関係の信頼性を示すブートストラップ値はおおむね低いために，8 属の系統関係は明確にはできていない（Yamada *et al.*, 2002；Matthee *et al.*, 2004）.

　一方，形態や生活史などのデータにもとづいたスーパーツリー分析による系統推定では，アカウサギ属とアマミノクロウサギ属，さらにピグミーウサギ属とスマトラウサギ属とがそれぞれ姉妹グループとして分けられ，メキシコウサギ属を除いて，ノウサギ属やアナウサギ属が姉妹グループとして位置づけられ，アラゲウサギ属とウガンダクサウサギ属とが近縁で，ワタオウサギ属が最後に位置づけられるという関係が示された（Stoner *et al.*, 2003）. これらの系統関係には，情報量の少ない種も多くあり，頬歯のエナメルパターンの形質（Dawson, 1958；Hibbard, 1963）が強く反映されている可能性がある．

　新たには，個々の種の複数の遺伝子を総合的に解析する DNA スーパーマトリックス分析法（ウサギ科 11 属 27 種の 5 個の核遺伝子と 2 個の mtDNA 遺伝子断片との 5483 形質の解析）による系統推定が行われ，さらにこれに形態学的情報として 29 形質や地理的情報を加えた系統樹が作成された（Matthee *et al.* 2004；Robinson and Matthee, 2005）. この結果，ウサギ科は 2 つの系統に分けられることが明らかになった（図 2.16）. その 1 つの系統は，アジア産スマトラウサギ属とこれから派生したアフリカ産のウガンダクサウサギ属とアカウサギ属の姉妹グループである. 他の系統は，メキシコウサギ属（北アメリカ），ノウサギ属（全世界），ワタオウサギ属（北アメリカから南アメリカ）とピグミーウサギ属（北アメリカ）の姉妹グループと，アマミノクロウサギ属（アジア）とアラゲウサギ属（アジア）の姉妹グループ，およびブッシュマンウサギ属（アフリカ）とアナウサギ属（ヨーロッパ）の姉妹グループである. アジアとアフリカ，およびアジアとヨーロッパ・アフリカのウサギ科のモノタイプの属がそれぞれ姉妹グループを形成し，生物地理学的にも支持できる系統樹になっている. しかし，モノタイプの属について，核遺伝子（アナウサギ属とブッシュマンウサギ属が姉妹グループ，およびアラゲウサギ属とアマミノクロウサギ属も姉妹グループを示す）あるいは mtDNA 単独の系統樹では，それらの属の進化系統関係を明確に示すことはできていない. 一方，比較形態学

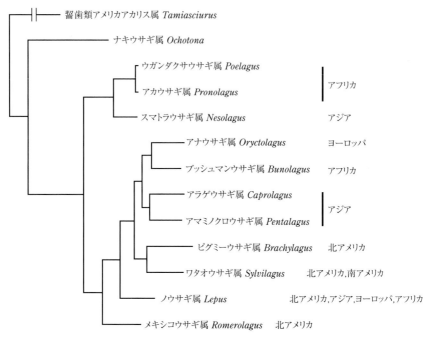

図 2.16 ウサギ科の分子情報と形態情報による系統樹（Robinson and Matthee, 2005 より描く）.

的には新しい属と理解されているノウサギ属が，この解析では，やや古く誕生していることを示していることは興味深い．ノウサギ属内での急速な適応放散と，近縁性を保ちつつ新たな分化を起こし，ヨーロッパ，アジアおよびアフリカに分布拡大したことを示していると考えられる．

　ウサギ科の現在の分布は，北アメリカ産か，あるいはアジア産の起源種から，少なくとも9回の種分化で起きた結果と考えられている（図2.17；Matthee et al., 2004）．すなわち，少なくとも3回のベーリング陸橋を介した北アメリカ大陸とユーラシア大陸の移動・分化（1回目は1400万年前）と，1回のアジアとヨーロッパ間の移動・分化，さらには，少なくとも3回のアジア・ヨーロッパとアフリカ間の移動・分化，および少なくとも2回の南アメリカ大陸への移動・分化で起きた結果である．1回目の北アメリカ大陸とユーラシア大陸の移動・分化の後に，アジア産のウサギ祖先がアフリカに移動・分化し，1100万年前にアフリカ大陸でウガンダクサウサギ属とアカウサギ属の祖先が誕生し，

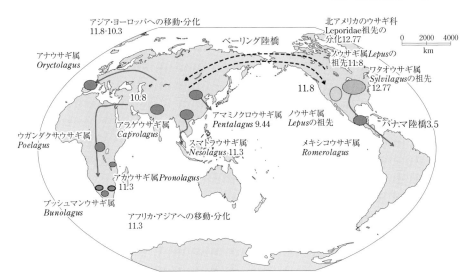

図 2.17 ウサギ科のアナウサギ類の起源と種分化過程（Matthee *et al.*, 2004；Robinson and Matthee, 2005 をもとに描く）．数字の単位は 100 万年前．図 2.16 の分子系統樹から推定分岐年代を示す．

またアジアでスマトラウサギ属の祖先が誕生したと考えられている．一方，北アメリカ大陸では，1277 万年前ごろにウサギ科祖先から 2 つのグループ（1 つはメキシコウサギ属の祖先，他はノウサギ属，ワタオウサギ属，ピグミーウサギ属，アマミノクロウサギ属，アラゲウサギ属，ブッシュマンウサギ属およびアナウサギ属のグループの祖先）が誕生し，1180 万-1030 万年前の第 2 回目の北アメリカ大陸とユーラシア大陸の結合のときに，北アメリカ大陸にノウサギ属，メキシコウサギ属，ワタオウサギ属およびピグミーウサギ属の祖先が残ったが，他のアマミノクロウサギ属，アラゲウサギ属，ブッシュマンウサギ属およびアナウサギ属のグループの祖先がユーラシア大陸に移動し，分化したと考えられる．アマミノクロウサギ属の祖先は 944 万年前に誕生したと考えられている．第 3 回目の北アメリカ大陸からユーラシア大陸への移動はノウサギ属の祖先で起き，1180 万年前に誕生したノウサギ属祖先が，700 万-500 万年前に起きた寒冷化と草原化によって，北アメリカ大陸からユーラシア大陸に進出し種分化を起こしたと考えられている（図 2.17）．

以下に，属ごとの詳細な説明と推定の問題点を説明する．

（7）アフリカのアカウサギ属

アカウサギ属は3種に分けられ（Hoffmann and Smith, 2005），すべてがアフリカの固有種で，サハラ砂漠以南に分布する（図2.17）．分布の1つはケニア南西部とタンザニア中央部，他はアフリカ南部とザンベジ川の南部である．染色体数（$2n=42$）は種間で変異しない．

一方，最近の分子系統解析から，アカウサギ属は4種に分けられ，かつては同種に含められたスミスアカウサギ *P. rupestris* と Hewitt's red rock hare *P. saundersiae* が近縁の姉妹グループに区分され，ナタールアカウサギ *P. carassicaudatus* が祖先種と考えられる（Matthee *et al.*, 2004）．

（8）中国南西部起源のスマトラウサギ属

近年まで，スマトラウサギ属はスマトラ島に1種（スマトラウサギ *N. netscheri*）しか存在しないと考えられてきたが，インドシナ半島側（インドシナ半島東部のラオスとベトナムの国境のアンナン山脈）で新たな生息が発見された（Surridge *et al.*, 1999）．この新たな種は，mtDNA の違いに加えて，頭骨や臼歯などに形態的な違いも認められ，スマトラウサギとは別種（アンナミテシマウサギ［仮和名］Annamite striped rabbit *N. timminsi*）に位置づけられた（Averianov *et al.*, 2000; Can *et al.*, 2001）．スマトラウサギ属の形態的特徴は，比較的小さな身体で耳介や四肢は短く（体長35-40 cm），薄い黄褐色の体毛に，濃い茶褐色の7本の縞が頭部から尾部に存在し，顔面部にも耳介基部から頬面や眼のまわりにかけ鼻端までの縞模様が存在し，臀部や尾部は明るい赤色であるなど，他のウサギ科ではみられない特徴をもっている．生息実態など情報の少ない種であるが，熱帯雨林の標高600-1400 m に生息し，夜行性で巣穴生活者である．

一方，本属の化石種として *N. sinensis* が中国南部で発見された（Jin *et al.*, 2010）．上顎臼歯咬面の構造の比較によると，化石種はスマトラ産のスマトラウサギに類似するため，更新世初期に化石種 *N. sinensis* がスマトラ島に分布拡大し，その後に，大陸側でアンナミテシマウサギが誕生したと考えられる．化石種 *N. sinensis* がスマトラ島に分布拡大した時期は，同時に長鼻目 Proboscidea のマストドン *Sinomastodon* も南下してスマトラ島に分布拡大していることから，スンダランド陸橋が形成されていた時期と考えられる（図2.17）．

先にも述べたが，分子系統樹解析によると，スマトラウサギ属はアフリカの

アカウサギ属やウガンダクサウサギ属と姉妹グループの関係にあるとされる（Robinson and Matthee, 2005）．ユーラシア大陸からアフリカ大陸にウサギ科の祖先が侵入していったと仮定すると，アジア産とアフリカ産と距離的には離れていても近縁性が存在し，それぞれ遺存的に生き残っていることは興味深い．

（9）北アメリカで多様化したワタオウサギ属

ワタオウサギ属は17種あるが，それらの種間関係や個々の種の分類的位置づけは未整理で解決されていない．北アメリカと南アメリカにもっとも広域に分布するトウブワタオウサギ S. floridanus は，北アメリカ東部と南部，カナダ南部，メキシコ，中央アメリカおよび南アメリカ北部に分布し，18亜種に区分される．また，中央アメリカから南アメリカのアルゼンチン北部まで広域分布するモリウサギ S. brasiliensis は，少なくとも10亜種に区分される（Ruedas, 1998）．この2種が北アメリカからパナマ陸橋を渡って南アメリカに分布を拡大した（図2.3，図2.17）．一方，北アメリカの北部から北極圏への拡大やベーリング陸橋を通じた拡大ができた種はいない．

ワタオウサギ属の種間の染色体数（$2n = 38$-52）の変異は，ノウサギ属（$2n = 48$）に比べてきわめて大きい．染色体変異から，ヌマチウサギ S. aquaticus とヒメヌマチウサギ S. palustris の近縁性が認められ，頭骨の特徴や後眼窩上突起の完全な癒合の特徴などが類似する．また，サバクワタオウサギ S. auduboni とヤマワタオウサギ S. nuttallii の近縁性が認められ，生物地理学的にも近縁といえる（Robinson and Matthee, 2005）．限られた種（6種）の分子系統樹からではあるが，系統的位置づけがつねに問題になるピグミーウサギ属 Brachylagus はワタオウサギ属と姉妹グループに位置づけられ，アパラチアワタオウサギ S. obscurus はトウブワタオウサギに近縁と位置づけられる（図2.16；Robinson and Matthee, 2005）．

（10）北アメリカ，ユーラシア，アフリカで多様化したノウサギ属

ノウサギ属のおもな種分化は600万-300万年前に起きたと考えられ，北アメリカで誕生したノウサギ属の祖先は，北アメリカからユーラシア（ヨーロッパとアジア）を経由してアフリカに分布を拡大し，現在のノウサギ属の各種が誕生したと考えられる（図2.18，図2.19；Matthee *et al.*, 2004；Wu *et al.*, 2005）．その後，地域的な種分化が新しく起きており，たとえば，ユキウサギ L. timidus やコルシカノウサギ L. corsicanus などの亜種は80万年前以降に誕

48　第2章　ウサギ学概論——分類・分布・進化

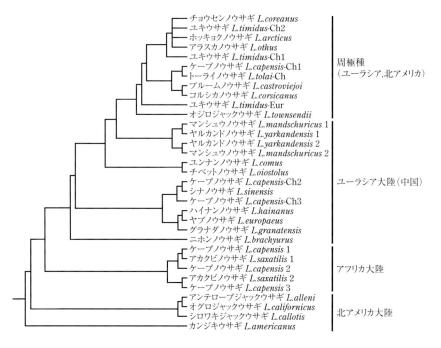

図2.18　ノウサギ属の分子系統樹（Wu et al., 2005より改変）．

生したと考えられる．ノウサギ属で起きた地理的分布の拡大は，いくつかの形質の獲得による．すなわち，開けた生息地における走行適応のための早成性（precocity）への変化，体サイズの大型化，四肢の伸長などの獲得による．なお，ノウサギ属の種の判別は，いくつかの種や場所で混乱を起こしている．種判別を混乱させる原因として，過去3000年間に人間が新たな場所にノウサギを導入放獣したことなどが原因と考えられている（Flux and Angermann, 1990）．

　ノウサギ属の全種で染色体数は $2n = 48$ と共通し，種による違いは動原体周囲のヘマトクロマチンの量がわずかに異なるだけである（Robinson et al., 1983ほか）．このような，ノウサギ属の種における染色体の安定性の理由は，ノウサギ属の生活史の反映とされ，大きな系統における近年の放散的種分化，ゲノムの安定性およびノウサギ属における運動能力と関連した広範囲の移動性による遺伝子の高い流動性のためと考えられる（Robinson and Matthee, 2005）．

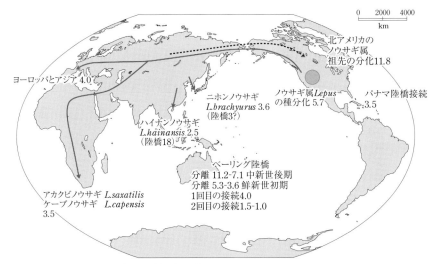

図 2.19 ノウサギ属の起源と種分化過程（Matthee *et al.*, 2004 ; Robinson and Matthee, 2005 より描く）．数字の単位は 100 万年前で，DNA による推定分岐年代を示す．

ミトコンドリア DNA による系統解析によると，北アメリカのノウサギ属は単一系統ではなく，北極系統と西部系統の2つの系統に区分される（図 2.18）．多様な変異をもつ北極系統の種は北アメリカ産アラスカノウサギ *L. othus* とホッキョクウサギ *L. arcticus* およびオジロジャックウサギ *L. townsendii* で，これらにユーラシア産ユキウサギ *L. timidus* が含まれる．とくに，北極系統のアラスカノウサギ，ホッキョクウサギ，およびユキウサギは，結氷する北極海の氷上を移動して広域に分布する「周極種（circumpolar species）」といえる．これらの種は多様な亜種に区分され，地理的細分化が起きている．一方，北アメリカの西部系統においても多様な種が存在し，メキシコ産ノウサギ（テワンテペクジャックウサギ *L. fravigularis* やクロジャックウサギ *L. insularis*）との進化的関係も含めて，より複雑な関係の種が存在する．なお，ノウサギ属は南アメリカへの南下はできなかったが，北アメリカと南アメリカをつなぐパナマ陸橋が存在した 350 万年前にはワタオウサギ属（モリウサギ *S. brasiliensis*）の祖先が南アメリカに南下して定着している（図 2.17，図 2.19）．このパナマ陸橋が切れた年代にもとづくと，北アメリカのウサギ科の祖先は 1180 万年前に誕生し，その後，ノウサギ属の祖先は北アメリカからアジアにベーリング陸橋を経由して 700 万–500 万年前に広がったのではないかと考えられてい

る（Matthee *et al.*, 2004）．一方，ノウサギ属の種間関係をみると，ヨーロッパ
に拡大したいくつかの種（たとえば，イベリア半島産のグラナダノウサギ *L.*
granatensis やヤブノウサギ *L. europaeus*）は単系統ではなく，ユキウサギの
祖先の遺伝子浸透と隔離により形成されたと考えられる（Alves *et al.*, 2003）．

　ユーラシア大陸のノウサギ属は，大きくは 3 つの系統に区分できる（図
2.18；Wu *et al.*, 2005）．すなわち，①日本産ニホンノウサギ *L. brachyurus* が
最初に区分され，②次いで中国産ノウサギ（ハイナンノウサギ *L. hainanus* と
シナノウサギ *L. sinensis*）とヨーロッパ産ノウサギ（グラナダノウサギとヤブ
ノウサギ），そして③最後は中国産ノウサギ（ユンナンノウサギ *L. comus* と
チベットノウサギ *L. oiostolus* およびユキウサギ）のグループである．このユ
キウサギのグループには多くの種が含まれ，中国産ノウサギ（ヤルカンドノウ
サギ *L. yarkandensis*，マンシュウノウサギ *L. mandschuricus* および *L. melai-*
nus），ヨーロッパ産ノウサギ（ブルームノウサギ *L. castroviejoi* とコルシカノ
ウサギ *L. corsicanus*），韓国産ノウサギ（チョウセンノウサギ *L. coreanus*），
および北アメリカ産ノウサギ（アラスカノウサギ，オジロジャックウサギおよ
びホッキョクウサギ）が含まれる．中国産ノウサギについて，さらに他の種も
加えると，つぎの 3 つのグループに分けられる（Robinson and Matthee, 2005；
Wu *et al.*, 2005）．すなわち，①北部系統（トーライノウサギ *L. tolai*，ユキウ
サギ，マンシュウノウサギおよびヤルカンドノウサギ），②チベットから雲貴
高原の高山系統（ユンナンノウサギとチベットノウサギ），および③南部系統
（シナノウサギと *L. swinhoei*，および海南島のハイナンノウサギ）である．中
国産ノウサギ属は，ユキウサギを起源として，北部から南部に拡散したと考え
られる（Wu *et al.*, 2005）．しかし，種間での浸透交雑が頻繁に起きてきたため
に，系統的に複雑化していると指摘されている（Liu *et al.*, 2011）．

　このように，ノウサギの祖先はユーラシア大陸に 500 万年前に進出し，この
祖先から，他の種のなかでは初期の 360 万年前にニホンノウサギが誕生したと
考えられている（Yamada *et al.*, 2002；Wu *et al.*, 2005）．ユーラシア大陸産ノウ
サギ属の種間における塩基置換率は他地域に比べてもっとも高い（10.8-
13.8％；Wu *et al.*, 2005）．このなかで，ニホンノウサギは，島嶼隔離による遺伝
的交流の孤立化によって，アジア産ノウサギのなかで，遺伝的に固有性のもっ
とも高い種として形成されたといえる（図 2.18）．では，ニホンノウサギの誕
生に関して，日本列島（九州・四国・本州）とユーラシア大陸との陸橋の形成
はどうであったのだろうか．後期鮮新世から前期更新世における日本海と東シ

ナ海を結ぶ海峡は，現在の対馬海峡ではなく，おそらくは沖縄トラフ北縁部（九州西方沖）と推定される（北村・木元，2004）．この「南方海峡」は，350万年前から170万年前のほとんどの期間，陸橋としてユーラシア大陸と連結していたが，少なくとも4回（320万，290万，240万，190万年前），それぞれ1万–2万年程度の短期間だけ海峡となり，対馬海流が流入したとされる（Kitamura and Kimoto, 2006）．上記の遺伝子によるニホンノウサギの誕生時期が，陸橋の形成時期よりも10万年前ほど早いが，ニホンノウサギの祖先はユーラシア大陸と日本列島が南方海峡の陸橋化によって日本列島に侵入することができ，海峡の形成以降，日本列島の九州・四国および本州に隔離されたと考えられる．現在のニホンノウサギの遺伝的構造について，mtDNA分析によると，ニホンノウサギは北集団（東北，佐渡島，関東，中部および近畿）と南集団（中国，隠岐島，四国および九州）に分けることができ，両集団間には塩基置換率で3.5%（120万年に相当）の差がある（Nunome *et al.*, 2014）．また，北集団は日本列島に先に入り，高い遺伝的多様性（35万年前，20万年前および5万年前に分岐）を示している．現在の北集団と南集団はそれぞれ，過去の氷河期のレフュージア（避難場所）から分布拡大したと考えられている．北集団の島嶼の佐渡島に隔離されたサドノウサギ *L. b. lyoni* は北集団から数万年前に分岐し，南集団の島嶼の隠岐島に隔離されたオキノウサギ *L. b. okiensis* は南集団から数万年前に分岐したと考えられている．

　一方，ユーラシア大陸からアフリカ大陸に侵入したノウサギ属について，アフリカ産ノウサギ属の系統進化は，データ不足のために複雑でまだ不明な点が多いとされる（Robinson and Matthee, 2005）．分子データの存在する南アフリカ産のつぎの2種を中心にみると，南アフリカの南西部の高標高地帯（標高1000–2000 m）にアカクビノウサギ *L. saxatilis* が限定的に分布し，南中央部にはケープノウサギ *L. capensis* が分布する．後者のケープノウサギは南アフリカから中東やパキスタンまで広域に分布する種である．アカクビノウサギが近縁種（おそらく African savanna hare *L. microtis*）から分岐した年代は6.1万–4.5万年前と考えられ，ケープノウサギが近縁種から分岐した年代は13.2万年前と考えられる（Kryger *et al.*, 2004）．

(11) ウサギ科の属レベルの系統的位置づけと問題点

　以上のように，ウサギ科の形態や生物地理さらに分子遺伝を取り入れた系統推定法（スーパーマトリックス分析法）によるウサギ科の系統的位置づけを述

52   第2章 ウサギ学概論——分類・分布・進化

べた．この系統推定法により，ウサギ科の現生の単系統11属は大きく2つに
分けることができる．さらに第2番目のグループを細分化すると，合計4つの
異なる系統に区分できる（図2.16；Robinson and Matthee, 2005）．ただし，
いくつかの種群では，系統進化関係が曖昧なままという問題は残っているとさ
れている．

　この4つの系統とは，1つは，これまでに説明したアフリカ/アジア分布の
ウガンダクサウサギ属，アカウサギ属およびスマトラウサギ属の3属である．
2つめは，アメリカ分布のピグミーウサギ属とワタオウサギ属である．3つめ
は，アメリカ起源と推定されるノウサギ属と，系統関係に問題が残るアフリカ
のブッシュマンウサギ属，ヨーロッパのアナウサギ属，アジアのアラゲウサギ
属とアマミノクロウサギ属のグループで，これらは2つめのピグミーウサギ属
やワタオウサギ属とも同じ系統から派生して近縁と考えられる．最後の4つめ
はアメリカのメキシコウサギ属で古い系統といえる．これらでは，とくにアフ
リカ産，アジア産および中央アメリカ産や南アメリカ産のウサギの起源や系統
関係について，まだ明確に説明できない問題が残っているとされている．

　一方，多型系統のノウサギ属における系統関係の問題点としては，たとえば，
ノウサギ属の祖先型が北アメリカからアジアに初期分散したとする仮説や，南
アフリカの種（アカクビノウサギとケープノウサギ）の系統的位置づけ，およ
びユキウサギとヨーロッパ産ノウサギとの関係や，近縁性の高い中国産ノウサ
ギとの関係などについて，今後検討が必要と考えられている．これに関連して，
ヤブノウサギの自然分布がヨーロッパから東方のウラル地方に拡大しているが，
この原因として，シベリア鉄道の開設や輸送が関係すると考えられている
（Corbet, 1986）．

　先にも述べたが，ヨーロッパ，アフリカおよびアジアのノウサギ属の共通祖
先が北アメリカからベーリング陸橋を経由してヨーロッパに進出した大陸間の
拡散時期は500万年前と考えられ，この拡散した祖先からさまざまな種が誕生
したと考えられている（図2.19；Matthee *et al.*, 2004）．さらにはその後も，
300万年前ごろに北アメリカからヨーロッパに新たなノウサギ属の祖先が進出
したと考えられている（Matthee *et al.*, 2004）．この祖先から現在ユーラシアに
広く分布するユキウサギとヨーロッパの低地に分布するヤブノウサギが誕生し
たと考えられている．さらに，これらの種は，氷河期や間氷期の間に分布縮小
や拡大を起こし，また，氷河期のレフュージア（避難場所）による地理的隔離
で種分化を起こしたと考えられている．とくに，ノウサギ属はイベリア半島や

イタリアとバルカン半島の南部で種分化を起こしており，同様にヨーロッパや
アジアの他の場所でも種分化が起きていると予想される．このような観点から
分子系統樹をみると，両種の亜種のかたまりが理解できる．一方，逆方向にヨ
ーロッパから北アメリカへベーリング陸橋を通じて，198万年前にノウサギが
二次的に進出した事例があるようで，ホッキョクウサギ（グリーンランド），
アラスカノウサギ（アラスカ）およびオジロジャックウサギ（カナダ，アメリ
カ）が誕生したと考えられている（Matthee *et al.*, 2004）．

　アフリカのノウサギ属の初期の種分化をみると，アフリカ南部のケープ南西
部のケープノウサギとアカクビノウサギの種分化は340万年前に起きたと考え
られる．ケープノウサギはアフリカからスペイン，中東アジアからインドと分
布が広く，12亜種が知られている．一方，アカクビノウサギは，アフリカ南
部だけの局所的分布である．北半球において，気候による個体群の孤立化で種
分化が起きているように，南半球においても，アフリカ産ノウサギの種分化が，
気候（寒冷と温暖，乾燥と湿潤の変動）によって起きていると考えられる．

　分子データによって，ウサギ科の系統進化の理解がかなり進んできているが，
まだはっきりしない部分は多い．とくに，アフリカ，アジア，および中央アメ
リカや南アメリカのウサギ科の系統進化や種の関係性についてはいまだに明ら
かにされておらず，残された大きな課題とされる（Robinson and Matthee,
2005）．

2.4　日本のウサギ

（1）種多様性に富むウサギ類

　日本のウサギ目は多様で，野生種としては2科3属4種がいる．ナキウサギ
科ではエゾナキウサギ *Ochotona hyperborea yesoensis*，ウサギ科ではアマミノ
クロウサギ *Pentalagus furnessi*，ノウサギ属のユキウサギの亜種 *Lepus timi-
dus ainu* およびニホンノウサギ *L. brachyurus* である（図2.20）．これ以外に，
外来種としてヨーロッパアナウサギ *Oryctolagus cuniculus* が生息する（第4
章参照）．なお，ニホンノウサギはつぎのように4亜種に分けられている（今
泉，1960, 1970）．すなわち，本州太平洋側，四国および九州などのキュウシュ
ウノウサギ *L. b. brachyurus*，本州日本海側のトウホクノウサギ *L. b. angusti-
dens*，島根県隠岐島のオキノウサギ *L. b. okiensis*，および新潟県佐渡島のサド

第2章 ウサギ学概論──分類・分布・進化

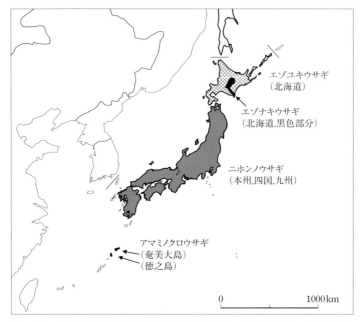

図 2.20 日本のウサギ目2科3属4種の分布（エゾナキウサギの分布は川辺，2013より）．

ノウサギ L. b. lyoni である（図2.21）．この区分として，基本的には体サイズの違いを鑑別点としているという．しかし，この亜種区分の妥当性および必要性に関して問題は残っている．すなわち，冬季の体毛の白変化という形質には地理的変異が大きいために採用していないとしているが，実際には亜種の分布はほぼこの体毛変化の境界域で分けられている．今後，体サイズの地理的変異とともに再吟味が必要と思われる（第3章参照）．

わが国のウサギ目の種分化を分子進化的研究からみると，世界のウサギ類で起きた種分化にともない，北海道でエゾナキウサギが誕生し，次いでアマミノクロウサギがウサギ科の最初の種分化（中新世）で誕生し，独立した系統として維持され奄美大島と徳之島に分布し今日に至っていると考えられる（図2.22）．さらに，その後に起きたノウサギ属の誕生とユーラシア大陸に進出した系統のうちで，ニホンノウサギは日本列島の本州以南に成立したと考えられる．また，北方のユキウサギの系統がカラフト経由で侵入し，エゾユキウサギが北海道で亜種として成立したと考えられる．

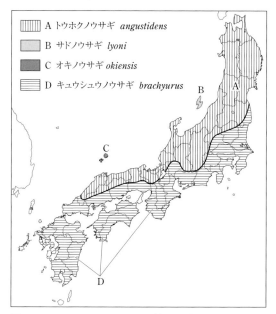

図 2.21 ニホンノウサギの亜種の分布（今泉，1970 より）．

ここでは，日本産ウサギの分類学的変遷や学名について，過去の総説（川道・山田，1996）を参考に解説する．

（2）エゾナキウサギの分類学的変遷と位置づけ

エゾナキウサギは北海道常呂郡置戸町で 1928 年に発見され，岸田久吉によって当初は新種 *O. yesoensis* として 1930 年に発表された（Kishida, 1930）．その後，キタナキウサギ *O. hyperborea* の亜種として位置づけられた（Ellerman and Morrison-Scott, 1951）．

先に述べたが，これまでユーラシア大陸と北アメリカのナキウサギの関係性に議論があったが，近年の分子系統学的研究において，ユーラシア大陸北部に分布するキタナキウサギは，それより南部に分布するアルタイナキウサギ *O. alpina* とは別姉妹グループで，また北アメリカグループ（クビワナキウサギ *O. collaris* やアメリカナキウサギ *O. princeps*）とは早くに分化した別姉妹グループと位置づけられ，それぞれ別種として理解されている（Niu *et al.*, 2004；

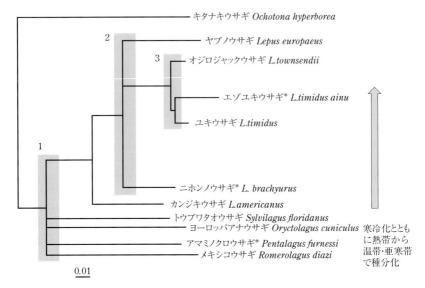

図 2.22 東アジアで起きたウサギ科の3回の種分化 (Yamada *et al*., 2002 ; Matthee *et al*., 2004 より改変). ＊は日本産ウサギ科を示し, 他は他地域産.

Ge *et al*., 2013). なお, キタナキウサギの和名は, 種小名 *hyperborea* の英語の意味の northern pika を表している (川道・山田, 1996).

エゾナキウサギの和名に関しては, 記載者の岸田久吉は, エゾハッカウサギと当初命名したが (Kishida, 1930), その後, 犬飼哲夫が英名 piping hare の訳としてナキウサギの和名を与え (Inukai, 1931), 以後, エゾナキウサギの名前が使われている.

(3) アマミノクロウサギの分類学的変遷と位置づけ

アマミノクロウサギは, アメリカ人 W. H. ファーネスと H. M. ヒラーにより 1896 年 2 月 26 日に採集された奄美大島産の 2 標本にもとづき, W. ストーンによりアラゲウサギ属 *Caprolagus* の新種 *C. furnessi* として記載された (Stone, 1900). インド北東部のアッサム地方に生息するアラゲウサギ *C. hispidus* にもっとも類似するとして, アラゲウサギ属の新種とされた. その後, M. W. リオンは新属アマミノクロウサギ属 *Pentalagus* を設け, *P. furnessi* と命名した (Lyon, 1904 ; 第 5 章参照). なお, リオンの発表年は 1904 年であり, 多くの研究者は 1904 年を使用しているが, 誤って 1903 年としている場合 (Ellerman and Morrison-Scott, 1951；今泉，1960, 1970）があるので気をつける必要がある.

アマミノクロウサギ属が設定された後も，この属は独立した属として認められており，ムカシウサギ亜科 Palaeolaginae の設定に反対した研究者（Ellerman and Morrison-Scott, 1951）でも，現生のウサギ科 Leporidae のなかで疑うことなくもっとも異なった属と位置づけている.

近年の分子系統学的研究から，アマミノクロウサギの種としての独立性や固有性は認められている（Yamada *et al.*, 2002；Matthee *et al.*, 2004）. しかし先にも述べたが，アマミノクロウサギを含めたモノタイプや種数の少ないウサギの系統関係は，現在用いられている分子系統学的手法においても明確ではない部分は残る. これらの種で短期間に急速な放散が起き，近縁種が存在しないなどの理由のために，系統関係が明確に描きえないのだろうと考えられる.

アマミノクロウサギという和名は古くから一貫して使われ，1921（大正 10）年に天然記念物に指定されたときも同名であった（内田，1920；今泉，1988）. しかし，英名に関しては混乱があり，Liukiu rabbit（Ellerman and Morrison-Scott, 1951）や Ryukyu rabbit（Corbet and Hill, 1991；Nowak, 1991；Corbet, 1994）が使われてきた. 一方，Amami rabbit（今泉，1970；Angermann *et al.*, 1990），あるいは Amami（または Ryukyu）rabbit（今泉，1988）が使われる場合もあった. 原記載論文の題名に Liu Kiu を用いたためこのような混乱が起こったが，現在は奄美群島と琉球諸島とを区別しており，和名との整合性からも英名は Amami rabbit がよいと考えられる.

（4）ニホンノウサギの分類学的変遷と位置づけ

ドイツの博物学者で医師の P. F. B. シーボルト（Philipp Franz Balthasar von Siebold）が日本滞在中（1823-1829 年の 7 年間）に収集した長崎県産ニホンノウサギの標本をライデン博物館の C. J. テミンクが鑑定し，新種 *Lepus brachyurus* と命名した（Temminck, 1844；詳細は第 3 章参照）. 原記載が掲載された "Fauna Japonica" は 1844 年の発行であり，発行年を正しく使用している研究者（Corbet, 1978 ほか）もいるが，誤って 1845 年を使用している研究者（Ellerman and Morrison-Scott, 1951；今泉，1970；Honacki *et al.*, 1982；Hoffmann, 1993）もいるので注意を要する. 私自身も後者を踏襲して誤って使用した事例（Yamada, 2009）があったが，最近（Yamada, 2015c）は 1844 年に修正して使用した.

ノウサギ属に亜属（ニホンノウサギは亜属 *Allolagus* に含まれる）を設定したり（Ognev, 1929, 1940；Ellerman and Morrison-Scott, 1951），本種をノウサギ属からアラゲウサギ属に移した研究者（Gureev, 1964；Gromov and Baranova, 1981）がいたが，現在では亜属を設定する必要がないとされ，またノウサギ属に位置づけられている（Corbet, 1978；Hall, 1981；Nowak, 1991；Hoffmann, 1993）．本州北部などの冬季に白化する個体群を分類学的に位置づけるため，*L. brachyurus* は一時期ユキウサギ *L. timidus* の亜種に移されたことがあったが（青木，1911，1913；Aoki, 1913；今泉，1949；黒田，1953），エラーマンとモリソン-スコットの分類以後，独立種 *L. brachyurus* とされている（Ellerman and Morrison-Scott, 1951）．マンシュウノウサギ *L. mandschuricus* が，かつてニホンノウサギの1亜種に置かれていた際（Radde, 1861），ニホンノウサギはウスリー，アムール，満州および朝鮮にも分布すると記述された（Radde, 1861；Ellerman and Morrison-Scott, 1951；今泉，1960）．その後の研究者は *L. mandschuricus* を独立種とし，ニホンノウサギは日本の個体群だけとしている（Angermann, 1966；Corbet, 1978；Honacki *et al.*, 1982；Luo, 1986；Angermann *et al.*, 1990；Hoffmann, 1993；Wu *et al.*, 2005；Liu *et al.*, 2011）．

　近年の分子系統学的研究から，ニホンノウサギの種としての固有性の高さが示されている（Yamada *et al.*, 2002；Matthee *et al.*, 2004；Wu *et al.*, 2005）．

（5）エゾユキウサギの分類学的変遷と位置づけ

　テミンクがニホンノウサギを記載したとき（Temminck, 1844），この種の分布域に蝦夷島（北海道）も含めた．その後，ユキウサギ *L. timidus* の多くの亜種を分類したバレット-ハミルトンは，当時横浜在住の A. オーストン（A. Owston）が購入し，大英博物館に送った北海道産の雄の頭骨標本をみて，これをユキウサギの新亜種 *L. t. ainu* として記載した（Barrett-Hamilton, 1900）．この理由は，北極産ユキウサギを想起させる基底長 80 mm もある大きな頭骨，他の亜種と明らかに異なる引き締まった脳函部の特徴であった．このとき，バレット-ハミルトンはスカンジナビア産，スコットランド産，アイルランド産，中央アジア・アルタイ山系産，蝦夷島（北海道）産のユキウサギの標本にもとづいて，4新亜種を含む7亜種に整理した．このうち，エゾユキウサギ *L. t. ainu* の亜種記載では，ニホンノウサギの原記載（Temminck, 1844）を引用せず，実際にニホンノウサギ標本との計測比較を行っていない点が，他の亜種記載と異なる．しかし，バレット-ハミルトンは本亜種の特徴を重視し，種（*L.*

ainu）に昇格させたが，阿部余四男は従来どおりのユキウサギの亜種の位置づけが妥当とした（阿部，1918）．岸田久吉は従来のエゾウサギ *L. t. ainu*（Barrett-Hamilton, 1900）から別種エゾノウサギ *L. gichiganus ainu* に位置づける提案（岸田，1924）を行ったが，認められていない．

　北海道周辺では，黒田長礼が折居彪二郎の採集した標本にもとづいて，サハリン産を新亜種カラフトノウサギ *L. t. orii* とした（Kuroda, 1928；揚妻–柳原ほか，2013）．さらに，黒田は，択捉島・千島列島産を新亜種チシマノウサギ *L. t. abei* とした（Kuroda, 1938）．この他に，サハリン産で新亜種 *L. t. saghalinensis*（Abe, 1931）と，サハリン産で新亜種 *L. gichiganus rubustus* が記載されている．これに対して，オグネフは *L. t. orii* を亜種として認め，*L. t. saghalinensi* は *L. t. orii* のシノニム（同物異名）とし（Ognev, 1940），エラーマンとモリソン–スコットは *L. t. saghalinensi* と *L. gichiganus rubustus* を *L. t. orii* のシノニムとした（Ellerman and Morrison-Scott, 1951）．その後，コルベットは亜種 *L. t. ainu* を認めるが，*L. t. orii* を *L. t. timidus* のシノニムとしている（Corbet, 1978）．

　ユキウサギ *L. timidus* はリンネにより初めて記載された（Linnaeus, 1758）．種小名 *timidus* とは「臆病な」という意味がある．ユキウサギは分布域が広いため，多くの亜種が記載されたり，別種として記載されたものが *L. timidus* に統合された．エラーマンとモリソン–スコットは *L. timidus* を 15 亜種にまとめ（Ellerman and Morrison-Scott, 1951），コルベットはユーラシア側 5 亜種と北アメリカ側 3 亜種に整理した（Corbet, 1978）．しかし，その後，フラックスとアンガーマンは再び *L. t. abei*, *L. t. orii* などを独立亜種として認めて，合計 16 亜種に分類した（Flux and Angermann, 1990）．このような広域種でありながら，エゾユキウサギ *L. t. ainu* は亜種として記載されて以後，この亜種は認められ，他の亜種に統合されたことはない（Ellerman and Morrison-Scott, 1951；Corbet, 1978；Flux and Angermann, 1990 など）．

　近年の分子系統学的研究からも，エゾユキウサギの亜種としての固有性が確認されている（Yamada *et al.*, 2002；Matthee *et al.*, 2004；Wu *et al.*, 2005）．

（6）日本産ノウサギの和名

　L. brachyurus の和名は「ノウサギ」（今泉，1960, 1970）が使われ，あるいは「ノウサギ（ニホンノウサギ）」（今泉，1988）ともされている．ノウサギという語はノウサギ属全体を示すこともあるし，狩猟統計では本州と北海道の 2

60   第2章 ウサギ学概論——分類・分布・進化

種をノウサギとして合算している場合がある（近年は区別して使用）．このため，しばしば混乱したり誤解されたりしてきたので，*L. brachyurus* の英名 Japanese hare の訳語の「ニホンノウサギ」を使用することをわれわれが提案し（川道・山田，1996），その後，現在では一般に使われている．

　L. timidus ainu は，和名としてエゾユキウサギ，英名として Ezo mountain hare が一般的に使われている（今泉，1960）．これは，*L. timidus* をユキウサギと名づけ，その亜種名としてエゾユキウサギとしたものである．この和名に関して，「ノウサギ」の名称が使われておらず，また英名とも異なる．従来の和名を優先するならば，「エゾユキノウサギ」として英名を「Ezo snow hare」とする，あるいは英名「Ezo mountain hare」を優先するなら，和名を「エゾヤマノウサギ」とする案が考えられる．それにあわせて，種名 *L. timidus* の和名として従来を優先して「ユキノウサギ」とするか，英名に順じて「ヤマノウサギ」とするかが考えられる．世界的に広域に分布する本種 *L. timidus* は，英名で，mountain hare, blue hare, tundra hare, variable hare, white hare, snow hare, alpine hare, Irish hare などと地域によって多様な名称がついている．

2.5　ウサギ科——穴居性から走行性へ

（1）アナウサギ類とノウサギ類の比較

　これまでの節では，ウサギ目全体の分布・分類および系統進化をみてきた．ここから，ウサギ科の全般的な生態や進化傾向について概観する（表2.4）．

　ウサギ科は，誕生時における子の発育状態の違いにより，アナウサギ類（rabbits）とノウサギ類（hares, *Lepus* 属）の2つに分けられる．先にも述べたが，アナウサギ類のモノタイプか少数の種分化を起こした属は，南北アメリカ，アジア，ヨーロッパおよびアフリカの局所にしか分布していない．このなかで唯一広範囲に分布する属としては，北アメリカで多様化し，南アメリカに進出できたワタオウサギ属 *Sylvilagus* である（図2.3）．しかし，このワタオウサギ属においても，繁殖や生態的特性の制限のために北極圏への進出やベーリング陸橋を介してのユーラシア大陸への進出はできていない．一方，ノウサギ類は種類も多く，北極圏への進出やベーリング陸橋を介した分布拡大を行い，寒冷地から熱帯砂漠地帯までと広範囲に分布し，もっとも成功した仲間といえる（図2.4）．ノウサギ類はアナウサギ類のワタオウサギ属とアナウサギ属に

共通の祖先から進化したと考えられている．

（2）核型変異からみたアナウサギ類とノウサギ類

先にも述べたが，ウサギ科の類縁関係を論じた核型分析（van der Loo *et al.*, 1981）によると，アナウサギ類とノウサギ類はたがいに非常に近縁な関係にあるが，核型変異はアナウサギ類がノウサギ類に比べ大きく，ノウサギ類の種分化は核型変異（karyotypic alteration）をともなわないで起こったと考えられている．

核型進化からみたアナウサギ類とノウサギ類との相違は，社会構造や行動圏の大きさなどに関係すると考えられている（van der Loo *et al.*, 1981）．すなわち，アナウサギ類の種は，とくにヨーロッパアナウサギでみられるように，比較的狭い生息場所によく発達した社会性コロニーをつくるので，コロニー間や個体群間の交流に比較的乏しい．たとえば，ヨーロッパアナウサギではコロニー間の遺伝的交流は 16％ と非常に低い（Daly, 1981）．一方，ノウサギ類は多様な環境に適応し，広い行動圏をもち，さらに発達度の低い社会構造のため，個体群間の遺伝的交流に比較的富むといわれている．

このような進化傾向を示すノウサギ類の最大の特徴として，新生獣の早成性，成獣の大型化および比較的速い成長速度などがあげられる（表 2.4；第3章参照）．すなわち，早成性の獲得は出産や哺育のための巣穴を必要とせず，巣穴に頼らない繁殖を可能にさせ，繁殖場所を拡大させた．また，体の大型化は消化管の大型化を図り，走行能力の向上と捕食圧の軽減に寄与した．さらに，この走行能力の向上は行動圏を拡大させ，特定の餌植物に縛られず，しかも良質の餌を確保できるという有利性をもたらした．その結果，ノウサギ類は隠れ場の少ない劣悪な環境にも生息でき，その分布を拡大させえた．ノウサギ類がウサギ科の祖先形の核型を有していることから，ノウサギ類は種分化の比較的早期に広範囲の地域に進出したと考えられる．

（3）ウサギ科の進化傾向

ウサギ科における進化傾向として，全般的には保守的であるが，頬歯の高冠歯化，変異に富む前臼歯（P2 と P3）咬合面パターンの単純化，および跳躍型運動様式への適応による頭骨や筋肉の強化があげられている（Dawson, 1981）．ノウサギ類はウサギ科としての系統的特徴を保持しながら，このような進化傾向をさらに発展させ，体の大型化と走行能力の向上に適応してきたといえる．

62　第2章　ウサギ学概論——分類・分布・進化

表 2.4　アナウサギ類とノウサギ類の分布，形態，繁殖および生態のおもな比較（山田，1992 より改変）．

比較項目	アナウサギ類	ノウサギ類
誕生時の子 （新生獣）	晩成性．	早成性．
繁殖場所	繁殖用の地下の巣穴や地表の巣．	地表．特別な巣は不要で，浅い窪地（フォームとよばれる）．
種数	10 属 29 種．	1 属 32 種．
自然分布の地域	ユーラシア大陸の辺縁と島嶼，南北アメリカ大陸，アフリカ大陸の亜熱帯から熱帯，乾燥地帯．ユーラシア大陸や北アメリカの北部や北極圏に進出できていない．	ほぼ全世界（オーストラリアと南アメリカを除く）の北極圏から熱帯，乾燥地帯．
生息環境	森林，サバンナ，沼地，湿地，岩の多い草原，砂漠，耕地，公園，砂浜など．高山地帯から海岸まで広範囲．	森林，サバンナ，沼地，湿地，岩の多い草原，砂漠，耕地，公園，砂浜など．高山地帯から海岸まで広範囲．
形態	頭胴長 27-50 cm，尾長 2-8 cm，耳長 4-10 cm，体重 500g-4 kg．最小はピグミーウサギ属（体重 250-500g），最大はアナウサギ属など（2-4 kg）．	頭胴長 40-76 cm，尾長 3-12 cm，耳長 6-20 cm．体重は赤道地帯で小さく（2 kg 以下），温帯で中間（3 kg），北極圏で大型（5 kg）．ニホンノウサギなど 5 種で冬季に毛色が白化する．
繁殖	妊娠期間 24-42 日．1 産に 1-9 頭の子を産む．ワタオウサギ属とメキシコウサギ属では，高緯度ほど小型で多くの子を産み，妊娠期間は短い．低緯度では発育度の進んだ大型の子を少数産む．	妊娠期間 35-50 日．1 産に 1-8 頭の子を産む．授乳期間は 2-3 週間から 1 カ月．1 回の産子数は年間の繁殖回数の少ない高緯度で多く，年間の繁殖回数の多い低緯度で少なくなるが，1 年間の総産子数は 10 頭といずれの種でもほぼ一定．
生態と社会	食性は基本的には草本類，木本類の葉，枝，樹皮など多様な植物を食べる．社会構造はなわばりをもちコロニーをつくるヨーロッパアナウサギから，なわばりのないトウブワタオウサギまで多様．社会構造は，生息環境や密度に応じて変化する．巣穴生活者は巣穴を中心にした狭い行動圏で生活．	食性は基本的には草本類，木本類の葉，枝，樹皮など多様な植物を食べる．繁殖期には雌は排他的で行動圏を重複させない．雄どうしは攻撃的であるが，広い行動圏を重複させる．雌が雄より優位．餌条件で集団化し順位のできる種もいる．

種数は Hoffmann and Smith, 2005 より．

　今日，ノウサギ類が北極圏の寒帯地域から熱帯砂漠地域までの多様な気候や地理的環境に適応して分布を拡大しえた要因として，上述のような有利な適応様式の存在をあげることができる．

　アナウサギ類およびノウサギ類の種間には外部形質における明確な差異はあまりなく，ノウサギ類の体が一般的により大きい程度であるが，頭骨では両者

間に相違が認められる（Nowak, 1991）．すなわち，アナウサギ類の種では骨口蓋橋（切歯孔と後鼻孔の間）は長く，後眼窩上突起は細長く，また頭頂間骨（interparietal bone）は成獣でも周囲の骨と癒合せず識別されうる．一方，ノウサギ類では骨口蓋橋が短く，後眼窩上突起は広く三角状で，また頭頂間骨は，成獣では周囲の骨と癒合して識別できなくなる．

　このように，ノウサギ類は現生ウサギ目のなかで種数においてもっとも多く，広大な分布域をもつため，もっとも繁栄したグループといえる（Angermann, 1972；Keith, 1983；Nowak, 1991）．

（4）「食われるもの」の戦略

　ウサギ科は中間的な体の大きさと数の豊富さから，イタチ，キツネ，イヌ，ネコ，ジャコウネコなどの捕食性哺乳類やワシやタカなどの捕食性鳥類の猛禽類の餌となるなど，生態系の重要な役割を担っている．ウサギ科は草食性哺乳類のため，餌となる植物と隠れ場所があるような環境に適応してきた．では，「食われるもの」としてのウサギ科は，どのような生活史を進化させてきたのだろうか．

　ウサギ科の捕食者に対する基本的な戦略は，敏捷な動きと逃走である．後肢は長く，走行や跳躍に適応している．とくに，ノウサギ類では逃走時に最高時速 80 km に達し，長時間でも時速 50 km を維持できる種もいる（Chapman and Flux, 1990b）．ノウサギ類の高い走行能力は，より発達した長い四肢，大きな心臓，ミオグロビンをもった赤色の筋肉，呼吸のための広がった鼻腔，軽量化した骨格などによって支えられている（Young *et al.*, 2014；Kraatz *et al.*, 2015 など）．

　これらに加えて，自由に動かせる大きな耳は危険を早期に察知でき，しかも砂漠地帯の種では，逃走運動による発熱を効率よく放熱させる．とくにノウサギ類でよく発達している大きな眼は，薄明薄暮や夜間の活動に優れ，捕食者を早期に発見できる．

　追われた場合には，アナウサギ類は身近な巣穴か植物などの陰に逃げ込み，ノウサギ類はかなり遠くまで逃げて，植物などの陰に隠れるという戦略をとっている．このため，アナウサギ類の行動圏は 0.5-3 ha と狭いが，ノウサギ類では 10-300 ha とかなり広い（Chapman and Flux, 1990b）．

（5） 効率的に多産繁殖

捕食，病気，気候変化などによるウサギ科の死亡率はかなり高く，生まれた年に90%以上の個体が死んだ例がある（Chapman and Flux, 1990b）．しかし，高い死亡率は高い繁殖率で補われている．より多産のアナウサギ類の場合，1年間に1頭の雌の総産子数は，ヨーロッパアナウサギで15-45頭程度，ワタオウサギ属で約10-35頭である（Chapman and Flux, 1990b）．一方，ノウサギ類では10頭程度に達する（第3章参照）．では，危険のもっとも多い繁殖期をウサギ科はどのように過ごすのだろうか．

ウサギ科の交尾システムは基本的に乱婚性で，捕食の危険を回避するため交尾時間はきわめて短い．また，交尾刺激によって交尾の10-15時間後に排卵を起こし（交尾排卵または誘導排卵：第3章参照），出産後ただちに交尾・妊娠でき（後分娩発情），さらに，重複子宮をもつために，出産直前の胎児をもちながらつぎの子を新たに妊娠する場合がある（重複妊娠）．ウサギ科で共通するこのような妊娠方法は，捕食の危険の多い環境で確実に子孫を残し，好条件時には生息数を短期間に増加できるので，効率的である．

アナウサギ類の子は裸で閉眼，体温調節機能が未発達な状態で生まれ，自力では動けない．一方，ノウサギ類の子は，完全に体を毛で覆われ眼が開き，すでに体温調節能力をもって生まれ，誕生直後に四肢が発達し運動可能となる．アナウサギ類の誕生時の子の平均体重（38 g）に比べて，ノウサギ類の子（90 g）は約2.4倍大きい．

妊娠期間は，ノウサギ類のほうが平均10日ほど長い．つまり，ノウサギ類の子は，母の胎内で十分大きく成長した後に誕生する．このような誕生時の子の発育状態の違いは，鳥類や他の哺乳類でも認められ，アナウサギ類のような場合が「晩成性（altricity）」，ノウサギ類のような場合が「早成性（precocity）」とよばれる．同じ分類群（目）にこのような違いをもつ哺乳類は，ウサギ類，齧歯類および食肉類だけにみられる．

（6） 巣穴と出産の関係

誕生時の子の発育状態は，出産や哺育のための巣穴の形態とも関係する．アナウサギ類は，地下などに保温と保護のために母親の体毛や草などを敷きつめた巣穴で子を出産し，子が自力で動けるまで普通2-3週間以上哺育する．ノウサギ類は，植物を排除した程度の浅い窪地（フォームとよばれる）などの地表

で出産し，2-4週間程度哺育する．

アナウサギ類の巣穴形態は種によってかなり異なる．たとえば，ヨーロッパアナウサギは地下に複雑なトンネル（ワーレンとよばれる）をつくるが，ワタオウサギ属では大型種ほど子の発育度が高いため，より簡素な形態の巣穴を利用している．とはいえ，誕生時の子の発育状態（晩成性）や繁殖用巣穴の必要性のために，アナウサギ類は温暖な地域への進出しかできなかったと考えられる（図2.3）．ユーラシア大陸や北アメリカの北部や北極圏には進出できず，またベーリング陸橋を渡ることもできなかった．

ウサギ科の哺乳方法は基本的には共通であるが，母親は1日1-2回程度，しかも数分間しか子に授乳しない．母と子はこの哺乳時以外に接触することなく，別々に離れて生活する（第3章参照）．このように授乳回数の少ない，授乳間隔の長い哺乳形式は「スケジュール型」とよばれ，乳汁組成のうち固形成分が多く，少数回の授乳で大量の熱量を確保できるように脂肪分が高い特徴をもつ．

（7）大型化で適応環境を拡大

ウサギ科の成長速度は早く，生後3カ月から1年で成獣になる．とくに，アナウサギ類のほうがノウサギ類よりも早く成獣に達する．たとえば，離乳期間で平均1週間，初産齢で約4カ月早い．ノウサギ類は身体を大きくするために，長い成長期間を要する．ノウサギ類の成獣雄の平均体重（2.6 kg）は，アナウサギ類（1.2 kg）よりも約2.2倍大きい．このようにノウサギ類は大きく成熟した子を産み，比較的早い成長速度と長い成長期間をかけることによって，身体の大型化に成功したといえる．

ウサギ科の繁殖様式には基本的に，捕食者からの危険を回避し，さらに母親の分娩や哺育に費やすエネルギーを軽減するという意味があるといえる．とくにノウサギ類の場合，地表での出産は新生獣への高い捕食の危険性を負う．一方，特別の巣穴を必要としないことは，巣穴をつくれない環境でも繁殖できる利点をもつ．

ノウサギ類は，この矛盾をうまく解決した．つまり，早成性で成長の早い子，高い繁殖率，大型化にともなう高い運動能力および低い生息密度などによる対捕食戦略を獲得することで，アナウサギ類から分化して多様な環境に進出することができたといえる．

とはいえ，本章の冒頭で述べたように，同様に「食われるもの」の位置にある草食性哺乳類の齧歯類（2277種）や有蹄類（211種）に比べると，ウサギ類

の種数（91種）はあまりにも少ない（表2.1）．おそらく，この両者にはさまれた狭い範囲内でウサギ科は，齧歯類でみられる穴居性の生活様式（アナウサギ類）から，偶蹄類でみられる巣穴に依存しない生活様式（ノウサギ類）へと分化する程度の適応放散しかできなかったのだろう．ピョンピョンと後肢の2本を同時に跳ねさせる特徴的な運動様式が，意外にも「進化の足かせ」になったのかもしれない．

第3章　ノウサギ
——走ることへの適応

　わが国における「ノウサギ」という和名は，「野兎」，「野ウサギ」あるいは「野うさぎ」と表記されるが，それらはすべて「野生のウサギ」を意味し，学名としてノウサギ属 *Lepus* に属するウサギを示す．このノウサギは，九州から北海道まで広く生息している．分類学的にいうと，九州，四国，本州およびそれらの属島に生息するノウサギは，わが国の固有種のニホンノウサギ *L. brachyurus* に分類される．一方，北海道に生息するノウサギは，わが国の固有亜種のエゾユキウサギ *L. timidus ainu* に分類される，これら2種は別種である（第2章参照）．ノウサギは，鋭い聴覚をもつ長い耳と俊敏な走行性をもつ長い肢が特徴である．ノウサギは，わが国では童話や童謡などの素材に使われ，私たちの郷愁をそそる身近な動物といえる（第1章参照）．

　本章では，とくに私が研究対象としてきたニホンノウサギを中心に，ノウサギの分類，種的特性，特徴的な生態，生息状況などについて紹介する．

3.1　固有種ニホンノウサギ

（1）シーボルトによる発見

　ニホンノウサギの発見や原記載は，日本のウサギ類のなかでもっとも古い（第2章参照）．シーボルトが長崎に滞在し，この地でノウサギの標本を収集したのは 1823（文政 6）年から 1829（同 12）年の 7 年間である．これにもとづきニホンノウサギを新種としてテミンクが記載し，"Fauna Japonica" が出版されたのは 1844 年である（Temminck, 1844；図 3.1）．

　しかし，この原記載におけるウサギ類の学名の使用法や生態の記述には，今日明らかになっている生態などとかなり異なった部分が多い．このような相違点の多さは，同時に新種として記載された他の日本産哺乳類と比べても特異的

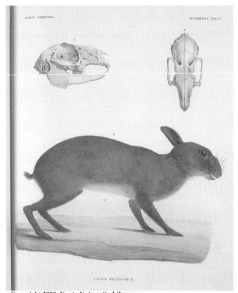

図 3.1 シーボルトの"Fauna Japonica"において新種として記載されたニホンノウサギの図（京都大学理学部動物学教室所蔵）．

である．ここでは，ニホンノウサギの新種記載の和訳とその相違点について紹介する．なお，原文はフランス語で，小松輝久氏（京都大学，当時）の和訳（山田・小松，1990）を改変し，カッコ内に私が補足説明した．

(2) 新種登録記載の和訳

　多くの標本のある日本産の本種はノウサギに属し，体形のうちとくに耳のかたちは，フランスのヨーロッパノウサギの数種よりもフランスのアナウサギに類似している．アナウサギのように本種は穴を掘り，昼間には追いかけられるとすぐ穴に逃げ込み隠れている．新種である本種は毛色では *L. sinensis* に類似する．しかし，*L. sinensis* よりも耳は短く，尾は短く，また，こめかみに水平な黒帯がない．フランスの *L. cuniculus* と同じように，本種の毛色は，体全体でほとんど変化しない．本種はより大きな体つきと濃い赤褐色の毛色により，*L. cuniculus* と異なる．本種は *L. tolai* とも生活様式により区別される．*L. tolai* は木の幹を巣として住み，木のうろのなかをしばしば枝の付け根まで登

る.

　本種は，毛色と同じように尾と耳のかたちも著しく異なる．背部全体に絹のような濃い赤褐色の毛が広がっており，腰の毛の先端は褐色となっている．しかし，頭，首，胸および四肢は純粋な赤褐色である．耳も純粋な赤褐色であるが，耳の上縁は褐色である．これらのすべての部分のフェルト状の毛は明るい栗毛色である．顎および腹は純白である．尾の付け根の毛よりも少し長い尾は，上側の毛が褐色で，下側の毛がすすけた白色で束のかたちをしている．鼻の先は白っぽく，まっすぐで硬い長い髭は褐色である．もっとも長い髭の先端は白い．全長は 17-18 プース（460-487 mm），体高は 8 プース（217 mm），耳の長さは 8-10 リーニュ（72-77 mm）である．

　日本では「usagi」の名前でよく知られている本種は，日本中に広がり，とくに蝦夷島に至るまで分布している．穴を掘るのに適した丘陵地帯で本種を発見することができる．昼間には丈の高い草の間に隠れている．フランスのカイウサギ（ヨーロッパアナウサギの家畜種）もまた日本で野生化している．白色や黒色の珍品として導入された特異な色をもつ品種が増殖し，長崎近辺のいくつかの場所で自由に繁殖している．それらは，「Iiro usagi（シロウサギ）」，あるいは毛色が全体に黒いとき「kuma usagi（クマウサギ）」とよばれている．本種もまた穴を掘り，フランスのノウサギと同じように繁殖している．

（3）当時のウサギの分類体系

　当時，すべてのウサギ類はネズミやリスなどの齧歯目 Rodentia に含まれ，ウサギ型科 Lagomorpha（Family）として分類され，齧歯目は 4 科（リス型科，ネズミ型科，ヤマアラシ型科およびウサギ型科）に分けられていた．しかしその後，齧歯目は，上顎の各側に 2 本ずつ切歯をもつウサギ型科を重門歯亜目（Duplicidentata）と，上顎の各側に切歯を 1 本しかもたないネズミやリスなどの齧歯目を単歯亜目（Simplicidentata）の 2 つに大きく分類された（Thomas, 1896）．この時点でもウサギ類は齧歯類の仲間とされていた．この根拠として，ウサギ類と齧歯類の両方とももものをかじるための大きな切歯をもち，さらに頬歯と切歯との間に広い隔たり（歯隙）をもつなどの共通性があるためとされていた．しかし，その後ウサギ類を詳細に検討すると，齧歯類とはかなり異なることから，齧歯目から独立させて，ウサギ目 Lagomorpha として新たなグループに位置づけられた（Gidley, 1912；第 2 章参照）．

　では，ウサギ類の学名はこの当時どのように使われていたのだろうか．今日

70   第3章　ノウサギ——走ることへの適応

のウサギ目に含まれるすべてのウサギに対して，リンネが1758年にラテン語でウサギを意味する *Lepus* と命名した（Linnaeus, 1758）．その後，リンクが1795年にナキウサギ属 *Ochotona* を創設した（Link, 1795）．今日のウサギ科の各属が創設されるのは，これより70-80年後のことであり，また"Fauna Japonica"から30-40年後である．たとえば，ワタオウサギ属 *Sylvilagus* は1867年に創設され，アナウサギ属 *Oryctolagus* は1874年にそれぞれ独立した属として創設された．

　したがって，テミンクの新種記載の当時は，すべてのウサギの属の学名として *Lepus* が使われ，ナキウサギ属には *Ochotona* が使われていた．本文のウサギを今日流に表現しなおすと，つぎのようになる．*L. sinensis*（Gray, 1832）は今日のシナノウサギ Chinese hare *L. sinensis* で，中国南東部，台湾，南朝鮮に分布し，この学名は今日も使われている．*L. cuniculus* はヨーロッパアナウサギを示し，今日の学名は *Oryctolagus cuniculus* になる．*L. tolai* の学名は，現在も使用され，1778年に新種記載された中央アジア（モンゴルや中国）などに生息するトーライノウサギ（英名 Tolai hare）である．なお，ニホンノウサギの種名の *brachyurus* の意味は，"*brachy-*"は「短い」，"*urus*"はラテン語の男性型で「尾」を示し，「短い尾のウサギ」を意味する．

　同書でノウサギとアナウサギを区別して使い分けている点に興味がもたれる．このような区分は，おそらく身近にいたカイウサギや狩猟などで知りえたノウサギの生態を知っていたためと思われる．

（4）"Fauna Japonica" の記載のまちがい

　"Fauna Japonica" に記載されているニホンノウサギの形態，習性と他種との比較を，今日の種類と比べてみよう．本種の形態の記載は毛皮標本を観察しながら記述されたものと考えられるが，あまりまちがいは認められない．九州の長崎で捕護された個体のため，体のサイズは北方のものに比べてやや小型の個体として記載されている．したがって，フランスに生息するノウサギよりも小型で，アナウサギに類似していたと考えられる．しかし，その生態の記載はまったくまちがっている．本種の生態の記載内容は実際のノウサギのものでなく，むしろアナウサギの生態を想定して書かれているように思われる．ニホンノウサギが穴を掘り，追いかけられるとすぐ穴に逃げ込むと同書にはあるが，本種が実際にそのような行動をとることはほとんどない．

　本種は，隠れ場として植物などの陰や地面の窪み（これをフォーム form と

いう）に身をひそめる程度である．したがって，原記載にあるように分布最適地として，穴を掘れる場所に適しているか否かという問題はほとんど関係ない．しかし，ノウサギとアナウサギの区別は十分行われているにもかかわらず，なぜ本種の記載においてこのようなまちがいを起こしたのか不思議である．本種と同時に記載された日本産哺乳類では，生態的記述はほとんどない．ノウサギの原記載の生態の記述のまちがいの原因は不明である．当時の動物研究はおもに形態学的手法が中心で，生態の記載は軽視されていたことが大きな原因の1つと思われる．同書から約80年後にドイツで発行された文献（Weber, 1928）では，ノウサギ類とアナウサギ類の生態的記述はかなり正確になっている．

　江戸時代末期に，わが国に生息する哺乳類を世界に初めて紹介したのは同書である．しかし，当時，先進国の哺乳類学自体もまだ十分に確立されておらず，生態の記載など今日からみると多くのまちがいが指摘される．当時すでに飼育され，人々になじみ深い動物となっていたウサギであったからこそ，安易に記述されたのかもしれない．なじみ深いと思っているわりには，多様なウサギの違いに気づくのはさらに年数が必要であったといえる．

3.2　白変化する体毛

（1）"Fauna Japonica" に記載のない体毛の白変化

　上記のテミンクの新種登録記載（Temminck, 1844）に記述はないが，ニホンノウサギでは，冬季に全身の体毛が白変化する集団がいる（今泉，1960）．すなわち，本州の日本海側積雪地帯などに生息するノウサギは，冬季に体毛がすべて白化する．しかし，積雪の少ない地方や太平洋側のノウサギは，夏毛とほぼ同色である．ただし，冬季白変化する個体においても，耳介先端の黒い毛は冬季でも黒色のままで白変化しない．ニホンノウサギの原記載が，長崎県産の毛色の季節的変化を起こさない標本にもとづいて行われたために，毛皮の季節的変化まで記述がなかったといえる．

　なお，エゾユキウサギでは，すべての集団が冬季に全身の体毛が白変化する（今泉，1960）．

（2）体毛白変化地域と亜種区分

　ニホンノウサギでは，東北地方から関東北部や北陸（青森，秋田，山形，岩

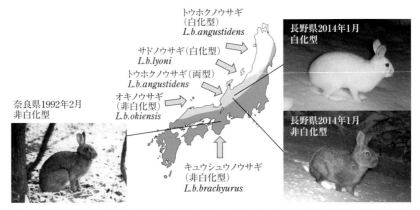

図 3.2 ニホンノウサギの冬季に体毛が白化する地域と非白化地域（今泉，1970 より改変．奈良県の写真は瀬川也寸子，長野県の写真は木下豪太撮影）．

手，宮城，福島，新潟，長野，岐阜，富山，石川などの各県）および近畿や中国地方（福井，滋賀，京都，岡山，広島，兵庫，鳥取，島根の各府県）の山地で冬季に体毛が白化する（今泉，1970；図 2.21，図 3.2）．しかし，白化せずに茶色型の個体も認められ，青森，岩手，秋田，宮城，福島，栃木，長野，富山などの各県で，北部ではまれで南部に多い．一方，四国や九州の高地においても冬季に体毛が白化する個体がおり，九州ではたとえば大分県直入郡阿蘇野村（標高 1300 m）で認められる（今泉，1960）．佐渡島産の個体群（サドノウサギ L. b. lyoni）は冬季に白化するが，隠岐島産の個体群（オキノウサギ L. b. okiensis）は白化しない．

長野県内での冬季の毛色調査によると，捕獲個体のうち，白化型の比率は北部（飯山など，18 頭の 72%）でもっとも高いが，西部（大町など，88 頭の 24%）や南部（木曽福島など，16 頭の 19%）は低くなり，中部（松本など，21 頭の 5%）や東部（軽井沢など，28 頭の 4%）でさらに低く，白化型個体の出現率と積雪量との間に関係が認められることが示唆されている（図 3.3；宮尾・水野，1973）．

ニホンノウサギの亜種区分（今泉，1960，1970）として，キュウシュウノウサギ L. b. brachyurus（九州と四国，および本州の太平洋側に分布）とトウホクノウサギ L. b. angustidens（本州の東北地方と日本海側に分布）の境界線は，宮城県沿岸から島根県沿岸部まで本州中央部南を横切るように引かれているが，

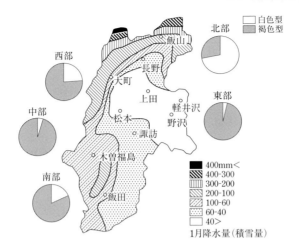

図 3.3 長野県の 5 地域における冬季の白色型と褐色型の頻度（宮尾・水野, 1973 より改変）.

正確な分布境界は未解明と記述され，根拠も示されていない（図 2.21）．それぞれの亜種の冬季の毛色には，全身白色型や褐色型があり，さらに褐色型にも濃淡や部分的違いもそれぞれ 4-5 タイプがあるため，ノウサギの体毛色の地理的変異に多様性が存在することを示している．

　このように，ニホンノウサギは現在 4 亜種に分けられる（今泉，1960，1970; Angermann et al., 1990）．すなわち，本州太平洋側・四国・九州のキュウシュウノウサギ *L. b. brachyurus* Temminck, 1844, 本州日本海側のトウホクノウサギ *L. b. angustidens* Hollister, 1912, 島根県隠岐島のオキノウサギ *L. b. okiensis* Thomas, 1905, 新潟県佐渡島のサドノウサギ *L. b. lyoni* Kishida, 1937（岸田, 1937）である．富山・立山産の標本で記載されたエチゴウサギ *L. b. etigo* Abe, 1918（阿部, 1918）はトウホクノウサギのシノニムとされる（Ellerman and Morrison-Scott, 1951）．これらの亜種の特徴として，*angustidens* は *brachyurus* と類似するが毛色がより豊富で，とくに上顎・下顎頬歯の個々の歯のサイズが小さく（Hollister, 1912），*okiensis* は頭骨が *brachyurus* と類似するが島嶼型によくみられる黒っぽい毛色で（Thomas, 1905），*lyoni* は冬季に白化することや夏毛の色の特徴などがあげられている．

　ニホンノウサギの亜種は図鑑の発行の際に形態的特徴が記述されてきたが，学術誌に形態の特徴や亜種間の差異を詳細に発表されることは少なく，亜種間

の識別点として，もっとも重視されたのは冬季の体毛の白化であった．白化の要因には日長や温度が影響しているので，亜種の特徴としては不適切であると指摘される（川道，1994）．今泉はトウホクノウサギとキュウシュウノウサギの亜種分布をほぼ白化の境界域で分けているが（今泉，1970），両亜種間の識別点を明確には示していない．また今泉は，トウホクノウサギは後足長が大きく，両亜種を区別できるとしている（今泉，1973：1960 の第 13 刷）．

　しかし，ニホンノウサギの体サイズや頭骨の地理的変異はかなりあり（山田・白石，1978；Hirakawa *et al.*, 1992），地理的変異やクライン，あるいは積雪地域では雪上で沈まないように後足長が大型化している可能性も考えられるので，地域別に多くの標本を計測する必要がある．とくに，トウホクノウサギとキュウシュウノウサギは本州で分布の切れ目はなく地続きであるから，これら 2 亜種の有効性は疑問である．今泉も両亜種の境界は不明瞭であるとしている（今泉，1960，1970）．

（3）身体部位の毛色変化の順序と要因

　体毛色の季節的変化をみると，山形県のノウサギでは，9 月下旬から耳や肢の部分が白化を始め，11 月下旬の積雪の始まるころまでに体全体が真っ白になる（大津，1974；表 3.1，図 3.4）．やがて，2 月中下旬から褐色に変化を始め，5 月下旬には完全に褐色に戻る（表 3.1）．体毛の白変化の順序は，耳・肢部・大腿部・胸部・腹部・背部・頭部の順で起き，全身が淡色となり白変化を完了する．一方，体毛の褐変化の順序は，その逆で進行し，耳の褐変化が最後となる．また，体毛の褐変化はそれぞれの部位で斑紋状に進行する．

　季節的な体毛の白変化や褐変化の要因として，気温や生息環境の色（積雪），あるいは日長時間が検討された結果，日長変化が体毛色変化の要因であると報告されている（大津，1974）．すなわち，季節的に毛色変化を起こさない秋季（9 月下旬）に人工照明で短日化（明期 11 時間，暗期 13 時間）させると白化が促進されるが，通常は白変化する冬季（12 月上旬）に人工照明で長日化（明期 14 時間，暗期 10 時間）させると褐色のままであった．さらに，白色から褐色に変化する冬季から春季（2 月上旬）に人工照明で長日化（明期 14 時間，暗期 10 時間）すると褐変が促進された．

　このような秋の短日化と春の長日化が，年 2 回の体毛の生え変わり（毛の脱落）を起こし，白色の冬毛と褐色の夏毛になる．毛変わり，色素沈着および毛の成長は，脳の松果体でコントロールされる（Feldhamer *et al.*, 2015）．暗期

表 3.1　山形県のニホンノウサギの体毛色の季節的変化と行動および積雪との関係（大津，1974 より改変）．

月	体毛の変化	行動	積雪
9月下旬	白変開始		
10月中旬-下旬	耳・肢部の白変完了		
11月上旬	全身の白変が急速に進行		
11月下旬	白変完了		積雪開始
1月		交尾行動開始	
2月中旬-下旬	褐変開始		
3月下旬	全身のほぼ半分が褐変		ほぼ消雪
5月下旬	褐変ほぼ完了		

図 3.4　山形県のニホンノウサギの体毛色の季節的変化（大津，1974 より改変）．

に松果体から分泌されるメラトニンは，網膜を経由しての光の量に応じて変化し，短日化でメラトニンが増加しメラニンの色素沈着が抑えられて，毛色は白化するが，長日化でメラトニンは減少しメラニンの色素沈着が促進され，毛色は褐色化する．メラトニンは，日長と関係して，概日リズム（睡眠と活動サイクル）や周年リズム（繁殖サイクル）などを制御する重要なホルモンでもある．

冬毛は一般的に厚く，濃密，長毛で，熱伝導率を低下させるため，防寒に役立つ（Flux, 1970；Walsberg, 1991）．また，白い冬毛では，毛の色素部分が欠

落し空気に置き換わるために，熱伝導率をさらに低下させる．カンジキウサギ *L. americanus* の白い冬毛の熱伝導率は，夏毛に比べて 27% 低い（Stoner *et al.*, 2003）．

（4）毛色の季節変化と進化

哺乳類で冬季に毛色の白化する種類は，ノウサギ属，レミングの仲間 colored lemming *Dicrostonyx*，シベリアンハムスター *Phodopus sungorus*，イタチ科 Mustela（オナガイタチ *Mustela frenata*，オコジョ *M. erminea*，イイズナ *M. nivalis*），ホッキョクギツネ *Alopex lagopus* などであり，鳥類でオジロライチョウ *Lagopus leucura* の羽毛が冬季に白化する（Stoner *et al.*, 2003；Feldhamer *et al.*, 2015）．毛変わりの機構は動物種で異なり，たとえばカンジキウサギでは冬毛の先端だけが白化するが，冬毛の基部は灰色のままである．一方，イタチ科ではすべての夏毛が抜けて，白い冬毛が新たに生えて全部の体毛が白くなる．

世界中で，冬季に毛皮が白変化するノウサギは，ニホンノウサギを含めて 5 種いる．エゾユキウサギを含む北部ユーラシア大陸のユキウサギと，北アメリカ大陸北部とカナダのカンジキウサギ，グリーンランドのツンドラ地域，およびアラスカ，カナダの最北地域のホッキョクノウサギ *L. arcticus*，北アメリカ北西部のオジロジャックウサギ *L. townsendii* である．すなわち，高緯度地域の温帯から寒帯にかけての北部ユーラシア大陸とその大陸島，および北アメリカ北部の積雪地帯に生息するノウサギで冬季に体毛白化が起きる．世界のこの 5 種のうち 2 種がユーラシア大陸の東端部の大陸島の日本列島に生息していることは，動物地理学的にも貴重である．なお，ユーラシア大陸側のマンシュウノウサギ *L. mandschuricus* やチョウセンノウサギ *L. coreanus* および中国産のケープノウサギ *L. capensis* では冬季白化は起きない．

北極圏のツンドラに生息するホッキョクノウサギのうち，エルズミーア（Ellesmere）島とバフィン（Baffin）島およびグリーンランドに生息する個体群の毛色は，短い夏の期間に褐色に毛色を変えずに年中白い（Feldhamer *et al.*, 2015）．これは，本個体群が冬季にもっとも適応しているためで，短い夏のために毛色を褐色に変えるエネルギーコストや体色変化の所要期間を考えると，恒久的に白化状態でいるほうが有利なためと考えられる．

白変化の時期や程度は，冬季積雪の量や期間に応じて異なる．オジロジャックウサギでは積雪の多い北部地域で完全に白化するが，積雪の少ない中部地域

ではまだらに白化する個体や，積雪の少ない南部では体側部だけが白化する個体がいる．カンジキウサギでは，太平洋岸北西部のほとんど積雪のない地域の個体は白化しない．アイルランドのユキウサギの亜種 *L. timidus hibernicus* では，褐色の体毛に白毛が点在する程度の白化を起こす（Lumpkin and Seidensticker, 2011）．

この形質は遺伝的にある程度固定されており，無積雪の東京に移動させたニホンノウサギ（山形県産，新潟県産，佐渡島産）とエゾユキウサギは，冬季に各産地の積雪期の日長に合わせて白化したという（今泉，1970：小宮，1987）．しかし，遺伝的な適応的変化は早く起きるようで，ノルウェーの白化するユキウサギを積雪のない島に移入した実験では，白化個体は 20 年後に半数，30 年後で 4 分の 1，35 年後で少数に減少し，70 年以上経過した子孫では白化を起こさなくなったという（Lumpkin and Seidensticker, 2011）．白化個体の減少には，島に生息するキツネの選択的捕食の効果も働いたという．

以上のように，高緯度地域のノウサギで認められる冬季の白変化した体毛は，寒さに対する体熱を失わないための断熱効果と，捕食者から発見されないためのカムフラージュの効果として進化してきたといえる．

わが国のノウサギの毛色変化の遺伝的な解明研究が新たに開始されている（Kinoshita *et al.*, 2012；Nunome *et al.*, 2014）．とくに，最終氷河期のノウサギのレフュージア（避難場所）と氷期後の分散，冬季の白化の発現調整への毛色関連遺伝子の関与などに関して研究が行われている．また，気候変動にともなう温暖化の影響による積雪量の変化とノウサギの毛色変化のタイミングのズレの適応的な研究が海外で取り組まれている．

3.3　効率よい繁殖方法

（1）繁殖行動の観察

ノウサギ属の繁殖力は高い．1 年間の繁殖期間中に複数回の繁殖が可能で，1 回の繁殖において複数の新生獣を誕生させるという効率よい繁殖を行う．これには，たとえば，周期的排卵ではなく，交尾刺激による「誘導排卵」（あるいは「交尾排卵」）や，出産後ただちに交尾し妊娠できる「後分娩発情」が役立っている．さらに，出産直前の胎児を子宮に宿しながらつぎの新たな妊娠が可能である「重複妊娠」を行う場合もある．一方，出産後の新生獣は，発育の

進んだ段階で誕生し（早成性），成長も早く数カ月で性成熟し繁殖が可能となる．

　このような効率よい繁殖方法は，捕食の危険の多い環境で確実に子孫を残し，しかも好条件時には生息数を短期間に増加でき，効率的な多産繁殖に適しているといえる．

　このような効率的な繁殖能力を，ノウサギの繁殖行動から明らかにする必要があると私は考え，ノウサギの繁殖行動について直接観察を行うことにした．しかし，夜行性の小型草食性哺乳類のノウサギは単独性で警戒性に富み，繁殖行動を直接観察することはきわめて困難なために，研究成果は少ない．そこで，飼育下における繁殖行動の観察や繁殖実験を鹿児島県林業試験場のノウサギ飼育施設において，同試験場研究員（当時）の谷口明氏とともに行った．（山田，1987；Yamada *et al.*, 1988, 1989）．それらの成果について，ウサギ科の他の事例との比較，ノウサギ属の特性，その適応的側面とともに紹介する．

（2）短時間の交尾行動

　ニホンノウサギにおける交尾行動は，雄のにおいかぎ（sniffing），毛づくろい（grooming），追従（chasing あるいは following），マウント（mounting），スラスト（thrusting），および射精（ejaculation）の6行動で基本的に構成される（山田，1987；図3.5.）．

　交尾行動の開始は，雄が雌に接近し，雌の顔面部に自分の顔を近づけて雌のにおいをかぐことで始まり，グルーミングを行うこともある（図3.5A, B）．雌は雄のこの行動を多くの場合に忌避して逃げるが，雄は逃げていく雌の後を追従する（図3.5C）．この追従の間，雄は雌の生殖器部をかぐこともある．その後，雌が交尾を受け入れる場合，雌は逃げるのを止め，頭をやや上げたうずくまりの姿勢（crouching）をとり，臀部を少しもちあげる．続いて，雄は雌の頸背部を口でくわえ，両前肢で雌の胴部を抱えて保定し，雌の後背部からマウントする（図3.5D）．雄は数回スラストすると，頭部を前方に倒し，両耳介を小刻みに振動させながら，体の全体を前方に押しやるようにして射精する．このとき，「クウー」という大きな鳴き声が必ず聞かれるが，雌雄のいずれから発せられるかは不明である．射精後，雄は雌から逃げるように離れ，両者とも休息する．

　雌が交尾行動を拒否する場合，交尾行動初期の雄によるにおいかぎやグルーミング時に，あるいはマウント時に，雌が後肢で雄を蹴り，あるいは後肢で立

3.3 効率よい繁殖方法　79

図 3.5　ニホンノウサギにおける交尾行動．雄のにおいかぎや毛づくろい（A，B），追従（C），マウント，スラストおよび射精（D）の 6 行動で基本的に構成される．

ち上がって前肢で雄を突いて（boxing），「ブーブー」という音声を発し，ときには嚙むなどの攻撃的行動をとり，雄は以後の交尾行動を続けることができなくなる．

　このような交尾行動は，ノウサギ属の他種と基本的に類似しており，またアナウサギ類の種とも似ている．種によっては，交尾行動中に，雄の放尿や雌雄による高い跳躍（jumping あるいは leaping）がみられる場合もある．ニホンノウサギの交尾行動観察の際にも雄の放尿がみられた．一方，野外の雪上に放尿の痕跡が観察される場合がある．このような雪上の放尿痕跡は，交尾に深く関係すると推測される．

　各行動の持続時間については，本観察では，においかぎとグルーミングが数秒から十数秒，マウントから射精終了までが数秒から 10 秒である．したがって，追従時間などを含めた交尾行動の全持続時間は 1-2 分ときわめて短時間である．交尾の起きる時間帯とその頻度をみると，本観察では，雌雄は夜間の 20-6 時までの 10 時間に 5 回交尾し，また 23-3 時までの 4 時間に 3 回交尾し

た．他の事例における交尾持続時間は，ノウサギ属とアナウサギ類の種を問わず，多くの種で，数秒間のうちに終了し，一連の交尾行動に要する時間もきわめて短時間であり，交尾は活動時間帯である日没から早朝までの間に行われる場合が多い．交尾行動に要する時間の短縮化は，捕食の危険から回避するための適応と考えられる．

（3）配偶システム

複数の雌に複数の雄が存在する集団を対象にした観察では，複数の雄が交代でそれぞれの雌に接近してにおいかぎの後に追従し，マウント行動を行う事例もみられた．また，雄が雌に対して放尿する場合もあった．個体間関係をみると，攻撃的行動は同性間で多いが，雌雄間では雌から雄に対して多く，雌が雄よりも優位と考えられる．

ノウサギ属における配偶システム（mating system）は，アナウサギ類の種と同様に，乱婚型（promiscuous）であり，発情中の雌の周辺に数頭の雄が集合する様式をとる（Flux, 1970, 1981）．ニホンノウサギもこれと同じ配偶システムをもつと考えられる．

ウサギ科の発情様式は一般に後分娩発情である（Asdell, 1964 ; Caillol and Martinet, 1981）．巣穴のなかで分娩するアナウサギ類の種では，分娩期を迎えた雌に対して，雄が巣穴の入口付近で待ち受けて，雌の発情状態を感知し，このような雌を他の雄から防衛するという．しかし，分娩用巣穴をつくらず，かつ広い行動圏を有するノウサギ属では，雄がどのようにして雌の発情状態を把握し，交尾可能な雌を確保するのかはほとんど解明されていない．

ノウサギ属の繁殖期における社会構造（social structure）については若干の報告があり，雌どうしは排他的で行動圏を重複させないが，雄どうしはたがいに攻撃的で広い行動圏を重複させあい，雌雄間では雌が雄よりも優位であるという（Flux, 1981 ; Graf, 1984）．また，アナウサギ類の種に存在する同種個体群における繁殖の同調性（breeding synchrony）がノウサギ属でも報告されている（Dunn et al., 1982）．さらに，聴覚や視覚による遠距離コミュニケーション（telecommunication），およびにおいかぎや追従などの接触探索行動（contact seeking behaviour）も存在するらしい（Schneider, 1981 ; Dunn et al., 1982 ; Graf, 1984）．

今後，ノウサギ属の繁殖期および非繁殖期における個体間関係，また捕食者からの危険回避が野外でどのように行われているのかを知りたいものである．

（4）分娩行動

ニホンノウサギにおける分娩行動は，穴掘り（digging），グルーミングおよび娩出（delivery）の3行動から構成される（図3.6）．

分娩行動の開始では，母獣は分娩の約1時間前に前肢を用いて2個の浅い窪地（直径約20 cm，深さ約5 cm）を掘り始める．しかし，アナウサギ類の種とは異なって，ここに草や母獣自身の体毛を敷くようなことはしない．早朝（午前3時）に母獣はこの窪地にうずくまり，口部を腹部や生殖器部にあて，さかんにグルーミングした（図3.6A）．その後，2分以内に2頭の新生獣を連続的に娩出した（図3.6B, C, D）．胎盤は第2子を娩出してから約1分後に排出され，その後2分以内に食べられた．

分娩にともなう母獣の特異的な行動として，分娩前夜では腰部と臀部の頻繁な皮膚の痙攣や下腹部への活発なグルーミング，また分娩当夜の娩出前にはさ

図3.6　ニホンノウサギにおける分娩行動（A）と誕生直後の2頭の新生獣（B, C, D）．

82　第3章　ノウサギ——走ることへの適応

かんなグルーミング，および娩出約30分前から娩出約3時間後の間には後肢
の蹴り上げをともなう走行があげられる．

　ノウサギ属の分娩行動については，これまでほとんど知られておらず，この
観察報告が初めてになる．一方，アナウサギ類のいくつかの種では報告がある
が，本種における非常に短い娩出時間と母獣による胎盤の摂食は，よく類似し
ている（Casteel, 1967；Sorensen *et al.*, 1972：ヌマチウサギ *Sylvilagus aquati-
cus*, Angermann, 1972：ヨーロッパアナウサギ *O. cuniculus*）．

（5）新生獣の誕生

　ニホンノウサギの出生直後の新生獣は，すでに開眼しており，すべて生えそ
ろった体毛を備えている（図3.6B，C，D）．しかし，出生直後には，前・後
肢の運動機能が未発達のためにほとんど歩行できない状況である．その後，新
生獣は誕生の約10分後にはよろけながらも，わずかに歩けるようになり，約
1時間後には不安定ながらも跳躍型の走行を始めた．なお，出生5時間後にお
ける子獣の体重は2頭とも132gであった．

　ノウサギ属の新生獣が出生直後から地表での生活に耐えられるおもな条件と
して，体温調整能力と運動能力の早期発達・完成があげられる．前者の体温調
節能力に関する具体的な研究はこれまでにないが，一般に晩成性動物の新生獣
では発毛期から開眼期の間に体温調節能力は完成する．早成性動物の新生獣で
は，出生時にすでに体温調節能力がよく発達しているという（Fleming, 1979；
伊藤，1980）．

（6）哺育行動

　ニホンノウサギの哺育行動は，母獣による授乳（suckling）とその間の子獣
へのグルーミングの2行動から構成される（図3.7）．

　母獣は娩出（午前3：03）の3分後から子獣2頭に授乳を開始し，午前4時
半まで断続的に授乳とグルーミングを続け，初日の授乳の合計回数は4回，合
計時間は13分であった（図3.7A，B）．

　その後の他個体も含めた母子獣（生後1-35日齢の子獣合計7個体）の哺育
行動の観察結果を紹介する．

　母子獣は昼間はなればなれに休息している．飼育下でも，昼間にはつねに約
5-10m離れた別々の場所で休息しているが，夜になると子獣（複数の場合も
含めて）は授乳開始の5-10分前に出生場所から1-5m離れた哺育場所の付近

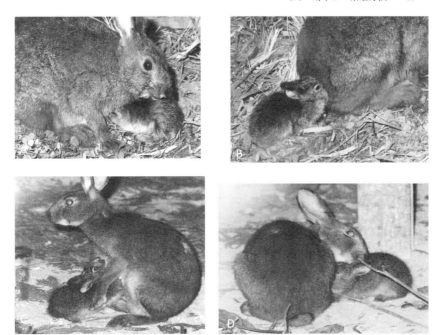

図 3.7 ニホンノウサギにおける哺育行動．母獣は分娩直後から授乳を開始（A，B）．母子獣は昼間はなればなれに休息するが，夜間に子獣は哺乳を受ける（C，D）．

にきて，物陰に隠れている．このとき，同腹子2頭は哺育場所に同時に集合している．母獣が子獣の隠れ場所から1mほど離れたところに出現すると，子獣は隠れ場所から現れ，母獣に接近し哺乳を受ける．母獣の授乳姿勢として，子獣が乳頭をくわえやすいように，母獣は前肢を突っ張り，この授乳姿勢を維持する（図3.7C，D）．子獣は哺乳中に母獣の乳部を前肢で押す動作（pumping）をときに行う．母獣は授乳中に周囲を警戒するかのように頻繁に首を四方へまわし，また子獣の頭部や背部をグルーミングする．

毎回の授乳の開始と終了は母獣の意志により決定され，子獣が哺乳をさらに要求しても，母獣はこれを無視して子獣から立ち去る．母獣による授乳は自分の子獣だけでなく，他の母獣の子獣に対しても行われる．母獣は自分の子獣に授乳中であっても，接近してきた他の子獣に授乳する．

母子獣2組の観察結果では，哺育の場所も時間もともに異なっている．ある特定の雌あるいは雄個体はしばしば他の母獣を攻撃したが，攻撃された母獣は

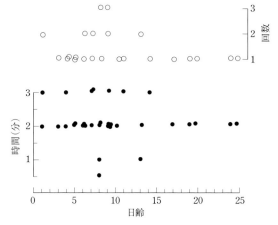

図 3.8 ニホンウサギにおける子獣の生後日齢と一夜あたりの授乳回数と1回の授乳時間.

新生獣を口にくわえて運搬移動することもせず,また子獣の防衛をまったくしない.雄は母獣による哺育に対し無関心で,子獣の世話をまったくしない.

哺育行動の起きる時間帯は,19時から5時までの夜間帯で,その頻度は22-2時の間でもっとも多い(約80%).また,一夜あたりの授乳回数は1-3回で,1回の例(61%)がもっとも多く,授乳1回あたりの授乳時間は30秒-3分間で,2分間の例(58%)がもっとも多い.したがって,母獣1頭あたりの子獣1頭に対する一晩の合計授乳時間は平均3分間(1-5分間の範囲)である.

一夜あたりの授乳回数と1回の授乳時間は,草食が可能になり始める生後8日齢ごろまで不規則に変化したが,2週齢以降ほぼ一定化する(図3.8).子獣は生後約1カ月齢まで授乳を受けた後に独立生活に入ったが,まれにそれ以降でも母獣にしばしば接近し授乳される場合がある.

(7) 希薄な母子関係

本種でも観察されたように1日1回,深夜に短時間行われる授乳方法は,これまでに調べられたウサギ科のいくつかの種とも共通する(Venge, 1963 ; Zarrow et al., 1965：ヨーロッパアナウサギ,Rongstad and Tester, 1971：カンジキウサギ,Broekhuizen and Maaskamp, 1976 ; Flux, 1981：ヤブノウサギ *L. europaeus* など).

ヤブノウサギにおいても，分散していた子獣が，母獣より先に一定の哺育場所に集合し，その後に授乳が始まることが報告されている（Broekhuizen and Maaskamp, 1980）．母子が出会うための信号の1つとして，照度が母獣の哺育場所への帰還時刻と関係しているという（Rongstad and Tester, 1971 ; Broekhuizen and Maaskamp, 1980）．さらに，哺育のために母獣は音声信号よって子を探すようである（Nowak, 1991）．このようなノウサギ属の哺育様式は，哺育のための集合時刻や場所について特別な信号授受が母子間に存在することを示唆する．

ノウサギ属に認められる特異な母子関係や哺育様式は，有蹄類においても存在する．有蹄類は後分娩期（post-partum period）における母子関係の相違によって，「隠れ型（hiders）」と「追従型（followers）」の2つに大別される（Lent, 1974）．隠れ型には，森林性の原始的な種と草原性の小型種が含まれ，追従型には大型種が含まれる．隠れ型のうち，低草原性の小型種は一般に単独性で，母子は哺育時以外では通常別居しており，授乳頻度はきわめて少なく，接触時間も短い．また，この仲間は後分娩発情型で，母獣は分娩後ただちに交尾期に入る．この間における母子の分離は，母獣の交尾行動時に子獣が踏みつぶされたり，蹴飛ばされる危険を軽減させるだけでなく，捕食の危険性を分散させるのにも役立つと考えられている．有蹄類の隠れ型の小型種における母子関係や哺育行動様式がノウサギ属とよく類似していることは，小型草食性哺乳類の繁殖戦略という面からたいへん興味深い．

一般に，母獣が子獣を特定の場所に残し，授乳のため定期的に帰還し，授乳間隔が比較的長い動物の哺育形式を「スケジュール型」とよび，この型では頻繁に授乳を行う型の動物よりも乳成分（とくに脂肪）が濃厚である（Benshaul, 1962）．ノウサギ属やアナウサギ類の種では，本種と同様に授乳間隔が長く，また乳成分の脂肪やタンパク質含有率も高いので（Benshaul, 1962：ヨーロッパアナウサギとユキウサギ，Venge, 1963：ヨーロッパアナウサギ，Broekhuizen and Maaskamp, 1980：ヤブノウサギ），ウサギ科の哺育形式はスケジュール型に属するといえる．

ウサギ科におけるこのような母子関係は，哺育に対する母獣のエネルギー投資量の最小化，および母子双方に対する被捕食の危険性の軽減化に有利であると考えられている（Broekhuizen and Maaskamp, 1980 ; Chapman et al., 1982）．このような意味で，とくにノウサギ属では分娩や哺育用の巣穴造成が不必要であり，子獣は生後早くから植物を摂食することができて，早期に独立可能なの

で，ノウサギ属はアナウサギ類の種よりも，多様な生息環境での生存に有利であると考えられる．

（8）優れた走行適応

ノウサギ属はウサギ科のなかでもっとも優れた走行能力をもち，隠れ場の少ない草原の生活によく適応している．先述のとおり，ニホンノウサギにおいても，新生獣は生後約1時間で跳躍型の運動様式を完成させ，自力で逃走可能な発育を遂げている．他のノウサギ属の種においても，新生獣は出生当日から運動能力を備えている（Nice *et al.* 1956；Bookhout, 1964：カンジキウサギ，Broekhuizen and Maaskamp, 1979：ヤブノウサギ）．

ノウサギ属の優れた走行能力は形態学的，組織化学的にも解明されている．すなわち，形態学的には前・後肢は伸長し，それらの関節も特殊化してアナウサギ類の種よりも走行に適しており（Carrier, 1983），組織化学的には後肢運動筋は高速性と持久力をもたらす酸化能力（oxidative capacity）において優れている（Schnurr and Thomas, 1984）．

ノウサギ属のこのような走行能力の適応的意義として，捕食圧の軽減化，餌資源の利用範囲や隠れ場所の拡大，さらに個体群間における遺伝的交流の促進などがあげられ，その結果として分布圏の拡大がもたらされたと考えられる．ノウサギ属にみられる上述の繁殖行動や早成性は，隠れ場の少ない草原生活によく適応したものであり，走行能力の向上は対捕食者戦術（anti-predator tactics）として有効に働いていると考えられる．

ノウサギ属の繁殖行動は，基本的にはウサギ科（アナウサギ類とも）の種のそれらとよく類似しているが，ノウサギ属は早成性を獲得し，巣穴を用いない特異な繁殖様式を確立した点がもっとも特異的である．このような特徴は走行能力と生存価を高めるうえで有利に働いたと思われる．ノウサギ属が多様な環境に広く分布し，繁栄している原因は，主として上述した繁殖特性の獲得にあるといえる．

（9）交尾刺激で起きる排卵

多くの哺乳類では，成熟した雌の排卵は発情とともに自発的に起きるが（これを自発排卵 spontaneous ovulation という），いくつかの分類群では交尾刺激で排卵が起きる（交尾排卵，誘導排卵 induced ovulation）．交尾排卵は，ウサギ目，食肉目の多くの種，齧歯類ではジリスなどで認められている（Feldhamer *et al.*, 2015). しかし，砂漠性のネズミやハタネズミ *Microtus montanus* では，餌や栄養と関係して交尾排卵型を示す場合もある．したがって，いくつかの種は典型的な2つの排卵様式に区分できるが，厳密に区分できない種もいる．

ウサギ目は交尾排卵動物の代表である（Asdell, 1964）．とくにヨーロッパアナウサギにおいて，交尾誘導排卵は古くから実験的にくわしく調べられている（Walton and Hammond, 1928；Hill *et al.*, 1935；Pincus and Enzmann, 1937；Harper, 1963 など）．また，トウブワタオウサギ *S. floridanus* においても交尾後の排卵に要する時間が調べられている（Casteel, 1967）．ノウサギ属では，胎盤性性腺刺激ホルモン（hCG）注射による排卵の研究（Chang *et al.*, 1964；Chang, 1965：カンジキウサギ，Martinet, 1980：ヤブノウサギ），交尾排卵の研究（Martinet, 1980：ヤブノウサギ），および黄体形成ホルモン放出因子（LHRH）注射による黄体形成ホルモン（LH）量と排卵の季節的変化に関する研究（Mondain-Monval *et al.*, 1985；Caillol *et al.*, 1986：ヤブノウサギ）はあるが，実際の交尾刺激によって，卵胞の成熟過程や排卵に要する時間については調べられてはいない．

ニホンノウサギにおける交尾刺激にともなう卵胞の成熟過程と排卵に要する時間に関する組織学的研究について紹介する（Yamada *et al.*, 1989）．

（10）交尾刺激による卵胞成熟と排卵の過程

ニホンノウサギの成熟した雌の未交尾個体の卵巣においては，多数の二次卵胞と十数個の長径1mm未満の胞状卵胞（卵核は胚胞期）が存在し，この他に最大長1.3mmの胞状卵胞もみられる（図3.9A）．

交尾刺激を受けると，胞状卵胞はさらに急激な成長を遂げて成熟卵胞（最大長1.5-2.5mm）となり，他の哺乳類と同様に，卵は第一成熟分裂終期を経て第一極体を放出後に，第二成熟分裂中期の状態で排卵される．このような交尾刺激にともなう卵胞の成熟過程は，ヨーロッパアナウサギにおけるもの（Walton and Hammond, 1928；Hill *et al.*, 1935；Pincus and Enzmann, 1937）とよく類似している．

一方，破裂卵胞に近い大きさまで成長した胞状卵胞が，破裂と排卵を起こさず吸収される場合があり，これを「閉鎖卵胞」という．ニホンノウサギの実験個体では，全交尾個体における胞状卵胞の閉鎖率は，成熟または破裂卵胞の4個に対して，閉鎖胞状卵胞は3個であったので，約43%（7分の3）である．

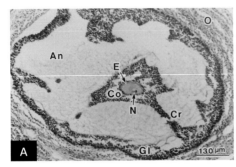 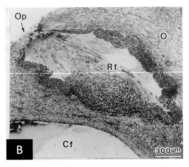

図 3.9 ニホンノウサギの未交尾個体の卵巣内の卵をもつ胞状卵胞（A）と交尾15時間後の個体における卵子を放出した後の卵巣（B）．B は，卵子（最大長 2 mm）を排卵点（Op）から放出した破裂卵胞を示す．卵は卵管内を移動し卵管膨大部で受精．Op；排卵点，Rf；破裂卵胞（最大長 2 mm），Cf；嚢状卵胞（最大長 2 mm），O；卵巣，An；卵胞腔，Co；卵丘，E；卵，N；核，Cr；細胞索，Gl；顆粒層．

　破裂卵胞に近い大きさまで成長した胞状卵胞の閉鎖過程は，ヨーロッパアナウサギ（Pincus and Enzmann, 1937）やヤブノウサギ（Martinet, 1980）の場合と似ている．閉鎖率はヤブノウサギでは平均約 35% であるが（Martinet, 1980），ヨーロッパアナウサギでは 60% と高い（Pincus and Enzmann, 1937）．このようにウサギ科では，胞状卵胞の閉鎖率は種により異なるが，35-60% の範囲といえる．

　本種では，排卵した個体の排卵数（1 個）は，平均産子数（1.34 頭，範囲 1-3 頭で，このうち 1 頭が 70%；谷口，1986）に近いが，やや少ない．ヤブノウサギでは，平均排卵数は 2.7 個であるのに対し，産子数は 2.5 頭と排卵数がやや多い（Martinet, 1976, 1980）．しかし，胞状卵胞の閉鎖過程を考慮すると，本種は潜在的に 1 個以上の卵を排卵する能力をもつと考えられる．

　本種の胞状（または成熟）卵胞は「spider type」（クモの巣型）で，卵丘は卵胞の中心部に位置している（図 3.9A）．ノウサギ属でみられるクモの巣型の卵胞は，ヨーロッパアナウサギ（Pincus and Enzmann, 1937）およびアメリカナキウサギ *Ochotona princeps*（Mossman and Duke, 1973）でもみられ，ウサギ目の特徴といえる．ウサギ目の胞状（または成熟）卵胞において，卵丘の卵胞に占める面積割合は，ナキウサギ属でもっとも大きく，ウサギ科ではアナウサギ属，そしてノウサギ属の順に小さくなるようで，これは属の特徴を示すものと思われる．

（11）交尾後の排卵所要時間

　ニホンノウサギにおいては，交尾後の排卵所要時間は交尾後12-15時間の間といえる（図3.9B）．アナウサギ類の種では，ヨーロッパアナウサギでは交尾後平均10時間（範囲8-13.5時間；Walton and Hammond, 1928；Hill *et al.*, 1935；Harper, 1963），トウブワタオウサギでは交尾後10-11時間に起こるという（Casteel, 1967）．したがって，上記3属では交尾刺激による排卵所要時間はほぼ近似するといってよい．

　このような研究によって，ノウサギ属で初めて交尾刺激による排卵過程を明らかにし，交尾排卵がウサギ目の繁殖生理特性の1つであることを，さらに補強したと考えている．

（12）1回の産子数と年間の繁殖回数の関係

　一般的に，ノウサギ属では，1年間に1頭の雌が産む子どもの数は，およそ10頭になるといわれている（Flux and Angermann, 1990）．つまり，繁殖回数が少なく，繁殖期間の短い高緯度地域では1回あたりの産子数は多くなるが，繁殖回数が多く繁殖期間の長い低緯度地域では産子数は少なくなる．

　ニホンノウサギにおいても，鹿児島県のノウサギでは，出産回数は5-6回（妊娠日数は46-47日），繁殖期間は周年で産子数1-3頭（普通1-2頭；谷口，1986）であるが，山形県のノウサギでは出産回数は3-5回（妊娠日数は42-47日），繁殖期間は2-8月で産子数1-4頭（普通1-2頭；大津，1974）である．一方，北海道のエゾユキウサギの結果（出産回数3回以下，繁殖期間2-8月，産子数1-6頭で普通3頭；柴田・山本，1973, 1980）を含めると，日本列島では北にいくほど出産回数は少なく繁殖期間は短いが，産子数は多く，南では出産回数が多く繁殖期間は長いが，産子数は少なくなるといえる．

　これらの事例から，日本のノウサギも1年間の産子数はおよそ10頭となり，これはノウサギ属の共通の傾向にあてはまる．

3.4　成長と発育

（1）成長・発育の過程

ノウサギ属の新生獣は早成性であるため，高次形成（hypermorphosis）の

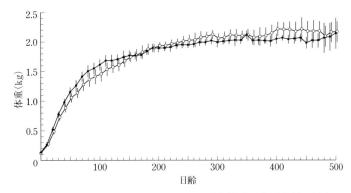

図 3.10　鹿児島県産のニホンノウサギの平均体重の成長曲線. 黒丸は雄（n = 3-19 個体），白丸は雌（n = 2-25 個体）. 垂直線はそれぞれの 95% の信頼区間を示す.

段階で出生することは先にも述べた．ノウサギ属の成長・発育に関しては若干研究されているが，早成性の特徴を含めた適応的側面からの検討は少ない．ここでは，鹿児島県産のニホンノウサギにおける外部形質，頭骨，歯および水晶体重量の成長・発育パターンについて，私たちが調べた結果にもとづいて紹介する（Yamada *et al.*, 1990）.

　鹿児島県産のニホンノウサギの雌雄を含めた出生時（0 日齢）の体重は平均値（± 標準誤差）で 135.9±3.0 g（n = 15，範囲 119-154 g）である（図 3.10）. その後，体重は生後約 130 日齢，後足長は 90 日齢，および耳長は 70 日齢までそれぞれ急増する（図 3.11）. この急増期間における雌雄込みの成長速度は，体重で 11.76 g/日，後足長で 0.73 mm/日，および耳長で 0.64 mm/日である．その後，これら 3 形質は全体的に比較的低い成長率で増加し，体重で約 300 日齢，後足長で約 150 日齢，および耳長で約 100 日齢で，それぞれ成獣値に達する．体重では 20-160 日齢，後足長では 30-130 日齢，および耳長では 20-90 日齢までの間，雄は雌よりも平均値でつねに大きく，200 日齢以降の体重では雌は雄よりも重いが，統計的有意差（p > 0.05）は認められない．これら外部形質を成長曲線式にあてはめると，成長過程における個体変異は体重でもっとも大きいといえる．

（2）成長過程の地域間比較

　鹿児島県産（31° 46′ N）のニホンノウサギ（亜種名キュウシュウノウサギ）

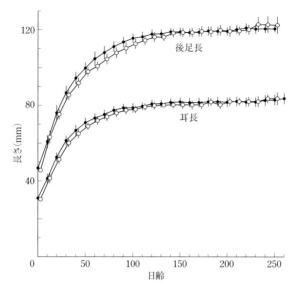

図 3.11 鹿児島県産のニホンノウサギの平均後足長と耳長の成長曲線．黒丸は雄（n = 3-19 個体），白丸は雌（n = 2-25 個体）．垂直線はそれぞれの 95% の信頼区間を示す．

の外部計測値の成長過程を，より北方性の亜種関係にある山形県産（38°23′N）のトウホクノウサギのそれら（大津，1974）と比較してみよう．平均体重では鹿児島県産は 2120.9±66.5 g（n = 15）であるのに対し，山形県産は 2600 g（n = 15）とやや重い．後足長では鹿児島県産は 121.5±0.8 mm（n = 13）であるのに対し，山形県産は 151.0±0.5 mm（n = 12）と長い．しかし，耳長では鹿児島県産が 83.5±0.5 mm（n = 13）であるのに対し，山形県産は 76.4±0.3 mm（n = 15）とやや短い．

外部形質の成長パターンを両者間で比較すると，後足長（150 日齢）と耳長（100 日齢）では両者はほぼ同じ日齢で成獣値に達するが，体重では鹿児島県産のほうが山形県産よりも 100 日以上遅い約 200 日齢で成獣値に達する．したがって，両産地間では外部形質の成長速度は全般的に山形県産のほうで速く，とくに体重はこの傾向を顕著に示すといえる．

北アメリカ大陸の北部から北極圏付近に生息するカンジキウサギでは，アラスカ産のものがより南に生息するものよりも速く成長し，アラスカのアラスカノウサギ *L. othus* も南の温暖地域のノウサギ属の他種に比べて成長速度をよ

92   第3章　ノウサギ——走ることへの適応

り速め，成長期間を短縮化させている（O' Farrell, 1965；Anderson and Lent, 1977）．彼らは，このように高緯度のノウサギ属2種が冬季の到来以前に成獣大の体に達することを，この地域の短い夏の期間と厳しい冬季の生存に対する適応であると考えている．わが国のニホンノウサギの上記の事例においても，産地による冬季到来の早遅や積雪量の多寡といった相違があり，これが2産地間で成長パターンの差異をもたらした原因と考えられる．

　上記のニホンノウサギで認められたような，体重に比べて後足長や耳長が生後早く成獣値に達するという特徴は，オグロジャックウサギ *L. californicus* でも認められ，このような現象をもたらす理由の1つとして，生存するために依存度の高い部位は生後早く完成されると考えられている（Goodwin and Currie, 1965）．上記の本種で認められる成長初期に雄の成長速度が雌のそれを超過するという結果は，ほとんどの哺乳類でみられる現象である（Case, 1978）．ニホンノウサギにおける外部形質や頭骨の大きさの成長パターンで明らかなように，ノウサギ属の他種においても，これらの形質には雌雄差は存在しない（Caboń-Raczyńska, 1964：ヤブノウサギ，Anderson and Lent, 1977：アラスカノウサギ，Baker *et al.*, 1978：ホッキョクノウサギ［ホッキョクウサギ］*L. arcticus*）．

（3）頭骨の成長

　ニホンノウサギにおける頭骨の成長過程をみると，顆基底長は生後約100日齢まで，頬骨弓幅は約50日齢まで，それぞれ急増する（図3.12，図3.13）．この急増期間における雌雄込みの成長速度は，顆基底長で0.66 mm/日，頬骨弓幅で0.73 mm/日である．その後，これら2部位は漸増し，顆基底長で約250日齢，頬骨弓幅では約200日齢に，それぞれ成獣値に達する．

（4）頭骨主要縫合の癒合

　頭骨における頭頂間骨の識別可否および主要縫合の癒合度と生後日齢との関係をみると，頭頂間骨は30日齢までは識別できるが，54日齢以降では周囲の骨（頭頂骨，側頭骨および後頭骨）と癒合して識別できなくなる（表3.2）．矢状縫合は81日齢までは癒合しないが，104日齢以降に後方から前方に向かって少しずつ癒合し始める．しかし，癒合の前半部では癒合の程度に個体差が認められる．前頭間縫合は生後約1年以降その中央部から癒合し始める．なお，冠状縫合と頭頂側頭間縫合は生後2年経過してもまったく癒合しない．

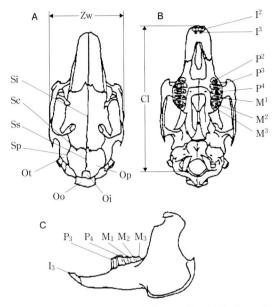

図 3.12 ニホンノウサギの生後 30 日齢の頭骨（A，B）と下顎骨（C）の特徴．A は背面，B は腹面，C は側面からの図．Cl；顆基底長，Zw；頬骨弓幅，Oi；頭頂間骨，Oo；後頭骨，Op；側頭骨，Ot；側頭骨，Sc；冠状縫合，Si；前頭骨間縫合，Ss；矢状縫合，Sp；頭頂側頭間縫合．

（5）頭頂間骨の識別

　頭骨における主要縫合の癒合度とその時期ついては，齢が不確実ではあるが，ヤブノウサギにおいてもこれまでに報告されている（Caboń-Raczyńska, 1964）．その結果を本種のそれと比較すると，癒合の順序は両種間で一致するが，その時期や速度は異なる．すなわち，本種では，頭頂間骨の識別可能な期間（生後 1-1.5 カ月まで）はヤブノウサギよりも約 4-6 カ月短く，矢状縫合の癒合開始時期（生後約 3 カ月）はヤブノウサギよりも約 3-5 カ月早い．しかし，前頭間縫合および頭頂側頭間縫合の癒合は本種では生後 2 年でも完了しなかったが，ヤブノウサギでは生後およそ 1 年で完了する．つまり，本種では頭骨間縫合の癒合速度は生後初期には速いが，成長の中・後期には緩やかになるといえる．

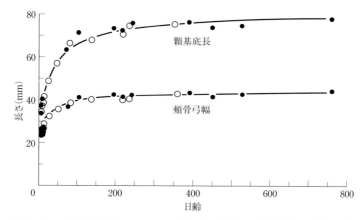

図 3.13 鹿児島県産のニホンノウサギの頭骨の成長曲線. 黒丸は雄 ($n=13$ 個体), 白丸は雌 ($n=11$ 個体).

成獣の頭骨において，頭頂間骨の識別可能なものがアナウサギ類の種，識別不能なものがノウサギ属の種とされ，この識別可否は両者を区別する1つの重要点とされている (Dunn *et al.*, 1982 ; Nowak, 1991). ワタオウサギ属に属するヌマチウサギ *S. aquaticus* では，体が大型化し，走行能力が比較的高く，頭頂間骨は癒合の開始時期については不明であるが，成獣では周囲の骨と癒合する傾向にあるという (Hall, 1981).

(6) 歯の萌出, 交換, 磨耗の過程と時期

本種の歯式は図 3.14 のとおりで，歯の本数は出生時に上下で24本，歯の置換完了後に28本になる．上・下顎切歯と頬歯の萌出，交換の状況および磨耗程度と生後日齢との関係は表 3.3 のとおりである．これによると，出生時に I^2 と I_3 はともに永久歯として萌出しているが，di^3 の I^3 への置換は 9-14 日齢である．また，上下の M3 は 9-14 日齢で萌出し始め，このときまでには前臼歯はすべて永久歯への置換を完了している．したがって，すべての永久歯が生えそろうのは2週齢である．dp^3, dp^4 および上下の M1 では1日齢から磨耗を認めたが，咬面に達した永久歯に磨耗がみられるのは 16-30 日齢である．

(7) ノウサギで早い歯の萌出・交換

歯の萌出・交換の順序について，本種における乳歯から永久歯への交換

表 3.2 鹿児島県産のニホンノウサギの頭骨における頭頂間骨の識別と主要縫合の癒合度および生後日齢との関係.

日齢	性	頭頂間骨の識別	頭骨のおもな縫合線の癒合度（%）*	
			矢状縫合	前頭間縫合
0	雄	可	0	0
1	雄	可	0	0
2	雄	可	0	0
5	雌	可	0	0
7	雌	可	0	0
9	雌	可	0	0
14	雄	可	0	0
16	雌	可	0	0
30	雌	可	0	0
54	雌	不可	0	0
77	雄	不可	0	0
81	雌	不可	0	0
104	雄	不可	25	0
153	雌	不可	33	0
194	雄	不可	50	0
219	雄	不可	50	0
220	雌	不可	50	0
237	雌	不可	50	0
243	雄	不可	50	0
351	雌	不可	75	0
389	雄	不可	100	25
450	雄	不可	86	33
527	雄	不可	50	0
760	雄	不可	50	33

＊：癒合度は，縫合線長に対する癒合長の割合.

（$di^3 \to I^3$, $dp^2 \to P^2$, $dp^3 \to P^3$, $dp^4 \to P^4$, $dP_3 \to P_3$ および $dp_4 \to P_4$）と永久歯の萌出（I^2, M^1, M^2, M^3, I_3, M_1, M_2 および M_3）の順序を，磨耗の程度や上・下顎歯の咬合から推定するとつぎのとおりである.

　　上顎：$I^2 \cdot M^1 \to M^2 \longrightarrow P^3 \cdot P^4 \longrightarrow I^3 \cdot P^2 \longrightarrow M^3$

　　下顎：$I_3 \cdot M_1 \to M_2 \longrightarrow P_4 \longrightarrow P_3 \longrightarrow M_3$

　乳歯の dp^3 と dp^4 はほぼ同時に P^3 と P^4 よって交換されたが，dp_4 は dp_3 よりも早く P_4 によって交換される. 上下の dp3 が P3 によって交換される時期，および上下の M3 の萌出の時期を上顎と下顎で比べると，いずれも上顎のほう

出生時の歯式

$$\frac{\text{I2} \quad \text{di3} \quad 0 \quad \text{dp2} \quad \text{dp3} \quad \text{dp4} \quad \text{M1} \quad \text{M2} \quad -}{- \quad \text{I3} \quad 0 \quad - \quad \text{dp3} \quad \text{dp4} \quad \text{M1} \quad \text{M2} \quad -} = 24$$

乳歯置換後の歯式

$$\frac{\text{I2} \quad \text{I3} \quad 0 \quad \text{P2} \quad \text{P3} \quad \text{P4} \quad \text{M1} \quad \text{M2} \quad \text{M3}}{- \quad \text{I3} \quad 0 \quad - \quad \text{P3} \quad \text{P4} \quad \text{M1} \quad \text{M2} \quad \text{M3}} = 28$$

図 3.14 ニホンノウサギにおける出生時の歯式と乳歯の置換後の歯式.

表 3.3 ニホンノウサギの歯の萌出, 交換および摩耗と生後日齢との関係.

日齢	性	上顎 乳歯				永久歯								下顎 乳歯		永久歯					
		di3	dp2	dp3	dp4	I2	I3	P2	P3	P4	M1	M2	M3	dp3	dp4	I3	P3	P4	M1	M2	M3
0	雄	+*	+*	+*	+*	+*	−	−	−	−	+*	+*	−	+*	+*	+*	−	−	+*	+*	−
1	雄	+*	+*	+	+	+*	−	−	−	−	+	+*	−	+*	+	+*	−	−	+	+*	−
2	雄	+*	+*	+	+	+*	−	−	−	−	+	+*	−	+*	+	+*	−	−	+	+*	−
5	雌	+*	+*	+	+	+	−	−	−	−	+	+	−	+	+	+	−	−	+	+	−
7	雌	+*	+	+	+	+	−	−	+*	+*	+	+	−	+	+	+	+*	+*	+	+	−
9	雌	+*	+			+	−	−	+	+	+	+	−	+		+	+	+	+	+	−
14	雄					+	+	+	+	+	+	+	+*			+	+	+	+	+	+*
16	雌					+	+	+	+	+	+	+	+*			+	+	+	+	+	+*
30	雌					+	+	+	+	+	+	+	+			+	+	+	+	+	+
54	雌					+	+	+	+	+	+	+	+			+	+	+	+	+	+

＋:存在, －:不在, ＊:摩耗なし.

が早いようである. このような順序はこれまでの報告（宮尾・西沢, 1972：トウホクノウサギ）とも一致致している.

　本種における歯の萌出・交換の順序は, 発育様式を異にするヨーロッパアナウサギ（家畜種カイウサギ）における結果（Hirschfeld *et al.*, 1973；Horowitz *et al.*, 1973；内田, 1973；Navarro *et al.*, 1975, 1976；Michaeli *et al.*, 1980 など）と類似する. しかし, ヨーロッパアナウサギでは di^3 は 27 日齢で脱落するが, I^3 は 18 日齢で萌出し始め（Hirschfeld *et al.*, 1973）, 上顎乳前臼歯のすべては生後 31-32 日齢で, 下顎乳前臼歯のすべては 28 日齢で有根性の乳歯から無根性の永久歯に置換され, M$_3$ の萌出は生後 23 日から, M^3 の萌出は 31 日齢か

ら始まる（Navarro et al., 1975, 1976）．したがって，本種における乳歯から永久歯への交換は，ヨーロッパアナウサギにおけるよりもI^3で18日，下顎前臼歯で14日，および上顎前臼歯で17-18日早いといえる．また，本種ではM3の萌出は上顎でわずかに早い程度であり，ほぼ同じ日齢（14日）でみられるが，ヨーロッパアナウサギでは，これよりM^3で17日，M_3で9日それぞれ遅い（表3.3）．

同じくアナウサギ類の種であるトウブワタオウサギ（Dice and Dice, 1940; Beule and Studholme, 1942; Hoffmeister and Zimmerman, 1967）における歯の萌出・交換の順序は本種と似ているが，それらの時期は本種に比べて約5-7日遅いようである．しかし，子獣における植物の採食開始時期は，本種（第2章参照）とカンジキウサギ（Nice et al., 1956）では生後1週齢から，またトウブワタオウサギ（Chapman et al., 1982）でも約8日齢からと，たがいに近似する．例数は少ないが，発育様式を異にするノウサギ属の種とアナウサギ類の種との間では，歯の萌出・交換の時期はかなり異なるが，採食開始時期はあまり異ならないようである．このように，ウサギ科の種では，すべての歯の萌出・交換が終了しなくとも，生後の早い時期から採食が始まるといえる．

（8）水晶体重量の成長

水晶体乾燥重量の成長曲線をみると，水晶体重量は生後約1年まで急速に増大するが，それ以降の増加は緩やかである（図3.15A）．この急増期間におけ

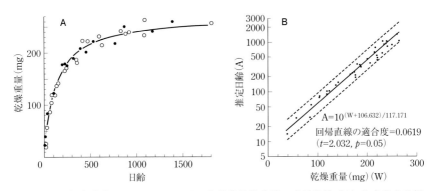

図3.15　鹿児島県産のニホンノウサギの水晶体乾燥重量の成長曲線（A）と水晶体乾燥重量にもとづく齢推定の回帰直線と95%信頼限界線（B）．Aの黒丸は雄（16個体），白丸は雌（$n=23$個体）．Bは36個体．（B：安藤ほか，1992より）

る雌雄込みの成長速度は0.55 mg/日である．この成長曲線にもとづき，水晶
体重量193.6 mgを境として，193.6 mg未満のものは生後1年未満の個体，
193.6 mg以上のものは生後1年以上の個体と推定される（図3.15B；安藤ほか，
1992）．さらに，1年未満の日齢推定には成長曲線式にこの水晶体重量をあて
はめることによって，比較的高い精度で齢査定が可能となる．

　水晶体の乾燥重量による齢査定は，トウブワタオウサギ（Lord, 1959）で初
めて使用されて以来，多くの種で試みられている（Connolly *et al.*, 1969：オグ
ロジャックウサギ，Andersen and Jensen, 1972；Broekhuizen and Maaskamp,
1979：ヤブノウサギ，Bothma *et al.*, 1972：トウブワタオウサギ，Keith and
Cary, 1979：カンジキウサギ，Wheeler and King, 1980：ヨーロッパアナウサ
ギなど）．それらよると，水晶体重量は生後ほぼ1年まで急増し，個体変異は
比較的小さいが，地域個体群や栄養状態などの違いよって変化するという
（Connolly *et al.*, 1969）．上記のニホンノウサギの例においても，水晶体重量は
生後ほぼ1年まで急増した後に漸増するパターンを示し，個体変異も比較的小
さい結果が得られている．

（9）ノウサギとアナウサギ類の種の成長の比較

　ウサギ目は一般に成長速度の速い動物群の1つとされているが，より早成性
（precocity）のノウサギ属と晩成性（altricity）であるアナウサギ類の種にお
ける子獣の成長を比較すると，アナウサギ類の種に比べ，ノウサギ属の種でや
や遅いことが知られている（Case, 1978；Swihart, 1984）．すなわち，離乳時期
はノウサギ属（3-4週齢）でアナウサギ類の種（2-3週齢）よりも平均で1週
間遅く，初産齢はノウサギ属（155-315日齢）でアナウサギ類の種（80-230日
齢）よりも平均で約117日遅い．このようなノウサギ属における離乳や初産齢
の遅延は，主として体の大型化に起因すると考えられる．ノウサギ属の成獣雄
と新生獣の平均体重はアナウサギ類の種に比べると，成獣雄で約2.2倍，新生
獣で2.4倍とノウサギ属のほうが大きい（Swihart, 1984から計算）．

　ノウサギ属における子獣の早成性，比較的速い成長・発育，出生直後からの
走行能力（第2章参照）および早期の採食という特性は，遅延した成長期間に
おける幼獣・亜成獣の生存価を高め，哺育に要する親の投資エネルギーの軽減
化を図り，さらに成獣の運動能力を向上させる体の大型化にとっても有利に働
いていると思われる．したがって，これらの特徴がノウサギ属をウサギ科の他
属種よりも繁栄させえた要因の1つと考えられる．

（10）齢査定基準と野外個体群への適用例

　上記のとおり，ニホンノウサギの成長パターンは，生後1年までに成獣値に達するという特徴を示す．したがって，生後1年未満の齢を決定する方法として，上記の方法を組み合わせることにより，以下のように生後1年未満の齢を決定することが可能である．すなわち，この期間を通じて基本的には水晶体の乾燥重量を用いることによって齢を査定できる．とくに生後1カ月までは歯の萌出・置換，摩耗の程度，および頭頂間骨の識別可否によって，また生後1カ月以上から3カ月までは頭骨の主要縫合である矢状縫合の癒合度によって，齢査定が可能である．後二者の場合には頭骨の大きさ，体重および外部形質をも考慮して補正を行えば，齢査定はより正確なものになる．

　一方，生後1年以上の成獣の齢査定としては，下顎骨に形成される年齢層（annual layer）を利用した齢査定法が開発されている（Ohtaishi *et al.*, 1976；柴田・山本，1980；Iason, 1988：ユキウサギ，Frylestam and Schantz, 1977；Broekhuizen and Maaskamp, 1979：ヤブノウサギ，Pascal and Kovacs, 1983：ケープノウサギ）．このような齢査定法を用いた個体群動態の適用例では，エゾユキウサギで成獣に達するまでの生存率は10-20％と低く，平均年齢も1歳あまりときわめて短命であることが明らかになっている（柴田・山本，1980）．

　ここで，ノウサギの野外個体群に対する水晶体重量の頻度分布の事例を紹介する．狩猟期間（11月15日-2月15日の3カ月間）に，猟犬を使い銃猟で捕獲された福岡県産（1977-1981年の110個体）と鹿児島県産（1978-1984年の185個体）のノウサギから水晶体の乾燥重量の頻度分布を作成した（図3.16；安藤ほか，1992）．両個体群は，最小40mgから最大310mgの個体でほぼ同様の構成となり，全体的には不規則ながらほぼ連続する同様の分布を示している．上記の齢査定法にもとづき，繁殖可能となる8-12カ月齢の水晶体乾燥重量を193.6mgとすると，捕獲個体のうち成獣の構成比率は福岡県産で78.2%，鹿児島県産で61.1%とほぼ類似した．一方，夏に狩猟で捕獲され，同様の方法で齢査定されたオーストリア産ヤブノウサギの場合，水晶体乾燥重量の頻度分布は最小60mgから最大450mgの個体で構成され，繁殖可能となる8-14カ月齢の水晶体乾燥重量280mgを境にして二山型を示し，成獣は全体の44.4%を占めた（Suchentrunk *et al.*, 1991）．鹿児島県産のニホンノウサギの繁殖活動はほぼ周年行われており，繁殖期と非繁殖期の区別はほとんど明確ではないため（谷口，1986），本研究では二山型は現れなかったが，ヤブノウサギの繁殖

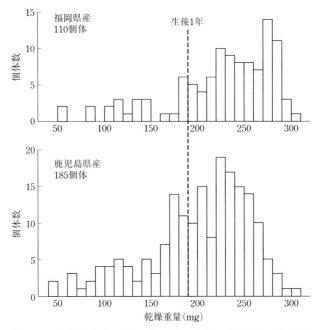

図 3.16 狩猟期間（11月15日-2月15日）に捕獲された福岡県産（1977-1981年の110個体）と鹿児島県産（1978-1984年の185個体）のニホンノウサギの水晶体の乾燥重量の頻度分布（安藤ほか，1992より改変）．縦の破線までが生後1年未満と推定．

期は10-12月に集中しているために，二山型が現れたと考えられる．繁殖季節の違いで，両者で水晶体乾燥重量の頻度分布のかたちに違いが現れたといえる．このように，ノウサギのように性成熟が早く短寿命の動物の齢査定には，年単位でなく，初期の成長段階から齢段階を細分した齢査定法による解析が重要と考えられる．

3.5　食害問題と採食生態

（1）食害問題

山に植えたスギやヒノキの針葉樹苗木，あるいはサクラやコナラなどの広葉樹苗木が無惨にも刃物で切断されたような被害を受けたり樹皮をはがされ，成

図 3.17 ニホンノウサギにより食害を受けたヒノキ苗木（人工植栽）．左は 1 年生苗木の幹や枝が切断され，もとのかたちがない（矢印部分）．苗木の本来の高さは 50 cm ほど．右は 5 年生苗木の幹の地際部樹皮が剥皮され，歯型が残る（矢印部分）．

長不良を起こし枯死するため，改植を要する場合がある．このような被害はノウサギによるものが多い（図 3.17, 図 3.18）．

わが国におけるノウサギ属 2 種（ニホンノウサギとエゾユキウサギ）による造林木食害は広範囲の地域で古くから恒常的に発生し，林業経営に対して著しい損害を与えてきた．植栽されたスギ，ヒノキ，カラマツ，アカマツ，クロマツなどの針葉樹や，キリ，ヤマザクラ，クヌギなどの広葉樹に対して，ノウサギ被害が起きてきた．1960-1980 年代には，北海道や東日本を中心とした積雪地方のノウサギによる食害に加えて，松くい虫によるマツ類枯損跡地へのヒノキ造林木植栽の増加にともない，1980-2000 年代には，西日本においてもノウサギによる造林木食害が問題化してきた．林業経営低迷のなかで，有効かつ低コストの食害防止技術を確立することが求められてきた．

これに対して，種々の食害防止法が試みられてきたが，効果やコスト面などからみて最適な方法はなく，一長一短というところである（後述）．基本的には，食害の実態や食害発生のメカニズム解明からのアプローチが必要である．

102　第3章　ノウサギ——走ることへの適応

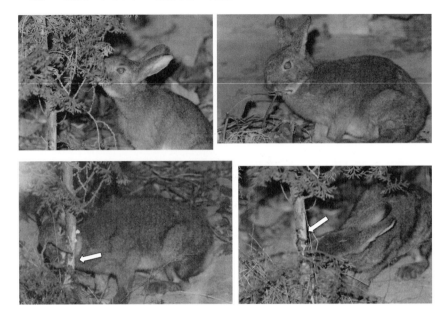

図3.18　ヒノキ苗木などを採食するニホンノウサギ．下の写真では苗木の幹がかじられ，剥皮されている（矢印部分）．

（2）食害研究への取り組み

そこで，西日本におけるノウサギによる造林木食害問題に対して，私たちはノウサギの食害発生機構を明らかにするための現地調査や被害軽減効果試験に取り組むことになった．ここでは，その成果や被害軽減の試験結果を含めて，食害発生機構とノウサギの採食生態について紹介する．

実態調査は，京都府の里山林の造林地（宇治田原町）と滋賀県の奥山林の造林地（信楽町）で1983-1988年の5年間に，約2000本の個体識別したヒノキ苗木の被害，ノウサギの出現数（糞の数量），下層植生の現存量，下層植生の食痕数，下層植生の餌嗜好性などの関係から食害の発生機構を検討し，餌植物の栄養評価を行った（山田，1989；Yamada, 1991；山田・川本，1991）．さらに，被害軽減試験を，1986-1989年の間に滋賀県の奥山林の造林地（信楽町）と兵庫県の奥山林の造林地（洲本市）において行った（山田，1989，1991）．現地調査では，森林総合研究所関西支所の桑畑勤氏，北原英治氏，小泉透氏，

前田満氏ほか，また当時の大津営林署と神戸営林署の方々にお手伝いをいただき，栄養評価研究は琉球大学助教授（当時）の川本康博氏と行った．

（3）被害の経年変化と生息地環境

ノウサギによるヒノキ造林木への食害は，枝かじり型と剥皮型に大別され，これらの組み合わさった多様な被害類型がみられる（図3.19左）．重度の食害（食害タイプのD，E，3，4）を受けると，植栽苗木は枯死や商品価値を失うため，植え替えが必要となる．一方，軽度な食害（Bや1）では，苗木は成長によって食害部分を修復させるため被害は少ない．この調査事例から，奥山林では食害は毎年起き，5-10年生まで続くが，里山林では食害は植栽の初年にだけ多く，その後はほとんど発生しないことが明らかになった（図3.19右）．また，ヒノキ造林木の成長にともない樹高が高くなるため，3年生以降は枝かじり食害が減少し，剥皮害が主体になる．

生息環境との関係をみると，奥山林ではノウサギの生息数は多く，食害率は

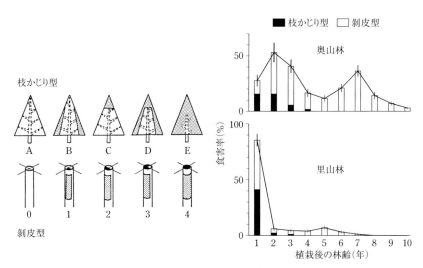

図 3.19 左：ニホンノウサギによるヒノキ造林木への食害タイプ（メッシュ部分が食害部分．枝かじり型では，Aは無被害，Bは側枝だけの軽度，Cは主軸先端だけの軽度，Dは主軸と側枝の重度，Eは重度の食害程度を示す．剥皮型の0は無被害，1は4分の1周，2は4分の2周，3は4分の3周，4は全周の幹の剥皮程度を示す）．右：被害の経年変化．

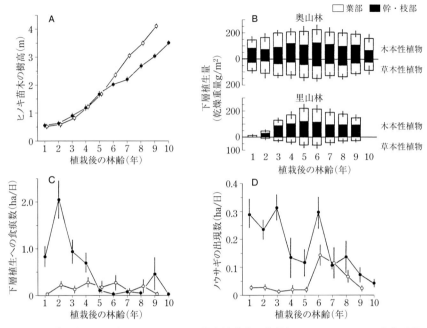

図 3.20 奥山林と里山林におけるヒノキ苗木植栽後の林齢とニホンノウサギの生息環境との関係．A，C，D の黒丸が奥山林，白丸が里山林．

ノウサギの出現数（$r = 0.63$，$p < 0.05$）や下層植生の食痕数（$r = 0.73$，$p < 0.01$）との間に正の相関関係が認められるが，里山林ではノウサギの生息数は少なく，食害率は下層植生量（$r = 0.71$，$p < 0.01$）と負の相関関係が認められることが明らかになった（図 3.20）．

これらのことから，ノウサギのヒノキ食害は，まずはノウサギの餌となる下層植生の質や量が関係するといえる．

（4）植物現存量と餌選択

これらの調査地においては，奥山林における植物現存量では，ミヤコザサが全体の植生の 40-50% を占め，次いで植栽されたヒノキ苗木（10-15%）が多く，その他ではナガバモミジイチゴ（7%），アカマツ（5%）などの木本性植物が占める．ノウサギの食痕が認められた植物の種数割合をみると，出現した植物（50-60 種）に対して，50% 以上の種類の植物で食痕が認められた．季節

的には，春から秋にはイネ科やカヤツリグサ科，草本類を中心に木本類の葉や若枝を食べ，冬季には木本類の葉や若枝を中心に利用していた．これらの餌植物のうち，比較的頻繁に採食された植物をイブレフの選択係数（E）でみると，イネ科のスゲsp.（0.46）やススキ（0.36），木本植物のリョウブ（0.38），コアジサイ（0.38）などで高い．

　一方，里山林における植物現存量では，ヒノキ苗木（60%）がもっとも多く，次いでアカマツ（20-30%），リョウブ（4-7%），ササ（4%），アカメガシワ（3%），アセビ（1%）などおもに木本性植物が占める．比較的頻繁に採食された植物は，イネ科のスゲsp.，草本植物のショウジョウバカマ，木本植物のコアジサイやリョウブである．

（5）植物部位の採食選択

　ノウサギに採食された植物のうち，イネ科やカヤツリグサ科および草本類では，かじりとられた部分のほとんどすべてが採食される．しかし，木本類ではかじりとられたが，実際には必ずしも採食されない場合がある（これを「不採食切断（clipping）」とよぶ）．このような切断の出現頻度は，かじりとられた枝の全本数に対して30-40%とかなり高い．木本類におけるこのような不採食切断の頻度は樹種間で異なり，とくにヒノキ（98%）で高く，アカメガシワ（63%），モチツツジ（7%），ヤマウルシ（7%）でよく認められる．

　ノウサギによってかじりとられた部分の直径をみると，採食された木本類の枝の直径の多くは3-5 mm以下で，直径の増加につれて採食頻度は減少する（図3.21）．採食された枝の最大直径は4-5 mmで，切断された枝の最大直径は9 mmである．採食された平均枝直径と切断された平均枝直径の間には統計的に有意な差が認められる（$p < 0.01$，t検定）．さらに，木本類では直径6-7 mm以上の枝で樹皮への剥皮採食が始まる（図3.21）．

　このような選択的採食は，植物部位に含まれる栄養物質や採食阻害物質の質・量と関係すると考えられる．また，ノウサギは採食する際に，植物の遠位端から食べるのではなく，かじりとった植物の近位端から遠位端方向に採食するため，ノウサギの上顎切歯列幅（6-7 mm）がこのようなかじりとられた枝の最大直径や剥皮の開始される枝直径に関係すると考えられる．

（6）餌植物の栄養的価値

　ノウサギの餌植物のうち，比較的高い頻度で採食される植物について，それ

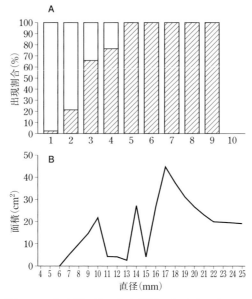

図 3.21 木本類の枝の各直径階におけるニホンノウサギの採食（白部分）と不採食切断（斜線部）の割合（A），および各直径階における剝皮面積（B）．

らの栄養価値を検討した（図 3.22）．選択的によく食べられていたミヤコザサやスゲでは消化率と相関の高い粗タンパク質が多く，消化阻害物質であるリグニンなどはかなり少ない．木本類では，アカメガシワやヤマウルシでは繊維成分の含有率が低く，粗タンパク質も高いか中程度であったが，消化阻害物質であるタンニン含量は多い．

ヒノキでは全体的に繊維成分やリグニンが多く，粗タンパク質はかなり低い．部位別にみると，繊維成分の含有率は葉でもっとも低く，次いで樹皮，枝，材の順に多くなり，葉と樹皮を比較的採食されやすいことと関係づけられる．ヒノキには精油成分（芳香成分，主としてテルペノイド）が含まれており，一部の成分には殺蟻成分，殺虫成分，菌類成育阻害成分，あるいは動物の忌避作用成分があり，低い採食頻度と関係づけられると考えられる．したがって，他の餌植物に比べてヒノキ造林木は栄養的にかなり低く位置づけられる．

イブレフの選択係数（E）を目的変数とし，測定成分を説明変数として重回

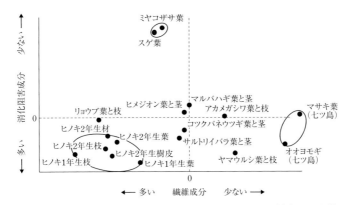

図 3.22 滋賀県信楽試験地においてニホンノウサギに採食された植物の栄養価の主成分分析．餌植物は 1990 年 6 月下旬採取．参考までに石川県七ツ島大島の一部の植物も追加（第 4 章参照）．

帰分析を行った結果，粗タンパク質，カロリーおよびリグニンの 3 説明変数で 82% の累積寄与率があり，選択係数（E）を説明できることが明らかになった．

　本調査において認められたノウサギによる餌植物の選択は，反芻家畜やカイウサギとかなり異なる．普通，これらの動物では粗タンパク質の多い餌に嗜好性が高く，繊維成分（とくにリグニン）の多い飼料に嗜好性は低い．いわゆる消化性の高い飼料を好む傾向にあるが，ノウサギでは必ずしもその傾向を示さない．小型草食性哺乳類である本種にとって，体重あたりのエネルギー要求が大きいために良質な餌を選択的に採食する必要があるが，生息地環境に応じて，手に入れやすい（利用率の高い）低栄養質の植物をも大量に利用することで，さらに特異な消化機能によって，必要な栄養摂取を効率よく行っていると考えられる．

（7）採食生態にもとづく食害低減試験

　ノウサギは生息環境の餌条件に応じて，高栄養価の餌植物に加えて，手に入れやすい（利用率の高い）低栄養価の植物をも餌にするという適応能力があると考えられる．さらに，不採食切断という特異な採食行動のために，低栄養価のヒノキ造林木の食害率を高めていると考えられる．食害を防止するには，ヒノキ造林木に対するノウサギの採食の利用率を低下させ，切断行動を阻止する

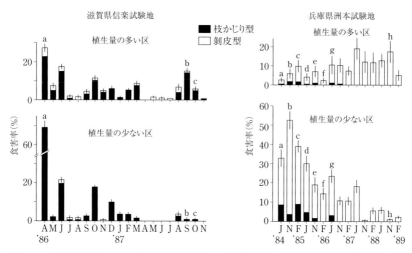

図 3.23 林床植生量の異なる地区におけるヒノキ造林木の平均食害率と標準偏差．各棒グラフのアルファベットは両者の平均値に有意差があることを示す（$p<0.05$，U-検定）．

ことが重要と考えられる．

そこで，林床植生の量を増やすことで食害を減らす試験を行うことにした．試験地として2カ所（滋賀県信楽町と兵庫県洲本市の国有林）を定め，林床植生を2-4倍に増やした造林地と通常の量の造林地を対象に，食害発生量やノウサギの糞量などを約2年間にわたり比較した（山田，1989，1991）．

その結果，ヒノキ造林木の植栽時における林床植生量を通常よりも2-4倍増加させることによって，植生量の少ない造林地の食害に比べて，植生量の多い造林地の食害率は，信楽試験地で3分の1-5分の1に低減させ，また洲本試験地で4分の1-10分の1に低減させることができた（図3.23）．さらには，枯死や再生不可能な重度の食害も半減させることができ，全体として食害防止効果を高めることができた．この無被害木の割合増加はおもに枝かじり型食害の減少，とくに枯死や成長不良を起こす再生不能な重度の食害タイプのD型あるいはE型食害の低減化によるものである．

一方，剝皮型食害に対しては林床植生の改変法による食害防止効果は必ずしも認められなかった．しかし，この剝皮型食害の多くは，被害程度の低い食害タイプI型で占められ（信楽試験地の例では，植生量の多い区78.8％，植生量の少ない区71.4％），このような軽度の剝皮型食害はヒノキ造林木の成長や材

質に対してあまり大きな影響を与えない．したがって，植栽後 1-2 年間に集中的に発生し，かつ補植を要するような重度の食害を防止するためには，本法は有効であるといえる．

これらの現地調査や野外実験から，植栽初期に起こるノウサギのヒノキ造林木食害は，貧弱な林床植生量とノウサギの特異な採食習性が結びついて起こることがおもな原因と考えられる．食害発生が予想される造林地においては，林床植生の適正な管理によって，食害を低減させることができる．

（8）餌選択と採食行動および食害発生メカニズム

ニホンノウサギでは，50 科 140 種以上の多種類の植物を食べると報告されている（大津，1974；谷口，1986）．ノウサギ属を含めてウサギ科は一般的に「多食性（polyphagous）」である．一方，季節的には植物の成長期（春から秋）にはイネ科，草本類および水分の多い植物を食べ，また休止期（冬）には木本類を好むというように「選択的採食者（selective feeders）」でもある（Chapman *et al.*, 1982：トウブワタオウサギ，Dunn *et al.*, 1982；Johnson and Anderson, 1984；MacCracken and Hansen, 1984：オグロジャックウサギ，De Vos, 1964；Bittner and Rongstad, 1982：カンジキウサギ，Toll *et al.*, 1960：ヌマチウサギ，Homolka, 1982：ヤブノウサギ）．さらには，ノウサギ属は植生の相違や嗜好植物の利用度に対応した採食適応を示すことも明らかになっている（Wolff, 1978：カンジキウサギ，Homolka, 1982：ヤブノウサギ，Pease *et al.*, 1979；Hunter, 1987：オグロジャックウサギ）．

ニホンノウサギで明らかになった不採食切断は，ノウサギ属の他種でも認められている．たとえば，針葉樹のトウヒの枝は切断だけでほとんど採食されないが，広葉樹種ではその不採食切断の割合は低下し，枝直径 5-7 mm を境として，それ以下では枝採食，それ以上では剥皮採食，あるいは枝の不採食切断が増えることが明らかにされている（Aarnio, 1983：ユキウサギ，Grigal and Moody, 1980：カンジキウサギ）．さらには，この不採食切断では，ノウサギは枝の先端部を占めるもっとも若い部分を捨て，その下のやや古い部分だけを採食するが，このような不採食切断行動をもたらす要因として，植物体に含まれる栄養物質の多寡や植物体側の被食に対する防御物質の生成が関係すると考えられている（Currie and Goodwin, 1966；Anderson and Shumar, 1986：オグロジャックウサギ，Pease *et al.*, 1979；Bryant, 1981；Bryant *et al.*, 1983；Keith, 1983；Stephenson, 1985：カンジキウサギ）．

110 第3章 ノウサギ──走ることへの適応

このような採食行動や採食習性をもつノウサギにとって，生息地の餌環境は
きわめて重要といえる．造林木への激しい食害は，生息地の餌環境の改変や新
たな植生の変化（下刈や造林木の植栽など）に対するノウサギの採食特性から
の反応といえる．ノウサギによる食害問題に対して，ノウサギの採食特性や生
息地の利用特性にもとづく食害防止対策が必要である．

（9）食害防止のためのこれまでの研究

食害対策としては，ノウサギの密度を低下させる間接的な方法と，食害を直
接的に防止する方法の2つがある．以下に，これまで実施されてきた取り組み
を概説する．

ノウサギの密度低下法としては，銃器およびくくり罠による狩猟が行われて
きた．狩猟による 1960-1970 年代の年間捕獲数（有害捕獲も含め）は最高値を
示し，70 万-110 万頭のノウサギが駆除されていたが，1980 年代に 60 万頭か
ら 30 万頭に減少し，さらに 1990 年代後期には 10 万頭弱と減少した（図 1.2,
図 1.7）．捕獲数の減少要因として，生息適地（造林地などオープンな場所）
の減少にともなう生息数の減少と捕獲努力（狩猟）の減少などが関係している．
このような長期間にわたる駆除活動が行われてきたが，駆除による生息数減少
の食害防止への効果の検証研究はこれまでにほとんどない．一部の地域（たと
えば新潟県佐渡島）では，天敵導入として，捕食性哺乳類のニホンテン
Martes melampus やアカギツネ *Vulpus vulpes* が本州から導入されたが，食害
防止への効果の検証研究はほどんない．

食害の直接的防止法である機械的・物理的方法として，苗木を単木で保護す
る方法や，フェンスで造林地を覆う方法などがある．単木保護法としては，ポ
リエチレン（工藤，1986）やポリネットで苗木を被覆する方法が使われ，1980
年代に入ると，針金や金属を粗く巻き付ける方法（金森・周藤，1988a,
1988b；金森ほか，1990），筒型金網防護具を設置する方法（山田・井鷺，
1988，1989；牧野ほか，1994），円筒状防護具（川井，1999），防護生分解性不
織布（谷口，2001）も報告されている．これらの防除効果は高いが，資材費や
設置費用などのコストがややかかるため，広葉樹被害に対しておもに検討され
ている．一方，造林地全体の保護としては，垣根や金網で囲い苗木を保護する
例もあるが，より安価で簡易な合繊ネットフェンスを造林地全体，または一部
に張ることも検討してよいであろう．ただし，造林地全体の保護の場合，包囲
した内部にノウサギを残存しないよう工夫が必要である．

化学的方法としては忌避剤が主流で，コールタールやアスファルト系乳剤（原，1988；金森ほか，1990）はもっとも古くから使用され，チウラム系剤（豊島，1987）などの使用例もある．忌避剤の有効期間は3-6カ月程度で，造林地の環境条件（餌条件）やノウサギの出現数などとの関係で防止効果は変化する．食害発生期を的確に把握し事前に処理することが重要である．

ノウサギの林業的食害予防法に関しては，たとえば，大苗の植栽，食害されにくい品種の選抜や苗木の養成などが検討されてきた（上田，1990）．また，食害による苗木の材質や成長への影響，および回復過程などの研究も行われた（鳥居，1984；谷口，1986；柴田・和口，1989a，1989b；長谷川，1991）．

3.6　生態系のなかのノウサギの役割

（1）被食者としてのノウサギ

ノウサギはイタチ，キツネなどの捕食性哺乳類やワシ，タカなどの捕食性鳥類の餌資源となり，生態系のなかで重要な役割を担っている（第2章参照）．近年，希少猛禽類の減少が問題とされ，その原因として餌動物の生息減少が指摘されている（阿部，2001など）．たとえば，クマタカやイヌワシの主要な餌動物として，ノウサギ，ヤマドリ，アオダイショウなどの動物が含まれる．とくに，ノウサギは中間的な体サイズ（体重2-4kg）と数の多さのために，猛禽類の冬季の餌としてや，育雛期の餌として利用されていることから，重要な動物と位置づけられる．

ノウサギの生息数は，全国的には調べられてはいないが，「鳥獣捕獲統計」や「被害統計」などから考えると，近年相当減少していると考えられる（第1章参照）．しかし，新植地が多くノウサギの数がきわめて多かった1950-1970年代の間が，むしろ正常な時代ではなかったともいえる．

（2）希少猛禽類生息地のノウサギの生息実態把握の取り組み

ここでは，私たちの行った希少猛禽類のクマタカ生息地におけるノウサギ生息数の現地調査のいくつかの成果を紹介する（山田・安藤，2004；山田，2008）．現地調査では東京農業大学の安藤元一教授（当時）と研究室の学生さんたちにお手伝いをいただき，また財団法人水源地環境センターの白井明夫氏と一柳英隆氏の協力を得た．

112　第3章　ノウサギ——走ることへの適応

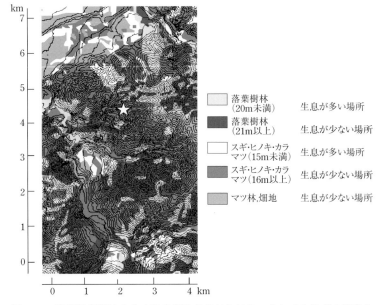

図3.24　群馬県利根村の希少猛禽類生息地におけるニホンノウサギの推定生息密度と分布状況．図中の星印がクマタカの営巣木．

　調査地は群馬県利根村の国有林を中心に，約2000 haの森林を対象とした（図3.24）．現地調査では，伐採跡地，人工針葉樹林，広葉樹林，牧草地などを含む23林分を対象とし，ノウサギの生息数を糞粒法で推定し，シカの糞粒数も数えた．糞粒調査では，2×2 mのプロットを1林分に60-180個設置した．哺乳類の生息状況として，スポットライトセンサス調査（2晩/1調査）と自動カメラ調査（1林分に原則2個の計46個）を行った．調査は2003-2005年に実施した．各年の調査では，前後調査間の日数（約1-2カ月）に排出された新糞粒をもとに，1日あたりの排出糞粒数（282.6粒/日）で除して生息数を推定した（矢竹ほか，2003；Shimano et al., 2006）．また，糞粒法によるシカの生息数推定法はFUNRYU Pa ver. 1（2005年1月版）を用いた．

（3）糞によるノウサギの生息数推定と森林との関係

　ノウサギの生息数は，調査期間の3年間ほぼ同数を示し，2003年では平均生息密度は0.061頭/ha（$SD=0.184$，最小0.00，最大0.779頭/ha）と推定され，

3.6 生態系のなかのノウサギの役割

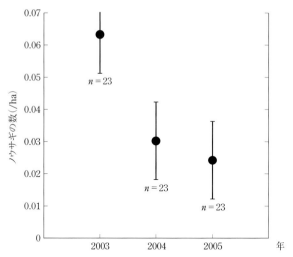

図 3.25 群馬県利根村の希少猛禽類生息地における糞粒法によるニホンノウサギの平均生息密度と標準偏差.

ノウサギの糞は調査した 23 林分中 10 林分（43%）で認められた．2004 年では平均生息密度は 0.032 頭/ha（$SD=0.07$，最小 0.00，最大 0.275 頭/ha）と推定され，ノウサギの糞は調査した 23 林分中 10 林分（43%）で認められた．また，2005 年では平均生息密度は 0.024 頭/ha（$SD=0.07$，最小 0.00，最大 0.33 頭/ha）と推定され，ノウサギの糞は調査した 23 林分中 6 林分（26%）で認められた（図 3.25）．

ノウサギの生息と森林環境との関係をみると，ノウサギ生息密度は若齢カラマツ人工林や伐採跡地で多く，広葉樹林でも生息が認められたが，壮齢人工針葉樹林では少なかった．

上層木との関係でみると，ノウサギの生息密度は樹高（$r^2=0.336$, $p<0.005$）や植被率（$r^2=0.594$, $p<0.001$）と負の相関関係を示している（図 3.26）．とくに，針葉樹林の植被率（$r^2=0.784$, $p<0.001$）と負の相関関係が強く認められた．下層植生との関係では，草本類の被度（$r^2=0.293$, $p<0.01$）やシダの量（$r^2=0.317$, $p<0.01$）と正の相関関係が認められた．

クマタカ生息地（面積 2123 ha）におけるノウサギの生息数や分布状況を検討するために，2003 年調査結果にもとづいて，ノウサギ密度推定式に林分ごとの植生高と面積をあてはめて生息数を算出した．推定生息数は平均 113.2 頭

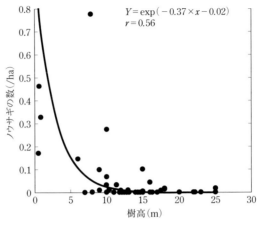

図 3.26　群馬県利根村の希少猛禽類生息地における
ニホンノウサギの生息密度と上層木の樹高との関係.

(最大 138.7 頭，最少 87.9 頭) で，これらのノウサギはクマタカ生息地面積の 29.5% の面積に生息すると予想される．とくにノウサギの全生息数の 74.5% を占める植生高 5 m 未満の森林面積は 8.3% しかなく，分散的に分布している (図 3.24)．

なお，シカの平均生息数 (頭数/km^2) は 2003 年に 8.97 (SD = 9.84, 0-32.72, n = 23)，2004 年に 7.94 (SD = 19.78, 0-93.25) および 2005 年に 7.92 (SD = 12.81, 0-43.56) と推定された．

(4) 他の手法によるノウサギの生息状況の把握

ノウサギの生息状況について，ノウサギの糞以外の他の手法として，スポットライトセンサス調査，自動カメラ調査および狩猟統計を用いての検討も行った．

スポットライトセンサス調査とは，夜間に林道を車両 (時速約 10-15 km) でゆっくりと走行しながら，車両の両側や前後で発見する動物を距離あたりで数える調査法である．このスポットライトセンサス調査の結果 (2003-2005 年) によると，発見された動物の種数は各年 8-10 種程度で，ほぼ同じ種類が発見できている (図 3.27)．平均発見率 (頭数/10 km) は，動物全種では 7.1-12.9 頭の動物を発見し，種別には最多で雄シカ (11.7-13.9 頭/10 km)，次いで

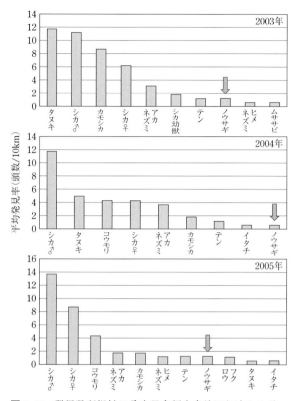

図 3.27 群馬県利根村の希少猛禽類生息地におけるスポットライトセンサス調査による発見動物数. 矢印はニホンノウサギ.

タヌキ（0.4-11.9 頭/10 km）が多く, ノウサギは 0.4-1.6 頭/10 km で少ない.

自動カメラ調査とは, センサーカメラを調査林分ごとに 2 個ずつ約 1 カ月間放置して, 撮影される動物の撮影枚数を時間あたりで数える方法である. 自動カメラ調査の結果（2003 年）から, 撮影動物種数は 19 種認められ, 撮影頻度（枚数/時間）の最多の種はタヌキ（約 0.4 枚数/時間）で, テン（約 0.3 枚数/時間）, 雄ジカ（約 0.1 枚数/時間）の順に減り, ノウサギ（0.025 枚数/時間）は少ない（図 3.28）.

なお, 本調査地を含む地域における「狩猟」による鳥獣の捕獲数（2003-2004 年）からも, ノウサギの捕獲数は少ないことがわかる（図 3.29）. ただし,

116　第3章　ノウサギ──走ることへの適応

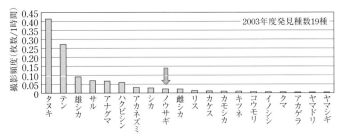

図 3.28　群馬県利根村の希少猛禽類生息地における自動カメラ調査による動物ごとの撮影頻度.

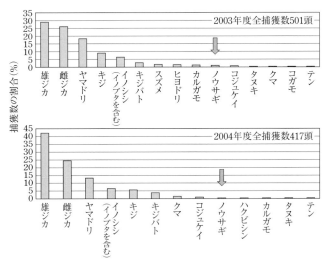

図 3.29　群馬県の本調査地を含む地域（225 km^2）における狩猟による捕獲鳥獣ごとの捕獲割合（%）（群馬県の狩猟統計より）.

　狩猟による捕獲数は狩猟者の捕獲目的や意思が大いに反映されるため，生息状況を示していないので注意を要する．あくまでも参考資料である．
　スポットライトセンサス調査や自動カメラ調査からは，ノウサギの生息数（あるいは生息密度）を算出することは現段階ではできないが，両方法から判断すると，この調査地において，他の哺乳類に比べて，ノウサギは相対的に少ないと考えられる．なお，糞粒法で推定したノウサギ密度と自動カメラ調査の

撮影頻度との関係を検討したが，明確な関係は認められない．おそらく，ノウサギの数が少ないために，両方法からの関係性を見出せないと考えられる．一方，哺乳類相の比較では，スポットライトセンサス調査と自動カメラ調査とでは，動物種の発見や撮影頻度はほぼ同様の傾向を示している．また，スポットライトセンサス調査や自動カメラ調査では，生息する哺乳類相の把握は可能であることを示している．

（5）ノウサギの減少と要因

希少猛禽類生息地における餌動物としてのノウサギの生息数の減少が指摘されている（矢竹ほか，2003；由井ほか，2005など）．今回の結果からも，本調査地において，ノウサギの生息数が少ないことや生息箇所が少ないことが明らかになり，さらに希少猛禽類の生息地としてみると，ノウサギの生息する環境が少ないことが明らかになった．

ノウサギの捕獲数や造林木の食害面積は 1970 年代以降急激に減少しており，1990 年代の値は 1970 年代に比べておよそ 10 分の 1-7 分の 1 に減少している（図 1.2，図 1.7）．この間のノウサギ生息数の変動を検討する資料は少ないが，新潟県における生息数調査によると，1970 年前後の生息密度（0.5-1.06 頭/ha）に比べ，1999-2000 年の密度（0.04-0.33 頭/ha）は 30 分の 1-3 分の 1 に減少していることがわかる（図 3.30；新潟県，2002）．また，北海道における生息数調査でも，1985 年の生息密度（0.05 頭/ha）に比べ，1990 年の密度（0.01 頭/ha）は 5 分の 1 に減少している（森林野生動物研究会，1997）．ノウサギの生息数減少の原因として，生息適地（餌と隠れ場所の供給）の減少が考えられる．本調査地においても，若齢林地の減少にともなう餌量の減少が植生研究の立場からも指摘されている（中静・紙谷，2001）．

ノウサギ属を含めて，ウサギ科の種は伐採跡地，山火事跡地など植物更新の初期段階の場所を一般に好む（Chapman *et al.*, 1982：トウブワタオウサギ，Dunn *et al.*, 1982：オグロジャックウサギ，Bittner and Rongstad, 1982：カンジキウサギなど）．先述した食害試験地において，植栽地おけるノウサギの生息密度は天然生林に比べ 2-5 倍多かった．造林地における植栽後 9-10 年間のノウサギの生息密度は，林床植生量が里山林（宇治田原町）に比べて約 2-20 倍多い奥山林（信楽町）では約 2-20 倍多く，造林地周辺の天然生林においても奥山林で多かった．ノウサギの生息密度は，植生量に負の影響を与えるヒノキ造林木の成長にともなって減少した．このような結果はノウサギ属の他種

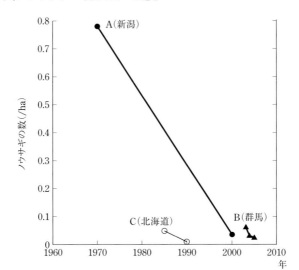

図 3.30 ニホンノウサギ（A と B）とエゾユキウサギ（C）の生息数の変化（A：新潟県，2002，B：山田，2008，C：森林野生動物研究会，1997）．

(Keith and Surrendi, 1971, Bittner and Rongstad, 1982, Wolfe et al., 1982, Pietz and Tester, 1983；Litvaitis et al., 1985：カンジキウサギ，Dunn et al., 1982；Germano et al., 1983：オグロジャックウサギ，Hewson, 1976：ユキウサギ）およびワタオウサギ属（Chapman et al., 1982：トウブワタオウサギ）で認められた結果と類似している．林床植生はウサギ科の種にとって食糧（food）と隠蔽物（cover）の供給という点で生息場所選択上きわめて重要である（Bresiński and Chlewski, 1976：ヤブノウサギ，Conroy et al., 1979；Parker, 1986：カンジキウサギ，Green and Flinders, 1980a, 1980b：ピグミーウサギ *Brachylagus idahoensis*，MacCracken and Hansen, 1984；Johnson and Anderson, 1984：オグロジャックウサギ，Hewson, 1989：ユキウサギ，Morgan and Gates, 1983：トウブワタオウサギ）．

　過去に 20-30 年間（1950 年代から 1970 年代）続いた毎年 40 万 ha に達する伐採面積はかなりの大面積で，全国的にみると全森林面積の 40%（都道府県別では最大で 70%，最小で 20%）が伐採されたことになる（図 1.7）．ノウサギにとって生息適地が拡大した時代といえる．その後，植栽されたスギ，ヒノ

キ，カラマツなどの針葉樹が，現在では30-50年生の森林を形成している．しかし，林業の採算性が悪いために，手入れが行き届かず，枝打ちや間伐など森林の管理が行われず，鬱蒼として暗い森林となっている．このような環境では，陽生植物を餌とし隠れ場所の必要なノウサギは住めず，林縁部のわずかに利用できる場所に少数で住むしかない．ノウサギを増やすには，ノウサギの適地とされる生息地をまず増やすことだと考えられる．希少猛禽類のイヌワシやクマタカのハンティングエリアの森林を中心とし，下草などが生えるように間伐や枝打ちを行い，ある程度の面積を切り開くことも有効と考えられる（由井ほか，2005；石間ほか，2007；由井，2007；小林ほか，2016）．近年の事例（茨城県筑波山）では，60-70年生のヒノキ林を20-30 m幅で100-200 mの長さにクシ状に伐採したところ，十数年ぶりにノウサギが増えてきた例がある（山田，未発表）．

　閉鎖した森林が多いということは，イヌワシやクマタカにとって利用できない森が多いことを意味する．餌動物を増やす一方で，猛禽類が餌を獲るために森林に飛び込みやすくする必要がある．

　かつて日本の全森林面積の40%が伐採され，それにともなってノウサギの生息数が増えたが，それ自体は異常な生態系をつくったといえる．一方，現在もその森林が管理されずに放置されていることは，好ましくない状態が続いているといえる．生態系の上位捕食者のイヌワシやクマタカなどの猛禽類が生息しにくい環境というのは，わが国の森林や生態系が健全でないことを表しているといえる．ノウサギの生息数だけが回復すれば，希少猛禽類の生存率が高まるわけでなく，最終目標として健全な生態系を回復することをめざすべきである．そのためには，食うものと食われるもののそれぞれの生態や相互の関係，そしてそれを支えている環境の変化がどう影響しあっているのかについて，いっそうの解明が必要である．

　一方，猛禽類生息地におけるノウサギ以外の餌動物としての哺乳類相が，今回明らかになった．猛禽類の育雛期の餌として，さまざまな動物が利用されていることが明らかになりつつある（阿部，2001；布野ほか，2010）．ノウサギの生息数減少の状況において，猛禽類の採食生態や繁殖への影響など今後明らかにする必要がある．

（6）猛禽類の餌資源の評価としての今後の課題

　猛禽類の餌資源として，他の餌動物が利用されるかどうかを評価する方法を

120 第3章 ノウサギ——走ることへの適応

今後検討する必要がある．以下は，ノウサギの側面からの試論を述べる．

　まず，最適餌種の減少と餌転換の関係から，最適餌種であるノウサギの生息数や分布が減少状況になった場合，希少猛禽類は餌資源を他の餌動物に転換する必要が生じる．この際，猛禽類にとって，ハンティングコストや栄養面で従来の餌と比べて不利になり，繁殖への悪影響も予想される．いくつかの生息地でノウサギの生息密度に応じて，猛禽類がどのような餌に依存しているのか，繁殖状況にあるのかを比較検討する必要がある．

　餌現存量と繁殖成功コストの関係を知るためには，猛禽類の生存を維持し，持続的な繁殖を確保するためにノウサギの生息密度や分布はどの程度必要なのか，猛禽類1頭あたりのノウサギの消費量や繁殖巣あたりの幼鳥の成育成功にとってノウサギの数はどのくらい必要なのかを把握する必要がある．詳細なデータの蓄積が必要であるが，大雑把な仮定の計算として，たとえば幼鳥の成育成功を考えると，育雛期間2カ月（正確には70日ほど）として，2日に1回のノウサギのハンティングとすると，少なくとも合計30頭のノウサギが必要になる．あわせて親鳥の食べる量，さらにヒナが巣から出た場合に，後の10カ月間は，その行動圏内で親も含めて餌を食べるために，それ以上のノウサギが必要になる．クマタカが巣に運搬するノウサギは，ノウサギの幼獣が多いようであり，ノウサギの繁殖率（幼獣生産率）をも考慮する必要があろう．育雛期間の親鳥のノウサギの運搬回数なども詳細な調査が必要である．

　本調査地では，クマタカのハンティングエリアにおよそ70-130頭のノウサギが生息すると推定されており，餌現存量としては育雛期間に必要な餌量の2-4倍程度となる．猛禽類のそれぞれの生活史段階において，より正確な必要餌量を把握する必要がある．

（7）ノウサギの生息数推定法

　ノウサギの生息数推定法として，糞粒法（平岡ほか，1977），雪上足跡カウント法（森林野生動物研究会，1997），本調査で用いたスポットライトセンサス法あるいはドライブカウント法（追い出しと発見法）や自動カメラ法などがある．ここで，その概要と課題などを説明する．

　糞粒法は，地形や季節を問わずに調査が可能な点でメリットがあるが，多数の調査プロットの確保と糞粒発見率とに大きな影響を受け，仮定した排糞粒数（1日あたり）と現地での実際の数との違いで推定値に誤差を生じる．これらについての考慮は必要であるが，生息数として表すことが可能な点で便利であ

る．糞粒法は，本州以南の無積雪地帯における生息数の把握方法として，また，つぎに述べる雪上足跡カウント法よりは小面積の調査地において，被害防止効果の判定や生息地選択などにおける出現頭数の指標としても使用され便利である（金森ほか，1990；山田，1991；谷口，2001など）．

　雪上足跡カウント法は，積雪上に残されたノウサギやキツネなどの足跡をカウントして生息数を推定する方法である．地上カウントや空中カウントも可能なため，大面積での生息数推定などにも用いられている．しかし，積雪地帯でのみ使用が可能で，しかも冬季のきわめて限られた時期で，積雪上に前日に降雪があり，夜間は晴れ動物の足跡が残り消えないという気象や地形，植生などの条件が限られる．今回の調査地では，比較的高標高で急傾斜のため，本法での調査はほとんど困難で実施できていない．雪上足跡カウント法では調査対象面積に応じて，大面積（1万ha以上）を対象としたヘリコプターの直線飛行とノウサギの足跡との交点数からビュッフォンの針の応用による推定法，中面積（1000-5000 ha）を対象としたINTGEP法とよばれる対象地域内における単位時間あたりの足跡総延長を1頭の単位時間あたりの走行距離で除した値で推定する方法が用いられる．前者の実例として，北海道（対象面積5.3万ha）における生息数（頭/ha）はノウサギで0.022±0.012，キタキツネで0.014±0.004と推定され，ノウサギはキツネの1.57倍多かった．後者の実例として，秋田県（対象面積3000 ha）における生息数（頭/ha）はノウサギで0.391±0.05，キツネで0.038±0.009と推定され，ノウサギはキツネの10倍多いことが明らかになっている（森林野生動物研究会，1997）．

　スポットライトセンサス法は，夜間，低速で走行する車上から強力なライトでノウサギを発見する方法である．調査範囲が車道とその周囲に限られるが，季節を問わず簡易に実施でき，多数の哺乳類種の把握につながるメリットはあるものの，植生被覆や地形などにより発見率は大きく影響を受ける．得られたデータは，走行距離あたりの発見数（出会数）として動物数や種数が用いられる．生息数としては相対的な指標として扱える．

　自動カメラ法は，近年各地で使用されてきた手法で，動物の生息地で映像を通じて個体や種を確認できるメリットがあり，哺乳類相把握などに役立てられる．しかし，生息数把握にはいまだ技術開発が必要で，生息数把握の指標として扱える．

　いずれにしても，ノウサギの生息数推定法として上記の方法を使用するためには，1頭あたりの走行距離や排糞粒数の変動，ノウサギの行動圏との関係解

明など課題が残る（谷口，1986；鳥居，1986，1990；森林野生動物研究会，1997）.

3.7　ノウサギの生息数減少と希少種問題

（1）わが国におけるノウサギの減少と希少種

　わが国におけるノウサギの減少について，森林地帯の事例を先に説明したが，里山地帯や都市部周辺においても起きてきている．いくつかの調査が進められ，ノウサギの生息状況が明らかになってきている．たとえば，京都府南部の里山地帯では，モザイク状に森林や農耕地が散在し，下層植生の多い環境（果樹園や混交林）をノウサギはより多く利用しているが，生息数の減少を起こしている（山口ほか，2008）．また，東京都多摩丘陵地の過去50年間の生息状況と比較してノウサギが近年減少しており，そのおもな原因として都市化による森林の分断化や消失が指摘されている（Saito and Koike, 2009）．都市部周辺の里山地帯においても，ノウサギにとって最適な生息環境の喪失によって，ノウサギの減少が起きてきていると考えられる．

　わが国のノウサギの希少種問題としては，佐渡島に生息するニホンノウサギの亜種のサドノウサギが，2007年の環境省のレッドリストにおいて，初めて「準絶滅危惧（NT）」に掲載された（山田，2014b）．サドノウサギは佐渡島（855 km², 新潟県）の固有亜種と位置づけられ，日本列島に最初に入ったニホンノウサギの北集団から数万年前に分岐し，佐渡島に隔離された集団と理解されている（第2章および第3章3.2節；Nunome *et al.*, 2014）．トウホクノウサギと同じく冬毛は白色であるが，背面の毛は中間にオレンジ色の帯があることがトウホクノウサギと異なるとされる（今泉，1960）．

　先にも述べたが，佐渡島では1950-1960年代に増大したサドノウサギによる新植造林木への被害対策として，7頭のキツネ（1959年2頭，1960年2頭および1962年3頭）と53頭のテン（1959年7頭，1960年17頭，1961年17頭および1962年12頭）が天敵として導入された（佐藤，1998）．キツネは定着しなかったものの，テンは定着し，現在では島のほぼ全域に生息している（図3.31）．サドノウサギの減少は，国内外来種のテンの捕食圧と，生息適地（森林伐採減少による新植造林地など）の減少があげられる（箕口，2004；Shimazu and Shimono, 2010）.

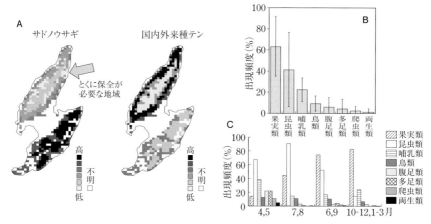

図 3.31 佐渡島におけるサドノウサギと国内外来種テンの生息状況．A はサドノウサギと国内外来種テンの生息数の多寡を示し，サドノウサギは南部の大佐渡に多く，国内外来種テンは北部の小佐渡に多い．B は国内外来種テンの食性を示し，C は季節ごとの食性を示す（箕口ほか，2004 より改変）．

もともと佐渡島では捕食性哺乳類が生息しないために，人為的に導入された雑食性のテンは国内外来種としてサドノウサギだけでなく，佐渡島の生態系に影響を与えていると考えられている．テンの糞による食性分析によると，果実（出現頻度 60%，多くは秋や冬），昆虫類（40%，春や夏），哺乳類のネズミ類やノウサギ（20%，春や冬），鳥類（10%，春－秋），土壌動物や両生爬虫類などの多様な生物がテンに食べられている（箕口ほか，2004；図 3.31）．佐渡島の土着のトキ *Nipponia nippon* の生息数は 1952 年以降に顕著に減少したために，国内外来種テンの導入（1959 年）以前に起きている．しかし，その後もトキの餌動物の採食などによって，テンは間接的にもトキや生態系に影響を与えてきたと考えられる．

なお，2015 年に新たに策定された環境省の「生態系被害防止のための外来種リストと行動計画」（2015 年 3 月）で，佐渡島のテンは国内外来種として「重点対策外来種」にあげられている．

（2）海外におけるノウサギの減少

ヨーロッパや北アメリカに生息する普通種のウサギ類で，生息数減少が近年起きていると指摘されている．

ノルウェーのユキウサギの狩猟による捕獲数は 1980-1990 年代に多かったが，近年減少しており，生息数の減少が原因と指摘されている（Pedersen and Pedersen, 2012；Pedersen *et al.,* 2016）．気候変動による積雪量減少と体毛の白化時期との不一致による捕食圧の増加によって，ノウサギの減少のさらなる加速化が懸念されている．スウェーデンのヤブノウサギにおいても，1960 年以降に減少傾向にあり，原因として農業形態の変化，気候変動，病気などが検討されている（Edwards *et al.,* 2000；Smith *et al.,* 2005；Karp, 2016）．北アメリカでは，とくに西部の州でワタオウサギ類とノウサギ類（ジャックラビットとよばれる種）が減少しており，人間の土地利用の形態や質の変化，乾燥化，さらには捕食影響などが原因と考えられ，希少猛禽類の餌資源としての影響が懸念されている（Brown and Beatty, 2016）．

　今後，他地域や他のウサギ類で生息数減少が起きているかや，原因について情報収集が必要と考える．

第4章　アナウサギ
──穴居生活への適応と侵略的外来種問題

　わが国には本来生息していないヨーロッパアナウサギ *Oryctolagus cuniculus*（英名 European rabbit）が，外来種として各地のおもに島嶼で野生化しており，めだたないかもしれないが，問題を起こしている（図4.1）．ヨーロッパアナウサギは古代から食用として飼育され，さらには品種改良を重ね家畜化に成功し，人間に役立つ動物となってきた．しかし，家畜化されたこのヨーロッパアナウサギを，本来生息しない島嶼や大陸に人間が放獣し再野生化させた結果，農林業や生態系に大きな被害を与えることがわかり有害動物とされ，その後，侵略的外来種（Invasive Arien Species；IAS）と位置づけられている（図4.2）．そして，わが国でも2015年に外来生物として新たに位置づけられた．

　本章では，野生化したヨーロッパアナウサギとはどんなウサギか，わが国に

図4.1　石川県七ツ島大島（無人島）において野生化したヨーロッパアナウサギ（カイウサギ）．

126　第4章　アナウサギ——穴居生活への適応と侵略的外来種問題

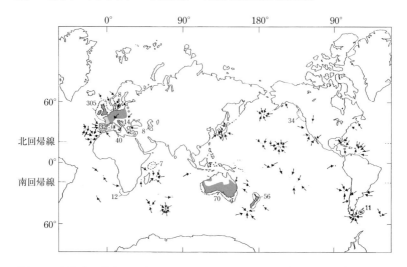

図 4.2　人為的に導入されたヨーロッパアナウサギの分布．原産地（薄い灰色部分）はイベリア半島（スペイン，ポルトガル）とアフリカ北部．導入先（濃い灰色部分と矢印）は，ヨーロッパ大陸やオーストラリア大陸，ニュージーランドおよび南アメリカ大陸，さらには多くの島々（矢印，数字は島の数）(Flux, 1994 および Smith and Boyer, 2008 より作成)．

おける生息実態や対策のための調査事例，さらに侵略的外来種対策としての海外での取り組みなどを紹介する．

4.1　起源と原産地

（1）化石からみた起源と原産地

　ウサギ科 Leporidae は全体で 11 属 61 種に分類され，このうち 9 属はモノタイプ（1 属 1 種）か少数種で構成され，残り 2 属は比較的多くの種を含むアナウサギ類のワタオウサギ属 *Sylvilagus*（17 種）と最多のノウサギ属 *Lepus*（32 種）である（Hoffmann and Smith, 2005；第 2 章参照）．本章で取り上げるヨーロッパアナウサギはモノタイプのウサギで，原産地は限られている．ウサギ科は新生獣の発育段階によって，アナウサギ類とノウサギ類に分けられるが，ヨーロッパアナウサギはアナウサギ類の典型的な種で，穴居生活に特殊化した代表といえる．

アナウサギ属 *Oryctolagus* の起源は，化石種のアリレプス属 *Alilepus* あるいはトリシゾラーグス属 *Trischizolagus* と考えられ，原産地は化石の出現状況からイベリア半島と考えられている（Lopez-Martinez, 2008；図 2.14，図 4.2）. アナウサギ属の化石 4 種が，イベリア半島や地中海沿岸およびフランス南部の鮮新世中期-後期（350 万-200 万年前）から更新世後期（10 万-1 万年前）において発見されており，その 1 種の現生種のヨーロッパアナウサギが更新世中期（60 万年前）に，南部スペインにおける温暖気候の動物相のなかに遺存的に初めて出現した．その後，ヨーロッパ北部（ベルギーとフランス国境）まで分布を拡大し，北方系のユキウサギ *Lepus timidus* とも共存したことがあるが，完新世初期の最大の氷河期には，再びイベリア半島やフランス南部に分布を縮小したと考えられている（Lopez-Martinez, 2008）．本種は，当時もこれらの地域の大型捕食性哺乳類の重要な餌資源となっていたようで，氷河期の影響を受けて，遺伝的多様性がきわめて高いと報告されている（Branco *et al.*, 2002；Ferrand, 2008）．イベリア半島の現在の個体群と比較すると，氷河期の本種の体サイズはより大きく，新石器時代には 15% ほど大きかったと考えられている.

（2）現生種の原産地と集団の分化

現在のヨーロッパアナウサギの主要な亜種としては，イベリア半島南部の小型系（最大体重 1 kg）の *O. c. huxleyi* と，現在もっとも広く分布する中央ヨーロッパ産の大型系（最大体重 2 kg）のヨーロッパアナウサギ *O. c. cuniculus* の 2 亜種に区分される（Gibb, 1990）．なお，この亜種のヨーロッパアナウサギ *O. c. cuniculus* のタイプ標本の産地は自然分布の外側のドイツのため，タイプ標本は中世以降に中央ヨーロッパに人為的に導入された個体と考えられている. したがって，現在のヨーロッパにおけるヨーロッパアナウサギの集団は，系統や分布からつぎの 3 集団に区分される．すなわち，①スペイン南部の祖先系の集団，②スペイン北部やフランスの少なくとも 5 万年前に分化した孤立集団，③家畜種や野生種由来の人為的導入による中央ヨーロッパやイギリスの集団，である（Rogers *et al.* 1994）.

（3）穴居生活への適応

ヨーロッパアナウサギは，ウサギ科のなかでもっとも穴居生活に適応したウサギである．複雑なトンネルシステムをつくり，外敵に対してカムフラージュ用の巣穴をつくったり，集団での防衛も行い，穴居生活に適応し，巣穴内外で

社会性をもった群居生活を示す．

　ヨーロッパアナウサギの原産地である地中海沿岸の南ヨーロッパ周辺の気候は，年間雨量1000 mm以下の地中海性の気候で，豊富な餌植物，巣穴の掘りやすい排水力のある堅牢な土壌を備えた環境，あるいは採食場に隣接して隠れ場となる低木林のある環境を備えた地域である（Gibb, 1990）．

　ヨーロッパアナウサギの形態や繁殖を概観すると，耳介は短く，耳介先端部の黒毛は欠損しており，腹面の毛色は尾部まで白色である．子獣は無毛，閉眼状態で地中のトンネル内で誕生する．野生種の繁殖力は旺盛で，普通1頭の雌は1年間に15-45頭の子を生み，その子は4-8カ月で性成熟に達する．

　ヨーロッパアナウサギの運動能力は，ノウサギ類のように発達していない．したがって，捕食者の危険接近に対する緊急避難のために，巣穴や植物などのカバーからせいぜい150-400 m程度しか離れられない．このため行動圏は0.5-3 ha程度である．

　ヨーロッパアナウサギの隠れ場所は地上と地下にあるが，地下トンネルが掘りにくい場所ではスクアット（squat）とよばれる植生の陰の浅い窪地や倒木の下の隠れ場所を利用する．地下にトンネルが掘れる場所では，ワーレン（warren）とよばれる地下トンネルの巣穴を利用する．また，雌はストップ（stop）とよばれる繁殖用の巣穴を掘り，繁殖時だけに利用する．森林地帯や草原および裸地などの生息環境に応じて，地上と地下の隠れ場所を利用する（Williamas et al., 1995；図4.3）．発達した地下トンネルをもつワーレンの大きさは，土壌条件や人間活動に関係して決まるようである．砂質土壌ではトンネ

生息環境	密生した森林	疎林	藪のある草原	草原	開放的な草原
生息密度	低い	低いか中間	高い	高い	高い
巣穴の利用目的	繁殖用巣穴	繁殖用巣穴	集団巣穴	集団巣穴	集団巣穴
地上での隠れ場所	倒木,根,植生,岩	倒木,根,植生,岩	植生,岩	植生,岩	植生,岩
巣穴の密度	低い	低い	中間	多い	多い
地上での休息個体	少ない	多い	多い	少ない	なし

図4.3　オーストラリアにおける外来種ヨーロッパアナウサギの生息環境と生息密度との関係（Williams et al., 1995より改変）．開放的な草原環境になるほど，ヨーロッパアナウサギは隠れる場所を必要として，地下生活者になる．

ルが崩れやすいので，ワーレンのサイズは小さく，トンネルの数も少ないが，崩れにくい土壌ではトンネルは複雑によく発達する．条件のよい場所のワーレンは長期間使用され，6年間使われたワーレンのトンネルの入口数は150個あり，トンネルの総延長は517mに達し，排出土壌は10m³に達した例がある（Parer *et al.*, 1987）．

このような穴居生活を行うヨーロッパアナウサギの社会構造はどうなっているのだろうか．社会的グループは雌雄成獣2-10頭で構成され，基本的に雌が優位で，雌雄それぞれに順位階層があり，優位雄は繁殖雌を囲うようにテリトリーを防衛し，優位雌は巣穴や繁殖用巣穴を防衛する．大きなワーレンでは数十頭のアナウサギが群居し，複数の社会的グループが構成される．配偶様式（mating system）は，長期的な雌雄関係ではないが，なわばり防衛的な一夫一妻性からハーレム的な乱婚性まで認められ，ワーレンのサイズや生息密度などと関係して変化する（Gibb, 1990）．アナウサギの社会構造や個体間関係は他の研究からも明らかになっている（河合，1971；ロックレイ，1973；ガーソン・カウアン，1986）．

このような穴居性と社会構造のために，ヨーロッパアナウサギの生息密度（記録最大値200頭/ha）はウサギ科（ヤブノウサギ *Lepus europaeus* で3.5頭/ha，ユキウサギ *L. timidus* で4.0頭/ha，トウブワタオウサギ *Sylvilagus floridanus* で9.0頭）でもっとも高い（Flux, 1994）．

（4）家畜化と野外への人為的導入による再野生化

わが国でカイウサギ（飼兎），あるいはイエウサギ（家兎）とよばれるウサギは，ヨーロッパアナウサギの家畜種の名称で，英語では domestic rabbit, house rabbit とよばれる．しかし，学名は *Oryctolagus cuniculus* で，野生種と同じである．家畜化されたヨーロッパアナウサギの分類は，他の家畜動物（たとえば，イエネコ *Felis sylvestris catus* あるいは *Felis catus* やイエイヌ *Canis lupus familiaris*）のように，亜種や別種の扱いはされていない．このため，本書では分類の学名に準じて，家畜化されたヨーロッパアナウサギ *Oryctolagus cuniculus* の和名として，ヨーロッパアナウサギ，あるいはアナウサギを使い，必要な場合はカイウサギやイエウサギを使う．

ヨーロッパアナウサギの家畜化の歴史は古く，フェニキア人がBC 1000年ごろに野生のヨーロッパアナウサギの亜種 *O. c. huxleyi* を発見して以降，これを食用にしていたローマ人により，BC116-27年ごろには，この亜種を囲い地

で飼育していたという（Gibb, 1990；第1章参照）．その後の家畜化は，本種の
2亜種（*O. c. huxleyi* や *O. c. cuniculus*）を対象におもに僧院において16世紀
から開始され，フランス，イタリア，そしてイギリスで飼育化は進み，毛色の
違いによる系統（品種）として，野生種，白色種，黒色種，黒白色種，灰色種
などが確立された（Lebas *et al.*, 1997）．

　家畜種の品種はおもに体重や毛色で分類され，150品種以上がつくられ，食
肉，衣料，実験動物，ペットなどとして利用されている（表4.1）．

　一方，野外への人為的放獣と再野生化では，地中海の島々や太平洋の島々の
一部に放獣されたのは小型の亜種 *O. c. huxleyi* の家畜種で，オーストラリア，
ニュージーランド，イギリスなどへの放獣は大型の亜種の *O. c. cuniculus* の家
畜種か再野生化した個体が用いられたと推測されている（Gibb, 1990；Flux,
1994；Thompson and King, 1994）．これらの家畜化されたヨーロッパアナウサ
ギの導入先は北極や南極をのぞき，ヨーロッパ，スコットランド，ドイツ，西
ヨーロッパ，北アメリカ，南アメリカ，オーストラリア，ニュージーランドな
ど広範囲にわたり，外来種とされる．導入の目的は，食糧用，毛皮用，航海時
の難破漂着時の非常食用，さらには人々の移住先で自身の故郷のウサギを偲ぶ

表 4.1　ヨーロッパアナウサギの家畜種（カイウサギ）の品種と繁殖特性（Lebas *et al.*,
1997 より）.

種類	品種名	成獣体重 （kg）	産子数	性成熟 （月）	妊娠期間 （日）	出産回数 （年あたり）
重量種	ボウスキャット・ジャイアント・ 　ホワイト フレンチ・ロップ フレミッシュ・ジャイアント フレンチ・ジャイアント パピロン	＞5	8.1	5-8	30	3-5
平均種	バーガンディー・ファウン ニュージーランド・レッド ニュージーランド・ホワイト シルバー・ラビット	3.5-4.5	7.5-8.7	5-8	30	3-5
軽量種	ダッチ フレンチ・ハバナ ヒマラヤン スモール・チンチラ	2.5-3.0	5.8	4-6	30	3-5
小型種	ポーリッシュ・ラビット	1	4	4-6	30	3-5

ためなどの理由であった．導入地の自然環境は基本的に原産地と類似するが，ウサギたちはそれぞれの地域の環境に適応し，また形態や繁殖生理などを気候帯に応じてさまざまに適応させている（たとえば図 4.3；Flux, 1994；Rogers *et al.*, 1994）.

長い期間の品種改良によって劣性有害遺伝子はとりのぞかれ，島などの小集団が近親交配を繰り返しても繁殖障害や形質劣化を起こしにくく増殖は続いており，地下に複雑に張りめぐらされたトンネルを隠れ場所にするため，完全な駆除はよほどの方法を用いないと困難と考えられる（Myers *et al.*, 1994）.

4.2 侵略的外来種アナウサギの現状

（1）わが国における法的扱い

野生化したヨーロッパアナウサギ（英語では feral rabbit）は，国際自然保護連合（IUCN）の「世界の侵略的外来種ワースト 100」の 1 種に指定されている（Lowe *et al.*, 2000；Luque *et al.*, 2013）．世界的に島嶼を含めて広範囲に人為的に導入され，生態系に悪影響を与えているために指定されたのである（Long, 2003）.

わが国においても，日本生態学会の「日本の侵略的外来種ワースト 100」に指定されている（日本生態学会，2002）．わが国の「外来生物法」（2005 年施行）においては，野生化アナウサギは「特定外来生物」に指定されておらず，法的規制の対象となっていない．しかし，2015 年に公表された環境省の「我が国の生態系等に被害を及ぼすおそれのある外来種リストと行動計画」では，野生化した「カイウサギ（アナウサギ）」の名称で，「重点対策外来種」として対策が必要な種の 1 つに位置づけられることになった（環境省，2015）．これは，生物多様性条約の愛知目標を 2020 年までに達成させるための新たな施策で，外来生物法で 100 種ほどの特定外来種の指定であったが，このリストでは，対象種を大幅に追加して合計 429 種となった.

今後の対応が期待されるが，対策を検討するためにも，まずはわが国における野生化アナウサギ問題の実態を把握することが重要である.

（2）アンケート調査で明らかになった日本の野生化アナウサギ

わが国における野生化アナウサギの生息実態について，かつて私自身がアン

132　第4章　アナウサギ──穴居生活への適応と侵略的外来種問題

ケート調査を行ったことがある．アナウサギ研究の大御所のニュージーランドの J. E. C. フラックス博士から私に依頼があり，日本における野生化アナウサギの実態を報告してほしいということであった．その結果を当時フラックス博士が発行されていた "Lagomorph News Letter" に掲載した（Yamada, 1990）．その6年後に，このアンケートをベースにして，自然環境研究センターによる行政機関などへのアンケート調査が再度行われ，とりまとめの作業を行った（山田，1996a，1998，2002；Yamada, 2015d）．そこで，本書においては，その約20年後（2016年現在）の状況について，文献や関係者への聞き取り，およびインターネット検索によって，一部ではあるが整理しなおしてみた．聞き取り調査では，島根県中山間地域研究センターの金森弘樹氏，環境省近畿地方環境事務所の鑪 雅哉氏および環境省中国四国地方環境事務所の澤志泰正氏などにお世話になった．

　わが国で野生化しているアナウサギの種類は，ヨーロッパアナウサギであった．ただ，一部（愛知県幡豆町の前島［うさぎ島］）で，野生種のワタオウサギ属の1種（*Sylvilagus* sp.）も当初研究用として放獣されたようである（Yamada, 1990）．野生化したカイウサギの品種については，それぞれの地域でどのような品種かは不明である．しかし，これまでに得られているのはアルビノ種やダッチ種（通称パンダウサギ）が多い（山田，1998）．最近の野生化品種は，ペットショップなどでの販売品種と関係していると考えられる．

　過去に実施したアンケート調査（山田，1998）において，得られた情報数は45地域あり，野生化の起きている自治体数は19都道府県であった．この数値は，当時の他の外来生物の情報に比べても多かった．地域的にみると，北海道の日本海側島嶼や宮城県でも認められ，東京以南でも野生化が多く起きていた．野生化の起きている地域数の合計は30地域あり（島嶼で24地域，本土で6地域），圧倒的に島嶼での野生化が多かった．島嶼では日本海の島嶼で5島，太平洋の島嶼で5島，瀬戸内海の島嶼で5島，東シナ海の島嶼で9島であった．本土における野生化の発生情報では，たとえば長崎県，大分県，愛媛県，大阪府，富山県，神奈川県であった．しかし，島嶼や本土における情報として，確実に野生化し定着状態の情報か，たんに野外に捨てられた未定着状態の情報かなど，さらに確認調査が必要であると思われた．

　それらをもとに，本書においては，そのうちの代表的な島嶼の生息情報を最新の文献や聞き取りおよびインターネット検索で調べ整理しなおした（図4.4，表4.2）．調べた18島のうち，12島で野生化アナウサギの生息が認められ，残

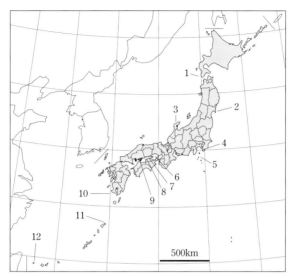

図 4.4 わが国の島嶼における野生化ヨーロッパアナウサギ（カイウサギ）の分布（2016年の再整理現在．番号は表 4.2 を参照）．

り 6 島で野生化個体群がすでに消滅していることが明らかになった．生息する 12 島のうち，3 島に関しては情報源がなかったために，とりあえず個体群は存続するとした．今後さらに確認が必要である．

（3）導入目的，導入時期および生息数

調べた 18 島のうち，戦前や戦後に放獣された北海道の島嶼（No. 1, 13）では毛皮生産用，島根の島嶼（No. 16, 17）や沖縄の島嶼（No. 11）では食糧用を目的としていた（表 4.2）．広島県の島嶼（No. 9）では，島外の学校で飼育されていた個体の放獣が目的とされる．これら以外の島嶼における放獣目的は不明である．

野生化の発生時期をみると，導入時期は古く第二次世界大戦前からが 5 島嶼，1950-1960 年代で 4 島嶼，1970-1980 年代に 8 島嶼，時期の不明が 1 島嶼である．生息数は，多くて数百頭程度という島嶼がいくつかある．十分な調査が行われていないため，あるいは調査が困難なために，生息数は不確かとならざるをえない．

なお，文献的にみると，わが国への家畜種カイウサギの導入のもっとも古い

表 4.2 わが国の島嶼における野生化アナウサギ（カイウサギ）の生息状況．過去の生息した（2016 年現在）．

番号	個体群の生存,消滅（2016 年の再整理現在）	島嶼名	所在地	導入時期	導入目的	生息数レベル
1	生存	渡島大島	北海道松前町大島	1938 年か 1945 年	毛皮利用のため 13 頭導入	数千頭から 1 万頭（1940 年ごろ），300 頭（1980 年ごろ）
2	生存	平島	宮城県女川町江島列島	1953 年	意図的導入（養殖のため）	頭数は不明（2004 年調査で生息を確認）
3	生存	七ツ島大島	石川県輪島市七ツ島	1984 年	意図的導入（4 頭（雄 2 頭，雌 2 頭））	270 頭（1990 年ごろ），約 100 頭（2013 年）
4	生存	浮島	千葉県鋸南町	1980 年頃	意図的導入	
5	生存	地内島	東京都新島	1934 年か 1969 年	意図的導入	数十頭
6	生存	松島	兵庫県飾磨郡家島	1940 年代	意図的導入	頭数は不明（2015 年確認）
7	生存	羽佐島	香川県坂出市	1985 年	意図的導入	数百頭
8	生存	茂床島	岡山県笠岡市北木島字茂床島	1940 年代	意図的導入	数百頭
9	生存	大久野島	広島県竹原市忠海町大久野島	1971 年頃	島外の小学校で飼育していた 8 頭を放獣	約 700 頭（2013 年調査）
10	生存	家島	鹿児島県川辺郡笠沙町宇治群島	1984 年	意図的導入	頭数不明（2005 年調査で生息を確認）
11	生存	屋那覇島	沖縄県尻島郡伊是名村	1975-1978 年頃	食糧用	数十から数千？（不明）
12	生存	嘉弥真島	沖縄県八重山郡竹富町	不明		数百頭（2004 年）
13	消滅	渡島小島	北海道松前町大島	1934 年から 1969 年まで	毛皮利用のため	0 頭（2012 年現在）
14	消滅	足島	宮城県女川町江島列島	1953 年	意図的導入（養殖のため）	2007 年調査で記載なしのため消滅？
15	消滅	前島	愛知県蒲郡市東幡豆町東幡豆	1956 年	300 m³ の島．学術研究用に 8 種類 300 頭のウサギを放飼	0 頭（1997 年島外搬出）
16	消滅	沖ノ島	島根県隠岐郡西郷町	1977 年か 1978 年	食用として導入	数百頭（1998 年情報），0 頭（不明）
17	消滅	白島	島根県隠岐郡西郷町	1960 年頃	食用として導入	0 頭（不明）
18	消滅	牛深大島	熊本県牛深市大島	1982 年	市民が雄 1 頭，雌 2 頭を放獣	約 600 頭（1986 年），120 頭（1991 年調査），0 頭（2013 年調査）

情報（Yamada, 1990；山田，1998）などに対するその後の情報を加えて，本書で再整理

生息環境への影響	島嶼のおもな特性	対策の実施状況	引用文献など
食害（森林の回復阻害要因）	オオミズナギドリの北限の営巣地（天然記念物）．無人島．面積 9.73 km²	ドブネズミ確認．対策なし．	林（1990），Yamada（1990），山田（1998），小城・笠（2001），斎藤ほか（2007），環境省（2012）
	無人島，面積 4 ha，海鳥繁殖地		山田（1998），環境省（2008）
食害，裸地化，土壌流出，オオミズナギドリなどへの影響	国指定鳥獣保護区（オオミズナギドリなどの営巣地）．無人島，面積 12 ha	2000年度から環境省による駆除方法と植生復元の検討	Yamada（1990），山田（1998），野崎（2002），北国新聞（2013），環境省中部地方環境事務所私信（2016）
食害	無人島，面積 2 ha		落合（2004），鈴木（2005）
	観光目的でヤギ，ウサギ，サル，シカ導入．ヤギは 1981 年までに，サルは 1998 年までに全滅し，また，シカは 1985 年に駆除．ウサギは 1998 年の時点で生息が確認．1980年ごろ一部シカが新島に泳ぎ渡り，新島で増殖（300頭）		Yamada（1990），山田（1998），大山昌子（1999, 2000）
	無人島，面積 1 km² 未満		Yamada（1990），山田（1998），兵庫県立いえしま自然体験センター（家島諸島西島）私信（2016）
	無人島，面積 0.4 ha	情報なし	山田（1998）
食害	無人島，面積 2 ha	情報なし	Yamada（1990），山田（1998）
食害	無人島，面積 0.7 km². ただし休暇村大久野島があり，観光客がある	なし	Yamada（1990），山田（1998），福田（2015），Demello et al.（2016）
食害（植生に影響）	無人島，面積 0.6 km². ネズミも生息．隣接する向島には野生化ヤギも生息	なし	山田（1998），成尾ほか（2002），江口（2006），日高（2006），長嶋（2006）
	無人島，0.74 km²，野生化ヤギも生息	なし	山田（1998），URL：http://matome.naver.jp/odai/2147147871651815701（2016年9月7日版）
	無人島，面積 0.4 km². 観光用に宣伝	なし	山田（1998），URL：http://guide.travel.co.jp/article/19358/（2016年9月7日版）
	無人島，1.5 km²	1953 年以前にキツネ，ネコが導入された．キツネ，ネコは未生息（2012年現在）	林（1990），Yamada（1990），山田（1998），環境省（2012）
	無人島，9 ha		山田（1998），環境省（2008）
	無人島，面積 5 ha	1956 年モンキーセンターによる生態研究のために学術用に放飼．前島は「うさぎ島」，沖島は「猿ヶ島」として観光用．完全給餌．名鉄観光航路で渡れたが廃路となり，1997 年施設閉園にともない，ウサギは他の施設に移動．サルは日本モンキーセンターに移動	愛知・中日ニュース（1962, URL：http://www.chunichieigasha.co.jp/?p=3852），Yamada（1990），山田（1998），URL：http://hazu-net.com/index.php?%E7%8C%BF%E3%83%B6%E5%B3%B6%E3%83%BB%E3%81%86%E3%81%95%E3%81%8E%E5%B3%B6（2016年9月7日版）
食害，土壌流出，オオミズナギドリ繁殖に影響	無人島，面積 4 ha，オオミズナギドリ営巣地（天然記念物）	過去に調査実施，その後情報ないため消滅	Yamada（1990），山田（1998），島根県隠岐農林局私信（2016）
食害，土壌流出，オオミズナギドリ繁殖に影響	無人島，面積 6 ha	現在は情報ないため消滅	山田（1998），島根県隠岐農林局私信（2016）
食害	1974 年から無人島，面積 20 ha	未生息の原因不明（侵入したイタチ，ノイヌの捕食か？）	Yamada（1990），坂田・中園（1991），山田（1998），熊本日日新聞（2013）

記録として，天文年間（1532-1555年）にオランダ人がカイウサギをわが国に導入したと，シーボルトの"Fauna Japonica"に書かれている（第3章参照）．彼が日本に滞在した1823-1829年当時においても，特徴的な品種が珍重され，さかんに飼育繁殖が行われていたようで，飼育用のケージから逃げたカイウサギが再度野生化していたというが，現在では野生化したその子孫は認められていない（山田・小松，1990）．

わが国の本格的な養兎の産業化は明治維新以降である．第二次世界大戦中（1940年代）やそれ以前は，カイウサギは農家の副収入を得るために毛皮用や食肉用に飼育されていた．戦争中，毛皮は軍需用防寒具として徴用されていた．戦争直後は食糧不足のため，さかんに各地で飼育されていた．このほか観光用としても飼育されていた．これらの飼育のさかんな時期と野生化の発生時期の一部とはほぼ一致する．

（4）導入定着により生じる自然環境への問題

得られた情報では，自然環境への影響として，植生への影響とこれにともなう土壌の侵食，天然記念物オオミズナギドリの繁殖巣穴占拠による繁殖妨害の影響があげられている．とくに小さな島では植物への食害によって土壌が完全に流出し失われ，島の形状や生態系が破壊され，最終的には島の餌植物の喪失とこれにともなう野生化アナウサギの絶滅が起こる可能性がある．

一般的に本土内では，外来種の野生化イエイヌ（ノイヌ）や野生化イエネコ（ノネコ），在来種のイタチ，テン，カラスなどの捕食者によって，あるいは適切な生息環境が少ないために，野外に放獣されたカイウサギの定着は困難と考えられる．本土内で野生化ウサギの起こす問題としては，農作物，緑化樹，自然植生の食害，地域の被捕食・捕食関係の攪乱，在来種との競争関係の発生などが予想される．このアンケート調査からの情報では得られていないが，近年ヨーロッパで流行するウイルス性出血病（VHD）をもつカイウサギの野生化によって，在来種への病気の媒介が危惧される（詳細は後述）．

（5）対処の経緯と現状

実態把握や対策が過去に実施された，あるいは現在実施中の事例は3例程度と少ない（表4.2；No.3, 15, 16）．これまでに試験的な駆除例はあるが，積極的にしかも成功した駆除例は少ない．今回の再確認で，6島で個体群が消滅したことが確認された．しかし，継続的な調査や意識的な確認作業が行われてこ

4.2 侵略的外来種アナウサギの現状　*137*

なかったために，いつどのような原因で個体群が消滅したのかは不明である．
そのなかで，1 島（No. 15）だけが人為的搬出により成功したことが明らかに
なった（表 4.2）．

（6）今後の対策と課題

わが国では，野生化アナウサギは無人島や離島で多く発生しているため，人
目に触れる機会が少なく，しかも人間への直接的被害がほとんどないために，
あまり問題視されない．このため，実態調査や対策の実施されている例は少な
い．海外事例では農業被害など経済的損失をともなうことから，本格的駆除対
策がとられている．今後は，重要な生態系や繁殖地の保全対策を目的として，
継続的調査や積極的な排除対策を検討する必要がある．さらには，オオミズナ
ギドリなどの営巣地として重要な島嶼の対策を立てる場合，在来種に影響を与
えない駆除対策を考案する必要がある．このなかで，多数の観光客が訪れるよ
うになった島嶼（No. 9，広島県大久野島）に対して，最近，現地調査を行っ
たアメリカのペットウサギの研究者から，管理不足と早期の対策の必要性が指
摘されている（Demello *et al.*, 2016）．無人島ではあるが，見学施設や宿泊施設
などがあり，観光客数（2015 年に日本人 25 万人，海外 2 万人）は 2011 年以
降に，インターネット上でのウサギの映像投稿の効果もあり増え続け，野生化
アナウサギは観光資源の 1 つになっている．おもには観光客の餌付けによって，
ウサギの生息数が増加しており，また島の自然環境（国立公園）への影響も起
きている．このため，給餌禁止，個体数調整，そのための合意形成づくりなど
の対策を関係者で早急に立てることを提案している．

野生化の未然防止対策として，野生化にともなう影響の周知など教育啓発が
必要である．ウサギは幼稚園や学校などで簡易な施設で飼育できるのでよく飼
育されているが，性成熟したウサギを雌雄同居させると容易に繁殖してしまい，
増えすぎたウサギをもてあまし，野外へ遺棄処分される例が多い．飼育する際
には，雌雄を分離することで無用な繁殖を避け，野外遺棄の防止を徹底する必
要がある．

138   第4章 アナウサギ——穴居生活への適応と侵略的外来種問題

4.3 野生化アナウサギの影響と対策
——石川県七ツ島大島の事例

(1) 国指定七ツ島鳥獣保護区特別保護地区

　ここで，私のかかわった島の調査例を紹介する．「七ツ島大島」は石川県輪島市から北に約20 km離れた面積12 ha，標高62 mの無人島で，7つの隣接する島のなかで最大の島である（図4.4，表4.2のNo.3，図4.5，図4.6）．この島からさらに20 kmほどの北にはバードウォッチングで有名な有人島の舳倉島がある．この七ツ島の7島のうち，七ツ島大島，荒三子島および御厨島には，1970年代までは漁期の夏場に漁民が生活していたが，現在はすべて無人島である．七ツ島大島周辺は海女漁がさかんで，アワビ，サザエ，ワカメ，テングサなどが採取されている．七ツ島大島には小さな船着場があるので，夏季には船を数日停泊させて漁を行う．このような地元漁民に利用されてきた島ではあるが，この島に地元漁民が1984年に4頭（雄2頭，雌2頭）のカイウサギを放獣したために，5年後には約300頭に増加した（図4.7）．放獣理由は不明であるが，情緒的な動機のようである．

　七ツ島大島はオオミズナギドリ *Calonectris leucomelas*（生息数は約4万頭），

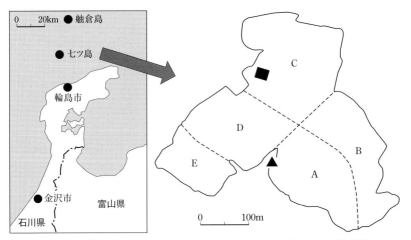

図 4.5　七ツ島の位置図（左）と七ツ島大島（右）．七ツ島大島の▲は船着場，A–Eは調査地区，■は巣穴調査地を示す．

4.3 野生化アナウサギの影響と対策——石川県七ツ島大島の事例　　139

図 4.6　七ツ島大島（A）．小さな船着場があり，夏季には漁業者が船を数日停泊させて漁業を行う．オオミズナギドリ（B）やカンムリウミスズメなどの集団繁殖地で，国設鳥獣保護区に指定されている．

図 4.7　七ツ島大島において放獣され増殖した野生化ヨーロッパアナウサギ（カイウサギ）．

ウミネコ *Larus crassirostris*（約 1 万頭），絶滅危惧種のカンムリウミスズメ *Synthliboramphus wumizusume* などが生息し，海鳥の集団繁殖地となっており，1973 年 11 月 1 日に「国指定七ツ島鳥獣保護区」として鳥獣保護区に指定

されている（面積 24 ha，全域が特別保護地区；野崎，2002）．このうち，オオミズナギドリは夏鳥として日本近海の離島に 2-3 月から渡来し，6 月ごろ産卵，10-11 月にフィリピン，ニューギニア海域に渡る．オオミズナギドリの繁殖は，土壌中に約 1 m の奥行きの穴を掘り，そのなかに 1 個の卵を産み育雛する．野生化アナウサギによる植物への食害や植物喪失による土壌流出は，オオミズナギドリにとって繁殖地破壊になり，繁殖阻害を起こし，個体群維持に悪影響を与える．

　このため，野生化アナウサギによる島生態系への影響や対策を検討するために，実態調査と対策のための現地調査が 1989-1993 年にかけて実施された．この調査は，石川県自然保護課（美馬秀夫氏や野崎英吉氏など）が主催し，大串龍一教授（金沢大学）の調査隊長のもとに，アナウサギ（山田），植物（古池博氏［金城高校］と前迫ゆり氏［大阪産業大学］），鳥類（竹田伸一氏［石川県野鳥園］）の専門家のチームで実施された（石川県，1994）．ここでは，私の担当部分などから紹介する（山田・藤田，1994）．

　七ツ島大島へのアプローチは小さな漁船をチャーターし，片道 2-3 時間ほどを要する．ほとんどの場合は日帰りのため，島での滞在時間は数時間ときわめて短い．日本海は短時間で変化するため，波が高くなる前に輪島港に戻らなければならないという悪条件のもとで，調査を実施した．

（2）放されたアナウサギの品種と繁殖特性

　七ツ島大島に放されたアナウサギ（カイウサギ）の品種はダッチ種で，いわゆる"パンダウサギ"と称されて，ペットとして市販されているものである．成獣体重は 2.5-3.0 kg と比較的軽量な品種で，成長速度はかなり速く，生後 4-6 カ月で性成熟に達し，繁殖可能になる（表 4.1；及川・安達，1989；Lebas *et al.*，1997）．妊娠期間は約 30 日，雌は年間 3-5 回出産可能，1 回に平均 5.8 頭の子を出産する．したがって，1 頭の雌は 1 年に約 17-29 頭の子を産む計算になる．雌の繁殖力は生後 1-3 年でもっとも高いが，それ以降の年齢で低下するという．

（3）生息数の変動

　放獣後のアナウサギ生息数の変化を明らかにし，今後の生息数を予測するため，さらに駆除効果の判定などの基礎資料を得るため，生息数の推定調査を定期的に行った．

4.3 野生化アナウサギの影響と対策——石川県七ツ島大島の事例　141

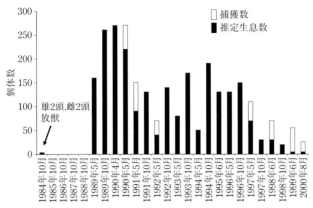

図 4.8　七ツ島大島における野生化ヨーロッパウサギ（カイウサギ）の生息数の推移（野崎，2002 より改変）．

　この島におけるアナウサギ生息数の推定方法はブロックカウント法によった（図 4.5）．この島を 5 地区に区分し，各地区に 1-2 名の調査員を配置し，調査時間帯として，原則的に 15：00-17：00 の間に発見したアナウサギ数をカウントし，各地区の面積に対するこの島全体におけるアナウサギの生息可能面積（7 万 5250 m^2）を乗じた．5 地区の面積は A で 4500 m^2，B で 2000 m^2，C で 2200 m^2，D で 2700 m^2，E で 6100 m^2，合計 1 万 7500 m^2 であった．
　放獣された 1984 年秋の 4 頭のアナウサギは，その翌年以降急速に生息数を増加させ，4.5 年後（1989 年 5 月）で 155 頭，5 年後（1989 年 10 月）で 260 頭，5.5 年後（1990 年 5 月）で 270 頭（捕獲個体約 60 頭を加算した数値）に達した（図 4.8；野崎，2002）．捕獲の影響をみると，1989 年 10 月（260 頭）に比べ，捕獲直後の 1990 年 5 月には生息数は 220 頭と約 15％ 減少した．1991 年 5 月に生息数は約 150 頭であったが，5 月に約 60 頭のアナウサギが捕獲され，1991 年 10 月には 5 月時点の生息数（130 頭）に回復し，その増殖率は約 40％ であった．
　これまでの生息数の変化や今後の変化を予想するため，生息数調査から得られた数値をいくつかの曲線に適合させた．捕獲圧をかけなかった場合の生息数の変化予測では，この島には約 270 頭のアナウサギが生息するが，現在と同程度の捕獲圧を今後もかけると仮定すると，最大 170 頭程度のアナウサギの生息が維持されると考えられる．

142　第4章　アナウサギ——穴居生活への適応と侵略的外来種問題

　1991年10月には，ダッチ種に発現する14種の毛色による個体識別にもとづいてセンサスを試みた．放獣7.5年後におけるアナウサギの毛色の出現頻度をみると，毛色パターンで白色に属する個体が全体の65%を占め，地域的な偏りも少なかった．この島におけるアナウサギの毛色パターンの出現状況から，ダッチ種の毛色を決定する遺伝子座に優性遺伝子（黒色）を保有した個体はほとんど生息せず，ホモ化した劣性遺伝子（灰色と白色の遺伝子）を保有した個体が多数を占めているといえる．これは，優性遺伝子を欠いた個体がこの島に導入されたためと考えられる（McNitt *et al.*, 2013）．個体識別の手段として，毛色パターンの観察は今後も必要と考えられる．

（4）捕獲個体の分析

　七ツ島大島に生息するアナウサギ個体群の齢や性構成，繁殖状況などの実態を分析し，個体群動態を明らかにするために，春に実施される捕獲個体の回収を行い，各個体の計測，解剖などを行った．捕獲作業は通常1-2名の狩猟者が散弾銃でアナウサギを仕留める方法で実施された．幼獣は体重1000 g未満（0-2カ月齢未満に相当），亜成獣は体重1000-1800 g未満（2-4カ月未満に相当），および成獣は1800 g以上（4カ月齢以上に相当）である（及川・安達，1989）．

　回収・計測された個体は1990年で51頭，1991年で57頭，1992年で29頭および1993年で35頭であった．これらの捕獲数は推定生息数の約5分の1から3分の1に相当した（図4.9）．捕獲個体の体重の頻度分布をみると，雌で体重300-2600 g（頭胴長19-47 cm），雄で600-2200 g（頭胴長27-40 cm）の範囲であった．経年的に大きな変化としては，捕獲初年（1990年）に比べて，捕獲2-4年目（1991-1993年）には幼獣個体が減少した点である．一方，雌成獣は4年間ほぼ同じような割合で捕獲され，また雄成獣や雌亜成獣もほぼ同じ割合を示した．

　各地区における捕獲数とブロックカウント法による生息数との相関関係は，1990年4月と1991年4月の両年で認められなかったが，1992年5月と1993年5月で認められた．捕獲場所による齢と性構成をみると，1990年4月と1991年4月とも各地区で雌が雄より有意に多く（χ^2検定，$p<0.001$），D地区の捕獲が有意に多かった（χ^2検定，$p<0.001$）．成獣，亜成獣はD地区とC地区で，成獣雌はD地区で多く，幼獣は成獣雌の多いD，E，Bに多かった．

　七ツ島大島におけるアナウサギの生態的寿命や死亡率などのデータはないが，

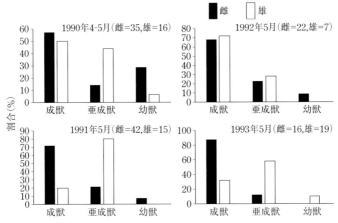

図 4.9 七ツ島大島で捕獲された野生化ヨーロッパアナウサギ（カイウサギ）の雌雄ごとの齢別頻度.

死亡個体の発見はきわめて少ないこと，大きな体形（外部計測値が大きい）の捕獲個体が多かったことから，この島のアナウサギ個体群は高齢個体で多く占められていると考えられる．オオミズナギドリとの共存による巣穴確保などの生息条件から，生息密度はほぼ飽和状態にあったのかもしれない．このような個体群に対して，生息数全体の5分の1から3分の1程度の捕獲が4年間実施されたといえる．捕獲個体の齢構成のなかで，1991年から幼獣個体がほとんど捕獲されなくなったが，前年（1990年）の捕獲の影響が反映され，この齢段階の個体の消失があったのかもしれない．雌の捕獲がどの地域でも多かったが，妊娠した雌の栄養・エネルギー要求はかなり高く，採食量を増やすために地上での採食時間が増加し，雌の捕獲確率が増加したのかもしれない．

今後，駆除方法を検討するためにも，この島のアナウサギの生態・社会的構造の実態解明が重要と考えられる．なお，この島における捕獲個体や観察個体のなかに，眼の異常な個体が少数認められている．近交退化が個体群で進行しているかどうかの検討も必要である．

（5）餌植物と栄養価

七ツ島大島におけるアナウサギの餌条件を明らかにするため，餌植物とその栄養的価値を検討した．それらは，この島におけるアナウサギの定着条件を明

144 第4章 アナウサギ——穴居生活への適応と侵略的外来種問題

表 4.3 七ツ島大島における野生化ヨーロッパアナウサギ
（カイウサギ）の餌選択の事例.

1991 年 8 月 8 日		1992 年 10 月 28 日	
植物	E 値	植物	E 値
スイバ	0.56	シロザ	0.80
オオヨモギ	0.42	イノコヅチ	0.80
ヒゲスゲ	0.38	カモジグサ	0.75
ノカブ	0.20	ノカブ	0.72
カタバミ	0.17	ヨシ	0.61
ノアザミ	0.02	カタバミ	0.19
ハマウド	0.02	ヒゲスゲ	-0.23
ヨシ	-0.18	スイバ	-0.44
ツワブキ	-0.48	ススキ	-1
ススキ	-0.48	イタドリ	-1
カモジグサ	-1	ノアザミ	-1
		ハマボッス	-1
		ツワブキ	-1
		イヌホウヅチ	-1
		ヨツバムグラ	-1

E 値はイブレフの選択係数を示す. $E=1$ 選択的採食種, $E=0$ ラ
ンダム採食種, $E=-1$ 非採食種.

らかにし, 環境収容力（carrying capacity）がどの程度あるのか推定する際の
基礎的資料になる.

　島の全域を踏査し, アナウサギの食痕が認められる植物の頻度を数え, 餌の
選択性についてイブレフの選択係数によって検討した. さらに, 採食頻度の高
い植物について, 繊維成分（セルロース, ヘミセルロース）, 消化阻害物質
（リグニン, シリカ, タンニン）および栄養成分（粗タンパク質）の含有量を
測定し, 栄養的価値を検討した. 食性調査は 1991 年 4 月, 8 月および 1992 年
10 月に実施し, 栄養分析に用いた植物は 1991 年 4 月に採集した. 栄養価分析
は琉球大学農学部の川本康博助教授（当時）が担当した.

　この島に生育する多くの植物にアナウサギの食痕が認められ, 1991 年 8 月
では, スイバ, オオヨモギ, ヒゲスゲ, ノカブなどが選択的によく食べられた
が, 1992 年 10 月では, シロザ, イノコヅチ, イネ科（カモジグサ）などがよ
く食べられていた（表 4.3）. 植物現存量（推定）からみると, 1991 年 8 月に
はススキ, ノカブなどが優占していたが, 1992 年 10 月にはススキ, シロザな
どが優占し, 植生がかなり変化した. このような植生変化にともない, アナウ

4.3 野生化アナウサギの影響と対策——石川県七ツ島大島の事例　145

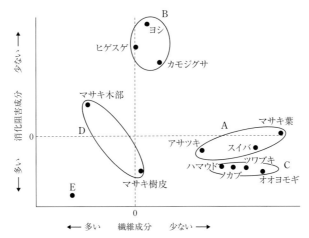

図 4.10 七ツ島大島における野生化ヨーロッパアナウサギ（カイウサギ）に採食された植物の栄養価の主成分分析．E は比較のために，滋賀県信楽試験地ヒノキ 1 年生葉の値をプロットした（第 3 章参照）．

サギは餌選択をやや変えたと考えられる．

　採食頻度の高い餌植物 10 種における栄養価の主成分分析結果によると，第 1 主成分は繊維成分や栄養成分の消化性と関係する要素，第 2 主成分は消化阻害物質と関係する要素によって，餌植物は大きく 4 グループ（A, B, C, D）に分類された（図 4.10）．第 1 グループ（A）はマサキの葉，スイバおよびアサツキで，これらの植物は高いタンパク質含有率と高い消化率を示した．第 2 グループ（B）はカモジグサ，ヨシおよびヒゲスゲのグラミノイド（イネ科とカヤツリグサ科の植物）で，これらの植物は第 1 グループに比べると消化率は低く，シリカは多いが阻害物質量は低いと位置づけられた．第 3 グループ（C）はオオヨモギ，ツワブキ，ノカブおよびハマウドで，消化率は第 2 グループに比べやや高いが，タンニン成分など消化阻害物質は高かった．第 4 グループ（D）はマサキの樹皮と木部で消化率はもっとも低く，とくに樹皮には消化阻害物質のリグニンが多く含まれていた．

　マサキの樹皮は，冬季を中心とした他の餌が枯死し減少する時期に採食されていた（図 4.11）．1991 年 8 月 8 日に島の 4 カ所にキャベツとニンジンを設置し給餌したところ，1 時間以内に採食が認められ始め，翌朝にはすべての設置

146　第4章　アナウサギ——穴居生活への適応と侵略的外来種問題

図4.11　七ツ島大島における野生化ヨーロッパアナウサギ（カイウサギ）に採食された
マサキ（AとB）とヨシ（C）．マサキは地上1m高までの葉が採食により消失している
（Aの矢印）．冬季にマサキの樹皮が採食され枯死する（Bの矢印）．ヨシは採食と根の表
出により枯死し，土壌流出の原因となる（Cの矢印）．

場所の給餌物にアナウサギの食痕があった．直接観察では観察者から30-50m
離れた個体が給餌設置場所に接近し採食する例があった．1992年5月に実験
ウサギ用人工飼料を後述する給餌器を用いて2カ所で与えたところ，いずれも
よく食べられた．

　採食の選択係数の高かったスイバ，ヒゲスゲ，オオヨモギ，ノカブなどでは，
植物種によっては阻害物質が多く含まれるが，栄養的価値はかなり高いといえ
る．この島の餌環境を他の場所での分析結果（滋賀県信楽町の造林地；山田・
川本，1991；第3章参照）と比較すると，この島の餌環境は，高い粗タンパク
質含有率と高い消化率の餌が豊富なため，かなり良好と考えられる．なお，と
くに冬季の植物の休眠期における茎や根の成長点に対するアナウサギの採食は，
植物の成長や枯死に直接関与するため，これにともなう植生破壊は土壌流出に
つながると考えられる．

　アナウサギにとって植生にはカバー（隠蔽物）としての役割もあるため，植

4.3 野生化アナウサギの影響と対策──石川県七ツ島大島の事例　*147*

生の分布や量の変化とアナウサギの生息の変化の関係などの検討が必要である．この島のアナウサギの収容力を推定するために，餌現存量の季節的，年次的変動を明らかにすることが必要で，さらに，アナウサギの生息が島生態系に与える影響を明らかにするために，アナウサギの採食による植生への影響を継続的に調査する必要があると考える．

（6）巣穴構造

七ツ島大島はオオミズナギドリの営巣地であるため，土壌の発達した地域を中心に多数の巣穴（トンネル）が形成されている．使用されている巣穴がオオミズナギドリのものか，アナウサギのものかの判別法を確立し，アナウサギの生息条件解明と駆除方法を検討するために巣穴構造を調査した．

この島の北斜面C地区下部において，巣穴の多数認められる地域に10×7 mの方形区を設定し，1991年10月29日 14：00-15：30に，巣穴掘3人，計

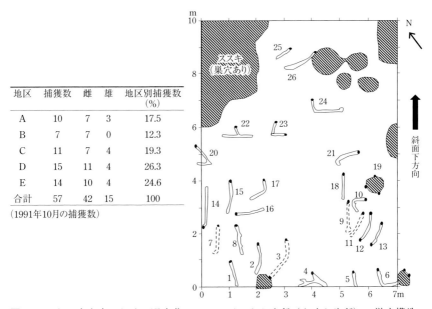

地区	捕獲数	雌	雄	地区別捕獲数(%)
A	10	7	3	17.5
B	7	7	0	12.3
C	11	7	4	19.3
D	15	11	4	26.3
E	14	10	4	24.6
合計	57	42	15	100

（1991年10月の捕獲数）

図4.12 七ツ島大島における野生化ヨーロッパアナウサギ（カイウサギ）の巣穴構造．図中の数値は表4.4の巣穴番号を示し，巣穴出入口は黒丸，斜線部分は植物（ススキなど）の生育を示す．点線の巣穴はオオミズナギドリが使用．巣穴調査は図4.5のC地区で実施．C地区の推定生息数は11頭以上．

148　第 4 章　アナウサギ——穴居生活への適応と侵略的外来種問題

表 4.4　七ツ島大島における野生化ヨーロッパアナウサギ（カイウサギ）の巣穴の構造.

巣穴番号	総延長 (cm)	最大穴幅 (cm)	地上からの最大深 (cm)	巣穴利用動物種	備考
1	95	20	45	ウサギ	
2	110	15	35	ウサギ	
3	140	20	30	オオミズナギドリ	
4	175	20	35	ウサギ	
5	60	20	35	ウサギ	
6	160	20	30	ウサギ	
7	105	20	30	オオミズナギドリ	
8	115	20	30	ウサギ	
9	115	20	—	オオミズナギドリ？	
10	95	—	—	ウサギ	
11	95	15	28	オオミズナギドリ	
12	140	18	35	ウサギ	
13	120	18	35	ウサギ	
14	150	20	35	ウサギ	
15	115	20	35	ウサギ	
16	110	20	30	ウサギ	
17	100	15	30	ウサギ	
18	90	20	—	ウサギ	
19	95	—	—	ウサギ	3 穴つながる
20	130	20	20	ウサギ	L 字型
21	90	18		ウサギ	
22	100	10		ウサギ	T 字型
23	100	10		ウサギ	2 穴つながる
24	150	20		ウサギ	L 字型で終点は直径 40 cm
25	60	—		ウサギ	
26	140	18	50	ウサギ	

調査は 1991 年 11 月 29 日実施，調査場所は七ツ島大島北斜面 C 地区の下部.

測 1 人，記録 1 人の各担当で調査した．調査方法は Kolb（1985）に準拠し，巣穴の入口に目印をつけ，トンネルの進行方向に沿って土を掘り，巣穴の延長距離，最大幅，地上からの最大深を計測し，位置図を作成した（図 4.5）.
　調査した方形区において，26 個以上の巣穴が認められた（図 4.12，表 4.4）.このうち，入口にオオミズナギドリの糞や毛のある巣穴およびオオミズナギドリの休息していた巣穴は 4 個で，他の 22 個以上はアナウサギのものであった．この値をヘクタールあたりに換算すると，3143 個以上になり，全島におけるアナウサギの巣穴数は 5500 個以上と推定される．各区の面積と捕獲数とからウサギ 1 頭あたりの巣穴数を推定すると，1 頭あたり 60-140 個以上と考えら

4.3 野生化アナウサギの影響と対策——石川県七ツ島大島の事例　　*149*

れる．巣穴の構造からみると，オオミズナギドリの巣穴は直線的なものが多い
が，アナウサギの使用している巣穴は曲線的な巣穴や複数の連結された巣穴で
あった．総延長，穴幅および地上からの深さは，アナウサギとオオミズナギド
リの両種間でほとんど違いはなかった．

　なお，巣穴内部の土壌の状態を検討するため，方形区の上部と下部の2カ所
で円筒管に土壌を採取し，乾燥重量（100℃5日間乾燥後）を測定したところ，
土壌含水率（水分量に対する湿重量）は上部で20.5%，下部で21.0%と類似し
ていた．

　アナウサギによる巣穴形成の影響としては，土壌流出の原因となることがあ
げられる．アナウサギは地中の土壌を排出して巣穴をつくるために，地中の土
壌が地表面に現れることになり，植生の回復を遅らせ，降雨による土壌流出を
起こす．オオミズナギドリも同様に巣穴形成による土壌流出の原因となるが，
アナウサギは冬季も含めて1年中生息し，巣穴形成を行うために，より大きな
影響を与えると考えられる．一方，巣穴をめぐりアナウサギがオオミズナギド
リに与える直接的な影響（たとえば，競合や排除など）に関しては不明である
が，なんらかの影響を与えていると考えられる．なお，オオミズナギドリの生
息数への影響をみると，アナウサギ放獣前年の生息数（1983年に推定3.5万-4
万頭）と比べて，本調査時点の生息数（1991年に推定4万頭）はほぼ同じで，
大きな変化は認められていない（石川県，1994）．

　アナウサギの巣穴構造は生息環境によってかなり変化する．たとえば，イギ
リスのように捕食者が多種類おり，さらに巣穴内部に侵入してくる小型の捕食
性哺乳類（たとえばイイズナ）がいる場合，捕食者を攪乱させるため，カムフ
ラージュの巣穴やかなり複雑な構造の巣穴をつくる．オーストラリアやニュー
ジーランドのように捕食者が少なく，しかも植物によるカバーの豊富な環境で
は巣穴を造成しない場合もあるという（図4.3；Gibb, 1990；Williams *et al.*,
1995）．

　この島では，捕食性哺乳類はまったく生息せず，捕食性鳥類として少数のカ
ラスとハヤブサが生息する程度である．島を踏査しても，アナウサギの死体を
発見することはかなり少ない．この島では捕食の危険は比較的少ないと考えら
れる．また，ススキやヨシなどの高茎植物が密生しており，アナウサギの隠れ
るカバーも豊富な環境と考えられる．この島のアナウサギの巣穴構造が単純な
ことは，比較的薄い土壌層の厚さにも関係するが，アナウサギにとって複雑な
巣穴構造を必要としない安全な生息条件と関係すると考えられる．オオミズナ

ギドリの巣穴をそのまま利用したり，複数の巣穴を連結する程度の改良を行っていると考えられる.

アナウサギやオオミズナギドリの両種が利用している典型的な巣穴の判別法を確立することは，くくり罠やネットなどの物理的捕獲方法の導入を図るためにも重要である.

（7）駆除のための海外事例からの対策

このような，七ツ島大島における野生化アナウサギの生息状況に対して，渡航の可能な限られた時期に適用可能であり，しかも有効な種駆除方法を検討し，その有効性と問題点を明らかにする必要があると考えた. そこで海外の取り組みなどを参考にアイデアを整理し，現地でいくつかの試行的試験を行ってみた. いずれにしても，オオミズナギドリなど在来生物に対する影響を最小限にしつつ，効率的にアナウサギを駆除するためには，いくつかの方法を有機的に組み合わせたシステム的な手法が有効である. そのいくつかの手法として，以下が考えられる.

①島内をフェンスによりいくつかのブロックに区分けする. とくに，植物の豊富な地域はタラップによりブロック内に入れるが，出られないようにする仕組みもあわせて設置.

②ブロック内のアナウサギを人海戦術により極力減少させる. 方法としては，オオミズナギドリのいない時期に各穴に毒ガスなどを吹き込む. あるいは，誘引餌付けや誘引水場によるシャープシューティング，ベイトステーションを用いた毒餌.

③ウサギ用の小型猟犬と銃猟とを組み合わせての捕獲.

このうちで，捕獲器などによる捕獲の試行を 1990 年 4 月 18-19 日の 1 昼夜だけ行ってみた. 島内各地区に 20 個のウサギ用捕獲器（トマホーク型罠）をキャベツを餌として設置した. 同時に，歩道沿いに針金製のくくり罠 20 本を設置した. あわせて島内 4 カ所に薬剤付きキャベツ（モノフルオロ酢酸ナトリウム）を設置し，摂食状況などを観察した. この結果，捕獲器ではアナウサギ 1 個体が捕獲され，オオミズナギドリも 1 個体が捕獲された. くくり罠では，くくり罠自体がオオミズナギドリに攪乱されたため，アナウサギは捕獲されなかった. 薬剤付きキャベツへの摂食は認められず，さらに検討が必要と考えられた.

（8）今後の課題と対策の必要性

　七ツ島大島のアナウサギたちは，その後，毎年捕獲作業が続けられ推定生息数（捕獲数を加えて）を50頭以下に減少させてきたが，2016年現在で放獣から32年，対策開始から27年経過しても生息は続いており，根絶には至っていない（野崎，2002；図4.8，表4.2）．このため，2013年段階で環境省による根絶事業が鳥獣保護区の特別保護地区の保全のために取り組まれることが報じられている（北国新聞，2013）．

　七ツ島大島の取り組みを参考として，全国に広がる野生化アナウサギの島嶼において，①アナウサギの定着化（colonization）メカニズムと生態系に与えるアナウサギの影響の解明，②有効かつ適用可能なアナウサギの駆除法の開発を目的とした実態把握や対策のための調査研究，などが必要と考えられる．すなわち，生息数の変化，植生の分布と量の変化とアナウサギの生息との関係，個体群動態，アナウサギの生息条件としての巣穴構造と分布調査や島生態系への影響などの駆除方法確立のための基礎的調査および駆除方法の具体的検討などの調査が必要である．

　保全目標となる生態系保全においては，とくに島嶼生態系は，隔離的な自然環境であり，島嶼の生物相と自然環境との微妙な相互関係の上に維持成立していることが多い．環境を破壊的に利用する外来生物（家畜の野生化も含め）を，このような島嶼生態系に人為的に導入し増殖させることは，微妙な相互関係を破壊し，島の固有種や多様な生物相の絶滅化につながる．島の貴重な自然生態系と生物的多様性を保護するために，積極的かつ早急に外来生物の対策が必要である．

4.4　侵略的外来種としての対策――海外の事例

（1）農業被害対策から生態系保全対策

　冒頭でも述べたように，野生化アナウサギの問題は歴史的に古く，ヨーロッパ人の航海や移住にともない地球的規模で拡大した．さらに，農地拡大とそれにともなう森林伐採はアナウサギにとっての最適生息地の拡大となり，生息数の増加と分布の拡張を加速させた．爆発的生息数の増加による農業被害の発生にともない，農業者や行政関係者によるアナウサギ駆除を目標としたさまざま

152 第 4 章 アナウサギ——穴居生活への適応と侵略的外来種問題

な取り組みが実施され，島嶼などの生態系保全のための対策が現在も続いている．ここでは典型的な対策例を取り上げる．

（2）ヨーロッパ大陸

先にも述べたが，ヨーロッパのアナウサギの類縁関係をみると 3 グループに分かれる（Rogers *et al.*, 1994）．1 つはスペイン南部の原産地の個体群，2 つめはフランスや北部スペインの個体群（原産地個体群と 5 万年以上分岐），3 つめは北部ヨーロッパ個体群で，カイウサギや野生化アナウサギと近縁な個体群である．これらは人為的に導入され，野生化したことと関係している．

この 2 つめや 3 つめの個体群において，1920 年代に生息数は増加したが，1952 年にパリ近郊で「ミキソーマトシス Myxomatosis（兎粘液腫，後述）」が導入され，ヨーロッパ各地に蔓延してアナウサギの生息数は減少した．しかし，その 4-5 年後に回復し，1970 年代まで漸増し，その後，急増した．増加要因として，生息数の内的周期的変動，ミキソーマトシスへの抵抗性獲得，気候，さらに環境要因，人間の土地利用などの変化が考えられる．1980 年代以降は人間の土地利用の変化や新たな伝染病（中国で 1984 年に最初に発見された「ウイルス性出血病 VHD；Viral Haemorrhagic Disease，後述」）が 1980 年代後半から 1990 年代前半にかけてイタリア，フランス，スペイン，ドイツ，オーストリアのカイウサギや野生個体群でも蔓延し，生息数は減少傾向にある．

（3）イギリス

イギリスにヨーロッパ大陸原産のアナウサギが導入されたのは 12 世紀で，およそ 300 年間優れた食糧用として利用され，野外で増加すると狩猟対象となり毛皮が利用された（Thompson, 1994）．アナウサギは 20 世紀になり農業被害を増加させた．

しかし，17 世紀から使われてきたトラバサミトラップの使用が 1934 年から動物愛護団体に反対され，1954 年に使用が禁止され，EU においても 1995 年からこの方式で捕獲された毛皮の輸入が統一的に禁止された．アナウサギ駆除の技術的，管理的手法開発やアナウサギの生物学的研究が行われ，1953 年にフランスから非公式にミキソーマトシスが導入されて以降，ミキソーマトシスの長期研究が全盛を極めた．1955 年にはアナウサギ個体群は壊滅的になり，このようなアナウサギ個体群の消滅にともなう植物相や動物相全般への生態学的影響に関する研究が開始された．ミキソーマトシスによってほとんどの個体

群は絶滅したが，部分的に回復しつつある．しかし，これらの個体群コントロールにこの病気は十分な効果があるとされている．

これまでにとられたアナウサギ駆除方法はつぎのとおりである（Thompson, 1994；Williams *et al.*, 1995；Wray, 2006；Lough, 2009）．すなわち，障壁（金属フェンスやネット，電気柵）と忌避剤，巣穴に毒ガスを注入（fumigation），トラバサミトラップや箱ワナによる捕獲（trapping），銃とイヌを使用した捕獲（shooting），家畜化されたフェレットによる捕獲（ferreting），首輪トラップによる捕獲（snaring），ネット・フェンスによる捕獲（long-netting，長さ45-135 m，幅 1 m，編み目 5 cm のネットによる捕獲），毒餌（poison baiting），その他の方法（免疫利用による避妊法，音による忌避など），生息地管理などである．

（4）オーストラリア

大陸の南部のビクトリア州を起点に，1859 年に 20 頭のイギリス産のアナウサギが導入され，これが野生化して，1900 年には大陸の中部に分布を拡大し，1980 年には大陸北部に進出し，大陸の 9 割近くに進出した（Flux, 1994；Myers *et al.*, 1994；Williams *et al.*, 1995；Cooke, 2014）．

野生化アナウサギは農作物や牧草などへの莫大な被害を起こしたので，1880 年以降，政府や土地所有者が駆除対策を実施した．たとえば，アナウサギ侵入防止柵（rabbit-proof fence），毒殺（ストリキニーネ，リンを添加した麦粉を含んだふすまを餌として水場などに設置），巣穴の破壊，狩猟，捕食性哺乳類（キツネやノネコ）の人為的導入などが行われた．今日ではモノフルオロ酢酸ナトリウム（sodium monofluoroacetate；Compound 1080）が主要な毒物として用いられているが，アナウサギの捕食者にも毒効果があり問題とされた．これらに加えて，巣穴への毒ガス注入やミキソーマウイルス（Myxoma virus）が用いられた．これらの方法により，一時期はアナウサギ個体群を低レベルに抑えることができたが，個体群はしだいに復活し対応に苦慮している．下記のニュージーランドでの成功と比べ，オーストラリアでの失敗の原因の 1 つとして，土地所有者や農民の個人主義が強すぎて，地域からの一掃のための団結がとれなかったことが指摘されている（Myers *et al.*, 1994）．

一方，被食者のアナウサギの急激な減少により，外来捕食性哺乳類のキツネやノネコが在来種を捕食するという問題が発生してきた．このため，アナウサギだけでなく，キツネやノネコの駆除も実施されている．最近では，媒介者と

して組み替えミキソーマウイルスを使用した免疫反応によるアナウサギの避妊法の採用とともに，捕食者キツネへのこの方法の適用による駆除も実施され始めている．

オーストラリアにおいて，アナウサギが定着した理由はつぎのとおりである（Myers *et al.*, 1994）．

①大陸の南半分の気候に生理的に事前適応したアナウサギ個体群が乾燥地帯などに進出できた．

②オーストラリアに到着したアナウサギの寄生虫相が，起源であるスペインのアナウサギと比較して貧弱であった．

③アナウサギは基本的に撹乱環境に定着可能な動物である．一方，アナウサギの定着しやすい環境として，餌供給源の農地と隠れ場供給源の森林を人間が提供してきた．

④人間活動の結果，アナウサギの捕食者となる多くの捕食性在来種や競争種となる小型草食性哺乳類が絶滅した．後に外来種のキツネやネコが捕食者として導入されたが，アナウサギ生息数に比べてこれら捕食者数の割合が少なく，ほとんど効果がなかった．ただし，1950年以降はミキソーマトシスの導入によるアナウサギ生息数の激減により，これらの捕食効果が出た．

⑤とくに乾燥地帯にアナウサギが急速に定着できた理由は，在来種のつくった巣穴をアナウサギが利用できたためである．

⑥アナウサギは生態的ジェネラリストとして優れ，生存に必要な特殊な遺伝的性質を必要としない．

（5）ニュージーランド

ニュージーランドにアナウサギが最初に導入されたのは18世紀中期で，ブタやヤギとともに食糧用としてであった（Gibb and Williams, 1994）．1830年ごろまでにはニュージーランド全島に分布は拡大した．導入アナウサギは当初フランス産のカイウサギの品種のシルバーグレイ（Silver grey）であったが，その多くは定着に失敗し，再野生型のアナウサギが1850年から導入され，全島に拡大した．1870年までには害獣とみなされ，1890年までに最大の生息数に達した．

ミキソーマトシスは1950年代初期に試用されたが，気温が低くまた湿度が高いので，ミキソーマウイルスの運搬者（ベクター）となる蚊やブユの数が少なく，冬季にはウイルスは死に絶えた．何度か別の地域でも試みられたが，ベ

クターとなる蚊やノミがいないために失敗に終わった．このため，ニュージーランドでは最終的にはミキソーマトシスを使用しない駆除方法がとられた．1947 年にアナウサギ害改正法が成立し，これによりアナウサギ駆除委員会が設立され，土地所有者や農民が一致協力し，綿密な計画と実行により駆除に成功した．駆除方法は毒餌（モノフルオロ酢酸ナトリウム，Compound 1080 を添加したニンジン）がおもに用いられ，この他に巣穴への毒ガスや巣穴の破壊により生息数を減少させ，残存個体は夜間射撃によった．今日では小個体群レベルに抑えられている．

（6）その他の島々

世界中では 800 島以上にヨーロッパアナウサギは放獣されている（図 4.2）．スポーツハンティング用，食糧用，導入したホッキョクギツネの餌用にアナウサギは導入された（Flux, 1994；Long, 2003）．このため「ウサギ島（Rabbit Islands)」と名づけられた島はニュージーランドで 12 島，フォークランドで 13 島ある．アナウサギの定着した地域は北緯 59-62° から南緯 54-55° の間の島々である．

定着の制限要因は冬季の餌供給に関連する積雪深である（Flux, 1994）．また，アナウサギは食草と水があれば 50℃ 以上の気温に耐えられる．地中海の島々における島面積と定着種との関係をみると，もっとも小さな面積でも定着できるのはクマネズミ *Rattus rattus* で，多くは島面積 1 ha 以上で認められ，0.3 ha の島々でも定着している（Flux, 1994）．次いでヨーロッパアナウサギで，島の面積 6.5 ha 以上で定着可能である．これに次ぐのはハツカネズミ *Mus musculus* で，36 ha 以上で定着している．さらに，アカネズミ属の *Apodemus sylvaticus* は 640 ha 以上で定着している．このなかで，島における野生化アナウサギの根絶成功例として，アフリカの離島（面積 169 ha）において，ニュージーランド方式による駆除の実施がある（Merton, 1988；Bullock *et al.*, 2002）．

（7）ミキソーマトシス

上記の海外の事例で効果的駆除対策として広く用いられている「ミキソーマトシス（兎粘液腫）」について，ここで紹介する．ミキソーマトシスは蚊，ノミ，ブユによって媒介されたミキソーマウイルス（*Leporipoxvirus* 属）が引き起こすアナウサギの皮膚の局部線維腫の病気である（Fenner and Ratcliffe, 1965；Fenner and Ross, 1994；Bartrip, 2008）．原産地の南アメリカのブラジル

156 第4章 アナウサギ——穴居生活への適応と侵略的外来種問題

ワタオウサギ *Sylvilagus brasiliensis* や北アメリカのワタオウサギ *S. bachmani* では致死病ではないが，ヨーロッパアナウサギに対してのみ致死病となる (Fenner and Ross, 1994)．この病気が最初に発見されたのは1896年に南アメリカの実験用ウサギ（ヨーロッパアナウサギ）で，新しい致死病として認知された．その後1930年に，ブラジルや北アメリカのカリフォルニア州でこのウイルスによる家畜ウサギ（ヨーロッパアナウサギ）の大量死が起きた．

アナウサギ駆除方法としては，オーストラリアやフランスではウイルスの媒介者として蚊が利用され，イギリスや他の寒冷なヨーロッパ地域ではノミが用いられた．このウイルスの導入によるアナウサギ駆除の結果，個体群の90%近くか100%近くが駆除できた．しかし，その後ウイルスの弱毒性への変化とアナウサギの対毒抵抗性が起こり，中程度の毒性のウイルスと免疫抵抗性を発揮するアナウサギ個体の遺伝的選択という共進化を遂げ，アナウサギの死亡率が低下した（重定，1992；Fenner and Ross, 1994）．日本では「家畜伝染病予防法」において「届出伝染病」に指定されており，対象動物はウサギである．

なお，ヨーロッパアナウサギの在来種が生息するポルトガルやスペインなどでは，野外感染防止のために，在来種へのワクチン接種や安全地帯への移設などが実施されている．

（8）ウサギウイルス性出血病

カリシウイルス科 Caliciviridae ラゴウイルス属 *Lagovirus* に属する RNA ウイルスのウサギ出血病ウイルス感染を原因とする家畜（カイウサギ）および野生のヨーロッパアナウサギの感染症で，「ウサギウイルス性出血病（Rabbit Haemorrhagic Disease；RHD）」とよばれる（Frölich and Lavazza, 2008；Cooke, 2014）．日本では家畜伝染病予防法において届出伝染病に指定されており，対象動物はカイウサギだけで，他の動物や人間には感染しない．感染したウサギを食べても有害ではない．このウイルスの変異は認められず，変異して，ヨーロッパアナウサギ以外の他のウサギに感染した事例はない．

接触伝播あるいは節足動物（ハエなど）による伝播によって感染が広まる．致死率は高く，発熱，元気消失，食欲減退，神経症状などを示し，数日で死亡したり，症状を示さず突然死する．全身の臓器に出血が認められる．若齢個体（2カ月齢以下）で発症はみられない．

この感染症は，中国江蘇省の養兎場のアンゴラウサギで1984年に初めて発症がみられ，ウイルスが同定された（Liu *et al.*, 1984；Lavazza and Capucci,

2008；Mutze *et al.*, 2008）．東ドイツから輸入した感染アンゴラウサギが発生源と考えられ，中国ではその後 9 カ月間で大発生を起こし，1400 万頭のカイウサギが感染死した．その後，中国から西に拡大し，1988 年にヨーロッパの養兎場に感染症が拡大した．さらに，メキシコ，キューバ，オーストラリア，ニュージーランド，そしてアメリカの養兎場に感染が拡大し，ヨーロッパの養兎場にも感染症が蔓延した．イギリスには 1992 年に侵入した．1990 年代後半までに 40 カ国の養兎場のカイウサギに感染し，ヨーロッパの野生のヨーロッパアナウサギやオーストラリア，ニュージーランドおよびキューバの野生化したヨーロッパアナウサギにも感染が認められた．

　野外での感染のために，ヨーロッパの在来種のヨーロッパアナウサギの保護も必要となり，在来種へのワクチン接種や移動などが実施されている．野生種の生息数減少は，本種を餌とする希少種哺乳類のたとえばヨーロッパオオヤマネコ *Lynx lynx* などにも影響が出ている．一方，このような致死性の高い感染症を利用して，ニュージーランドなどでは侵略的外来種であるヨーロッパアナウサギの駆除に利用されている．

　なお，ヨーロッパのノウサギで同時期ぐらいに発生している致死性感染症のヨーロッパ産の「ヤブノウサギシンドローム（European Brown Hare Syndrome；EBHS）」の原因ウイルスは，ウサギウイルス性出血病（RHD）のウイルスと近縁で，ヤブノウサギとユキウサギだけに感受性があり，他の種では認められていない（Frölich and Lavazza, 2008；Cooke, 2014）．

第5章　アマミノクロウサギ
——日本の特別天然記念物

　アマミノクロウサギ Pentalagus furnessi は神秘の動物とされ，当時（1970年代）学生の私はこのウサギを畑正憲の著書『天然記念物の動物たち』（1972）で最初に意識したと記憶する．鬱蒼と茂るシイやタブの原始林，巨大な着生ランのオオタニワタリ，そしてアマミノクロウサギ，毒蛇ハブ Protobothrops flaviviridis などの亜熱帯の森における著者の体験談が繰り広げられる．当時はずっと遠く離れたところの話と思っていたが，その20年後から私自身がこのウサギを研究するとは不思議な出会いである（図5.1）．

　私がアマミノクロウサギ研究を開始した理由は，1つにはわが国で本種の基礎的生態などの調査研究が少なかったことにある．一方，世界のウサギ研究者の間で，アジアの絶滅危惧種のウサギへの関心が高まり，たとえばイギリスの研究チームがアマミノクロウサギの現地調査を開始するという話も出ていた．

図 5.1　アマミノクロウサギ（奄美大島）（勝 廣光撮影）.

数少ないアジア産の原始的なウサギに興味をもたれていたためである。本州から飛行機でたかだか2時間ほどのところにいるこのウサギを，国内でまともに研究しないのかとも思い，ならば自分がかかわるべきだと強く意識し始めた。

研究対象の動物が「神秘の動物」や「まぼろしの動物」という表現は，人間の勝手な思い込みのように思えるし，この言葉がつくと人々の興味をことさらひくことであろうが，なんだか想像のおよばない遠い存在だけで終わるように思えた。実際に，限られた場所に生息する存在ではあるが，ウサギはウサギである。情報や知識が少ないだけで，普通の野生動物の1つとして理解し，興味をもたれるほうがよいと思った。

本章では，本種の生息する島嶼の成立過程や固有種の誕生過程，本種の発見史と調査・保護の歴史，形態的特徴と進化，生息実態や生態，保護対策と今後の課題などを紹介する。

5.1　奄美大島と徳之島

（1）大陸島と地形

日本列島は，ユーラシア大陸の大陸棚の東縁に存在し，「大陸島」とよばれる。一方，海洋底から直接海面に達している島を「海洋島」といい，火山活動やサンゴ礁により形成される。たとえば，小笠原諸島やハワイ島である。日本列島は，大陸プレートに海洋プレートが深く沈み込む海溝の西側に南北に弧状の列島を形成している。

奄美群島を含む琉球諸島は，この弧状列島の南部に位置しており，「琉球弧」とよばれ，ユーラシアプレートの東端とフィリピン海プレートとの接点に位置し，フィリピン海プレートによるユーラシアプレート下方への沈み込みにともなう地殻変動などにより誕生した（図5.2）。海退時や隆起によって大陸と陸続きになったり，海進や沈下などによって大陸と切り離され孤立した島が断続的に形成されてきた（木村，2002；太田・高橋，2006；環境省，2016a）。琉球弧は，ジュラ紀から古第三紀にはユーラシア大陸の東縁にあり，太平洋プレートの沈み込みにより形成された付加体が琉球弧の基盤をつくっている。その後，中新世中期ころにフィリピン海プレートがユーラシアプレートの下に沈み込むようになり，琉球弧が成立した（図5.2）。琉球弧は，トカラ構造海峡以北の「北琉球」，トカラ構造海峡から慶良間海裂の間の「中琉球」，および慶良間海

A 中新世後期(700万年前)

B 中新世末期-鮮新世前期
  (700万-500万年前)

C 更新世前期(170万-130万年前)

D 更新世後期(4万-2.5万年前)
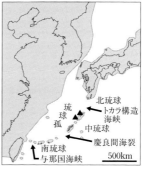

図 5.2 奄美大島・徳之島の成立過程とアマミノクロウサギの渡来の仮説．黒丸はアマミノクロウサギのユーラシア大陸（中国）における化石発見地，黒三角は日本におけるアマミノクロウサギの過去と現在の生息地を示す（A と B は木村, 2002, C と D は太田・高橋, 2006 より改変).

裂から与那国海峡までの「南琉球」に分けられる（図 5.2D)．トカラ構造海峡と慶良間海裂の水深は 1000 m 以上あり，海峡幅は 50 km 以上あり，中琉球は地質構造的に，また生物地理学的に大きく分断されている．

　中琉球は奄美群島と沖縄諸島を含み，おもな地質構造として，ジュラ紀から古第三紀の付加体などの地層や白亜紀から新第三紀などの地層からなる．奄美大島は，おもに中生代の付加体の岩石からなるが，中新世以降の海成層やサンゴ礁石灰岩はほとんど分布しない．奄美大島の現在の面積は 713 km^2 であり，

5.1 奄美大島と徳之島　*161*

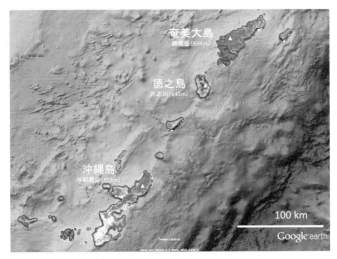

図 5.3 中琉球の奄美大島，徳之島および沖縄島．奄美大島の多くは森で覆われている．徳之島は山岳部，沖縄島は北部地域（やんばる）で森が多い．島の黒い部分が森を示す（地図は Google の許可を得て使用）．

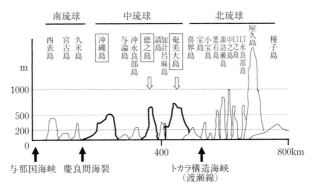

図 5.4 琉球弧における島嶼の海抜高．中琉球では奄美大島，徳之島および沖縄島が標高 500 m 以上の島嶼である．

琉球弧のなかでは沖縄島（1208 km^2）に次いで大きい島で，最高標高は 694 m（湯湾岳），起伏が大きく，地形が複雑で谷が入り込んだ地形をしている（図 5.3，図 5.4）．山稜部には標高 300 m 前後の侵食小起伏面が広がり，海岸部で

162 第5章 アマミノクロウサギ──日本の特別天然記念物

はこれらが沈降したリアス式海岸を形成している．徳之島は，面積 248 km²
で最高標高は 645 m（井之川岳），島の中部から北部が山地で，地質構造は奄
美大島と類似する．山地を取り囲むなだらかな海成段丘が発達しており，標高
210 m 以下は隆起サンゴ礁（琉球層群）で覆われ，沿岸部はサンゴ礁で覆われ
る．沖縄島の北部地域（やんばる地域ともよばれ，国頭村，大宜味村および東
村の 3 地域）は，面積 764 km²，最高標高 503 m（与那覇岳）の山地（標高
400 m ほど）を形成し，奄美大島や徳之島と同様の中生代の付加体の岩石から
なる．この山地を取り囲むように，海成段丘が形成されている．この北部地域
から以南は，おもに海成段丘からなり，標高は低い．中琉球において海抜高の
高い島嶼（たとえば標高 500 m 以上）は奄美大島，徳之島および沖縄島の 3
島だけである（図5.4）．

（2）湿潤亜熱帯気候とドングリの森

　アマミノクロウサギが生息する島は，鹿児島県奄美群島の奄美大島と徳之島
の 2 島である．奄美大島は北緯 28° 27′-28° 19′，徳之島は北緯 27° 48′-27° 43′
に位置する．

　亜熱帯地域とは年平均気温 21℃ 以上の地域とされるが，奄美群島は年平均
気温 21.6℃（最高気温 17-32℃，最低気温 11-26℃，名瀬市測候所測定）で，
降水量（年約 3000 mm）も多いため「湿潤亜熱帯気候」とよばれる（図5.5）．
また，黒潮（日本海流）とよばれる東シナ海を北上する海流が琉球弧を通過し
ている．多くの台風はこの海流に沿って北上するため，この諸島では夏季に雨
量が多い．このため，湿潤亜熱帯の島々では，鬱蒼とした広葉樹の森林が発達
している．奄美大島の森林率は 86% と高く，「森の島」ともよばれる．徳之島
もかつては広く森林に覆われていたが，サトウキビ耕作地の拡大などにより，
現在の森林率は 44% である．奄美大島や徳之島のように，亜熱帯地域に多雨
林が発達していることは，世界的にもきわめてまれで特異な島嶼である．

　森林にはスダジイ，イジュ，イスノキなどの堅果性（ドングリ）の広葉樹林
が広がる（図5.6）．これらのドングリは，この島々に生息する動物たちの冬
を越すための貴重な餌資源である．これらの森で覆われていた大陸のかつての
辺縁部が，大陸から切り離されて島嶼となり，ドングリの森とそこに住むアマ
ミノクロウサギやトゲネズミ *Tokudaia* なども，切り離された島嶼に一緒に乗
って渡来したと想像すると，ドングリと動物たちがいかに深い関係かがうかが
われる．

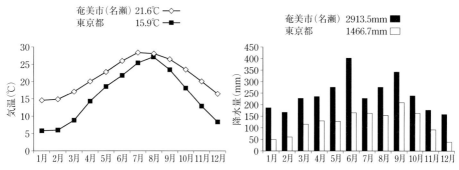

図 5.5　奄美大島における平均気温と平均降水量．気象庁の 1971-2000 年の 30 年間の平均値．

（3）島の成立と固有種の誕生

　生物地理学的にみると，奄美群島を含む琉球諸島は，中国南部や東南アジアなどを含む「東洋区」に属する（図 5.9）．これら諸島の生物は，九州・四国・本州などの「旧北区」の生物とは異なり，この諸島にしか生息しない「固有種」が多い．旧北区と東洋区の分布境界線は，トカラ列島と奄美群島の間にあり，「渡瀬線」とよばれている．この線の北側には，ニホンノウサギ *Lepus brachyurus*，アカネズミ *Apodemus speciosus* などが南限として，南側にはアマミノクロウサギ，トゲネズミ，ケナガネズミ *Diplothrix legata* が北限として生息する．このような生物相の境目の生物線は，植物の世界では「フローラの滝」とよばれている（米田，2016）．奄美群島は，生物学的にみるとエコトーン（移行帯，推移帯）ともよばれる．とくに，植物では北限種や南限種が混在し，北方系の生物と南方系の生物が存在する．

　大陸島の琉球諸島は，およそ 200 万年前を最後にして孤立した島嶼を形成したと考えられている（木村，2002；太田・高橋，2006；環境省，2016a）．大陸と島嶼の結合分離は，ちょうどフィルターの役割となり，侵入定着できた動物とそうでなかった動物をふるい分ける効果を果たしたといえる．この結果，中琉球の奄美群島と沖縄島では，捕食性哺乳類（たとえばイタチ，キツネなど）の存在しない環境で，独自の生物の進化がみられ，この島嶼にしか生息しない「固有種」が誕生した（表 5.1）．わが国でも，また世界的にも，生物多様性の重要なホットスポットの 1 つとしてあげられている．もし，優秀な狩りの能力

164   第5章　アマミノクロウサギ——日本の特別天然記念物

表5.1 奄美大島，徳之島および沖縄島における固有哺乳類.

目名	科名	種・亜種	尖閣諸島	大東諸島	
			魚釣島	南大東島	北大東島
食虫目	トガリネズミ科	ワタセジネズミ			
		オリイジネズミ			
		ジャコウネズミ			
	モグラ科	センカクモグラ	●		
翼手目	オオコウモリ科	オリイオオコウモリ			
		ヤエヤマオオコウモリ			
		ダイトウオオコウモリ		●	●
	キクガシラコウモリ科	オキナワコキクガシラコウモリ			
		ヤエヤマコキクガシラコウモリ			
		オリイコキクガシラコウモリ			
	カグラコウモリ科	カグラコウモリ			
	ヒナコウモリ科	ヤンバルホオヒゲコウモリ			
		リュウキュウユビナガコウモリ			
		リュウキュウテングコウモリ			
	オヒキコウモリ科	スミイロオヒキコウモリ			
齧歯目	ネズミ科	アマミトゲネズミ			
		オキナワトゲネズミ			
		トクノシマトゲネズミ			
		セスジネズミ	●		
		ケナガネズミ			
		オキナワハツカネズミ			
ウサギ目	ウサギ科	アマミノクロウサギ			
食肉目	ネコ科	イリオモテヤマネコ			
偶蹄目	イノシシ科	リュウキュウイノシシ			
6	11	24	2	1	1

Ohdachi *et al.,* 2009：翼手目はコウモリの会，2011：レッドリストは環境省，2014による.

をもつイタチやキツネなどの捕食性哺乳類がこれらの島に入り込んでいたら，アマミノクロウサギや希少種の齧歯類などは絶滅していたと考えられる.

　これらの島で数少ない捕食者としては，ヘビ類（ハブやヒメハブ *Ovophis okinavensis*），さらに猛禽類（アオバズク *Ninox scutulata*，リュウキュウコノハズク *Otus elegans*，サシバ *Butastur indicus* など）やリュウキュウハシブトガラス *Corvus macrorhynchos connectens* などがいる．ハブは，鮮新世（500万–300万年前）の生き残りの遺存固有種で，ユーラシア大陸のナノハナハブ *P. jerdonii* と近縁であり，氷河期に陸続きになった琉球列島に侵入したが，間氷期の海進時に標高の高かった島のみ（沖縄島，徳之島，奄美大島，久米島お

南琉球			中琉球									レッドリスト カテゴリー (2014)
西表島	石垣島	宮古島	沖縄島	与論島	沖永良部島	徳之島	喜界島	与路島	請島	加計呂麻島	奄美大島	
			●	●	●	●	●			●	●	NT
						●					●	EN
	●		●	●	●	●					●	
●	●		●	●	●							CR
			●									CR
●	●											EN
						●				●	●	EN
●	●											EN
			●			●					●	CR
●	●		●	●	●	●					●	EN
			●			●					●	EN
					●						●	DD
											●	EN
			●									CR
						●						EN
			●									CR
			●			●					●	EN
						●					●	EN
●												CR
●	●		●			●					●	LP (徳之島個体群)
6	6		11	4	5	11	1			2	12	合計

よびトカラ列島）に生き残ったと考えられている（図 5.4；太田・高橋，2006）.

（4）東アジアで起きた特異な種分化

東アジアのウサギ類やネズミ類（齧歯目ネズミ亜科 Rodentia, Murinae）の分子系統学的研究によると，アマミノクロウサギやトゲネズミは，ウサギ類やネズミ類で起きた 3 段階の種分化のうち，最初の種分化（中新世）で誕生し，独立した系統が維持され，今日に至っていると考えられている．すなわち，東アジアのウサギ科の種分化（属レベルの分化，ノウサギ属の種レベルの分化お

166　第5章　アマミノクロウサギ——日本の特別天然記念物

図 5.6　アマミノクロウサギの生息する森．スダジイの森（A）は秋にドングリ（B）を地上に落とし，アマミノクロウサギや他の動物の冬季の重要な餌となる．谷間には木性シダのヒカゲヘゴ（C）や大きな板根のオキナワウラジロガシ（D）などが生育する．

よびノウサギ属の亜種レベルの分化）は，東アジアの寒冷化とともに熱帯・亜熱帯から温帯・亜寒帯にかけて起き，アマミノクロウサギはこの最初の種分化で誕生したと考えられている（図 2.22；Yamada *et al.*, 2002；第2章参照）．また，東アジアのネズミ亜科でも，東アジアの寒冷化にともない，熱帯から亜寒帯にかけて種分化が起きたと考えられている（図 5.7，図 5.8；Suzuki *et al.*, 2000；Sato and Suzuki, 2004）．トゲネズミ属は，初期の種分化時（クマネズミ属 *Rattus* やハツカネズミ属 *Mus* およびカヤネズミ属 *Micromys*）にやや遅れて誕生し，トゲネズミ属の誕生の後に九州や本州などに生息するアカネズミ属 *Apodemus* が誕生した．これら2種より遅れて，鮮新世にクマネズミ属から種

図 5.7 奄美大島における希少齧歯類のアマミトゲネズミ（A）とケナガネズミ（B）（A：勝 廣光撮影，B：伊藤圭子撮影）．

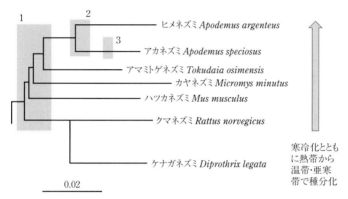

図 5.8 東アジアにおけるネズミ類（ネズミ亜科の仲間）の 3 回の種分化（Suzuki *et al.*, 2000 ; Sato and Suzuki, 2004 より改変）．

分化したと考えられる樹上性の大型齧歯類の固有種のケナガネズミがいる．

ユーラシア大陸の南部で誕生し，大陸の南東部の中流球に入り込んだアマミノクロウサギやトゲネズミ属，そしてケナガネズミは，島嶼に閉じ込められ，独自の進化を遂げたといえる．奄美群島と沖縄島に現存するウサギ類やネズミ類は，東アジアで時期を異にして起きた複数の種分化で誕生したと考えられる．

世界的にみれば，亜熱帯や熱帯域に生息するウサギは存在するが，多くは高標高地帯（たとえば 1000 m 以上）に生息し，比較的冷涼で乾燥気味の環境に生息している．したがって，アマミノクロウサギは，湿潤亜熱帯気候の低標高地帯に生息する唯一のウサギであり，形態的に，また生態的に原始的特徴をもつ世界に唯一の存在といえる．現在，アマミノクロウサギは奄美大島と徳之島だけに生息するが，かつて沖縄島にも生息していたことを示す化石（170 万-

図 5.9 現在の地図上での中国大陸におけるアマミノクロウサギ祖先の化石発見地（Tomida and Jin, 2002）と中琉球への渡来経路の仮説（地図は Google の許可を得て使用）．

150 万年前と 40 万年前の地層）が近年発見されている（小澤，2009）．中国大陸では，より古い時期の化石（祖先型で 600 万-300 万年前の揚子江付近の地層）が発見されており（Tomida and Jin, 2002），アマミノクロウサギの祖先は中国大陸の黄河と揚子江の間に生息していたと考えられる（図 5.2，図 5.9）．その一部の大陸が切り離されて，中琉球となり，奄美群島が形成され，この島嶼で独自の進化を遂げて今日に至ったと考えられる．中国大陸のアマミノクロウサギの祖先は，捕食性哺乳類の進出や寒冷乾燥化などが原因で絶滅したと考えられる．

トゲネズミ属は沖縄島の種（オキナワトゲネズミ *T. muenninki*）が祖先型で，徳之島（トクノシマトゲネズミ *T. tokunoshimensis*）や奄美大島（アマミトゲネズミ *T. osimensis*）がその子孫型と考えられ，種間で染色体数を違えることや，通常の哺乳類とはまったく異なる性染色体（子孫系での Y 染色体の消失）による繁殖システムをもつことで生き残ってきたと考えられている（Murata *et al.*, 2012）．狭い地域の島ごとに種分化を起こしているトゲネズミ属は世界的に唯一の特異な存在である．奄美群島と沖縄島で起きた島の成立過程とネズミの種分化過程は，哺乳類の染色体進化の特異的なモデルとして注目されている．

これらの遺存固有哺乳類を含め固有生物の存在が，大陸島における独特の生

物進化の過程を表わす生態系の顕著な見本と考えられている．また琉球諸島は，学術上の価値が高く，世界的にも生物多様性保全上の重要な地域として，世界自然遺産指定を行い，保全する価値があると位置づけられている．

5.2 発見史

（1） なぜアメリカ人の発見か

アマミノクロウサギの原記載に使用されたタイプ標本（新種の基準となった特定の標本のこと，基準標本 type specimen ともいう）が奄美大島でアメリカ人 W. H. ファーネス（William Henry Furness, 1867-1920）と H. M. ヒラー

図 5.10　シンガポール（1898年）で撮影されたヒラー（左），エッツエル（ファーネスの助手，左から2人目），ファーネス（左から3人目）およびハリソン（右）（Kazt, 1988 より，写真はペンシルバニア大学考古学人類学博物館所蔵で使用許可済み）．

170 第5章 アマミノクロウサギ——日本の特別天然記念物

(Hiram Milliken Hiller, 1867-1921) によって採集されてから，およそ120年になる（図5.10，表5.2；山田，1996b）．なぜアメリカ人が奄美大島までアマミノクロウサギを採集にきたのか，発見した若者たちの素性，いきさつ，動機などの発見史や当時の明治の様子について述べる．

（2）原記載と再分類

ウサギ科の分類を再検討したアメリカの分類学者の W．ストーンの記載によると，「1896年2月26日に W. H. ファーネス博士と H. M. ヒラー博士により琉球諸島において採集されたウサギの2個体（1個体は頭骨と毛皮，1個体は毛皮）の標本を鑑定して，このウサギを新種としてアマミノクロウサギ *Caprolagus furnessi* に分類した」とある（Stone, 1900）．ストーンは，当初標本の採集地が日本であるため，ニホンノウサギ *Lepus brachyurus* の近縁種に分類するのが妥当と考えたが，黒っぽい毛色，頭骨の計測値や形態的特徴などにもとづいて，むしろインド北東部のアッサム地方に生息するアラゲウサギ *Caprolagus hispidus* にもっとも類似しているため，アラゲウサギ属の新種とし，種名には採集者ファーネスの名前を記念して命名した．また，彼は後の分類で本種が1属1種に分類されるための最大の根拠となった頭骨標本の上顎頬歯の後位端の小さな臼歯（上顎第三臼歯）の欠損をも記載している．なお，アラゲウサギは発見当初（1939年）はノウサギ属 *L. hispidus* として位置づけられたが，新属アラゲウサギ属 *Caprolagus* が1845年に創設されたため，*C. hispidus* に位置づけられた．

この記載において，これより約60年前にドイツ人でオランダから派遣されたシーボルト（Phillip Franz von Siebold, 1796-1866）によって日本で収集されたノウサギ標本にもとづいて，テミンクが原記載したニホンノウサギ（Temminck, 1844）をストーンが正確に引用していることから，当時のヨーロッパとアメリカの動物学の交流があったことがわかる．当時のわが国の動物学では，ドイツ人ブロムメの『博物図説』を文部省博物館の田中芳男が抄訳，補説した『動物学』（1874［明治7］年）が近代的動物学の最初の文献で，リンネ式の分類体系でまとめられている．これにはノウサギ属 *Lepus*, Linn.，アナウサギ（カイウサギ）*Lepus cuniculus*, Linn.，ナキウサギ *L. pusillus*, C. の3種が，当時使用されていた学名として記載されている（田中，1875）．わが国においてアマミノクロウサギやニホンノウサギなどの日本産動物が正確に分類学的に位置づけられ使用されるのはかなり後年であり，原産国でよりも欧米で先に新

種として認識されたわけである.

　その後，世界中のウサギを体系的に分類整理しなおしたアメリカの分類学者のM. W. リオンは，ストーンのアマミノクロウサギ標本を用い，アマミノクロウサギだけが含まれる新属アマミノクロウサギ属 *Pentalagus* を設定し，この属へ移した（Lyon, 1904）. 先にも述べたが，リオンの鑑定した標本には上顎第三臼歯が欠損しており，この特徴が新属を設ける理由であった. ウサギ科の他種は上顎臼歯が6対あるが，本種は5対しかないので，属名は5つ（penta-）の歯をもつウサギ（lagus）の意味である *Pentalagus* と命名された. 後に，分類学者のG. B. コルベットは大英博物館所蔵の4個体すべてに上顎第三臼歯が存在し，アラゲウサギ属の上顎第三臼歯のほうがむしろ小さいと指摘している（Corbet, 1983）. 一般的に，頬歯の前位端（第一前臼歯）や後位端（第三臼歯）が退化する場合があり，これらは個体変異の大きい形質と考えられる. 第三臼歯の欠損はアマミノクロウサギだけの特徴でない. とはいえ，アマミノクロウサギの形態や染色体の特徴は他のウサギと異なり，ウサギの仲間ではもっとも古い特徴をもつことが認められている（Corbet, 1983）. なお，同論文でリオンは新属アカウサギ属 *Pronolagus* も設定している. 後年，これらを含めた現生種3属（アマミノクロウサギ属，アカウサギ属およびメキシコウサギ属 *Romerolagus*）は，化石種とともにムカシウサギ亜科 Palaeolaginae に分類されたことがあったが，現在ではこれら3属は他のすべての現生種とともにウサギ亜科 Leporidae に含まれている（Simpson, 1945；シンプソン，1974；冨田，1997；第2章参照）.

（3）タイプ標本の保管場所

　ストーンの記載（Stone, 1900）によると，鑑定に用いたタイプ標本はウィスター研究所（Wister Institute）の所蔵標本を使用したとある. ファーネスとヒラーの採集したアマミノクロウサギの標本が保管されていたウィスター研究所は，1892年にアメリカで最古の独立した生物医学研究所として，フィラデルフィアにI. J. ウィスター（Isaac J. Wistar）によって設立された. ウィスターはファーネスの友人であった. この研究所は，初期には比較解剖学や実験生物学の研究のための施設や解剖学用の試料および骨格標本を有する博物館として機能した. 今日では，分子や細胞レベルでの最先端の生物学研究が進められている. わが国とは明治・大正時代から，医学生物学分野で多くの研究者が滞在研究を行うなど関係が深い.

172　第5章　アマミノクロウサギ——日本の特別天然記念物

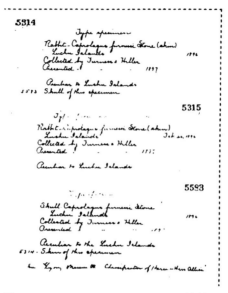

図 5.11　アマミノクロウサギのタイプ標本カタログ（Wister Institute 所蔵）．No. 5314 は頭骨，No. 5315 は毛皮，および No. 5583 は No. 5314 の毛皮を示している．

　ストーンが鑑定に用いたアマミノクロウサギのタイプ標本は，1個体分の頭骨標本（No. 5314）と毛皮標本（No. 5583）および1個体分の毛皮標本（No. 5315）からなり，これらの採集年は1896年，研究所への提供は1897年と記録されている（Stone, 1900；図 5.11）．また，ボルネオ産ムササビのタイプ標本も所蔵していると記録されている．しかし，多くのコレクションは現在ウィスター研究所に所有されていないようで，自然史博物館（Natural History Museum）やフィラデルフィア自然科学アカデミー（Academy of Natural Sciences of Philadelphia）などに移設されている．私はアマミノクロウサギのタイプ標本の目録をウィスター研究所で確認できたが，標本自体の保管を確認できなかったため，他の標本と同様に他所に移されていると考えられる．

（4）標本採集者ファーネスとヒラー

　ファーネスはフィラデルフィアの名門の一族の出身で，父親（Horace Ho-

ward Furness）はシェークスピア研究者，叔父（Frank Furness）は建築家で
ペンシルバニア大学図書館（現在の博物館で Furness Building とよばれてい
る）を建設し，そして甥（Horace H. F. Jayne）は博物館館長を 1929-1940 年
の間務めた人物である．ファーネスは 1888 年にハーバード大学を卒業し，
1891 年にペンシルバニア大学医学校を修了した（表 5.2）．その後，1892-1897
の 5 年間，彼はペンシルバニア大学病院で外科医の助手として働いた．この間，
1893 年の春にファーネスは患者の 1 人をともなって日本に旅行し，短い滞在
中に芸術的な入れ墨を背中にほどこし，骨董品を入れた大きなケース 19 個と
ともに帰国している．これらは後に行うアジア探検への並々ならぬ情熱を示す
ものであったという（Katz, 1988）．彼は 1895 年から 1903 年にかけ本格的に
民俗学や自然史研究に興味をもち，アジア，オセアニアの探検に出た．その後，
大学博物館の民俗学部門のキュレーターなどに従事したが，博物館の内紛のた
め辞職し，1917 年にペンシルバニア大学医学校の助手となり，1920 年 8 月 11
日に死亡した．世界的に著名な探検家，首狩り族研究家，ボルネオ遺物コレク
ションをもたらしたシェークスピア研究家の息子の死として，地元新聞に訃報
が掲載された．生涯独身で兄弟や甥にみとられた．著書として，"Life in the
Luchu Islands"（1899），"The Home Life of the Borneo Head-Hunters : Its
Festivals and Folk-Lore"（1902），"Island of Stone Money, Uap of the
Carolines"（1910）などがある．

　ヒラーはファーネスの同級生で，1891 年にペンシルバニア大学医学校を修
了し，フランスやドイツに 1 年間留学し，帰国後大学病院などの内科医をした．
1902 年までファーネスと彼の友人の A. C. ハリソン（Alfrred Craven Harri-
son, 1869-1925）とともに，日本のアイヌ調査やオセアニア探検を行った．そ
の後，1902-1907 年の間，キューバでハリソンと製糖事業を行い，その後医者
として仕事をした．今日，ファーネスたちのアジア，オセアニア探検の記録で
もっともまとまって残っているのは，ヒラーの書いたものである．著書として，
"A Brief Report of a Journey Up the Rejang River in Borneo" などがあり，奄
美大島や琉球探検を記述した 128 ページの手書きの記録 "Voyage I"（Hiller,
未発表）がある．

（5）ファーネスたちのアジア，オセアニアの探検と動物標本採集

　ファーネスとヒラーたちのアジア，オセアニア探検に関する入手可能な文献
として，ペンシルバニア大学博物館のキーパー兼キュレーターの A. カッツ博

士（Adria Katz）による報告がある（Katz, 1988）．これをみると，残念ながら日本や琉球諸島（奄美も含め）滞在の記録はごくわずかで，ボルネオの記録に多くがさかれている．

ファーネス，ヒラーおよびハリソンの3人の1895-1903年にかけての探検の目的は，アジアや太平洋の動物標本や民俗学的資料をペンシルバニア大学にもたらすことであった．ファーネスが採集探検を提案し，その最終的目的地としてボルネオ島を，そして同行者として医学校の同級生で友人のヒラーを選んだ．彼はヨーロッパで1年間の勤務医を終えたところであった．ヒラーは1894年にフィラデルフィアのハワード医学校の外科医のポストを得るために帰国したが，このポストをあきらめ，翌年ファーネスと旅に出発した．ファーネスとヒラーは28歳であった．

マライ群島（インド洋から太平洋におよぶ広大な海域にわたる東インド諸島）への途中，この探検はファーネスの父の資金援助による完全な個人的なもので，その目的はペンシルバニア大学のコレクションを作成するためと当時の新聞記者に語っている．ホノルル新聞（1895年10月28日付）によると，できるだけ完璧なコレクションを収集することを目的とし，金めあてではなく，白人の訪れていないボルネオ地域への探検を考え，かなりの危険を予測しているという．

ファーネスたちは，ボルネオに到着するまでの準備のため，横浜において数カ月を費やし，帆船や2人の同行者を集めた．1人の名前はJ. A. ウィルダー（James Austin Wilder）といいハーバード大学出身者，もう1人はL. エッツェル（Lewis Etzel）といい，ハンター兼二等航海士として雇った．そして，琉球諸島における探索や標本収集に幾週間か費やした．タイプ標本になるアマミノクロウサギは，この間に採集されたと考えられる．この調査航海の後の4月の終わりまでには4人の男たちはシンガポールに到着し，さらにボルネオ探検への準備を終えたと記録されている（図5.10；Katz, 1988）．

ファーネスは琉球（奄美）での動物採集の記録をほとんど行わず，むしろ入れ墨や髪型など人々の風俗習慣などの記録を多くとっている（Furness, 1899）．ヒラーも同様であるが，奄美大島の名瀬港に入る船上からと思われる陸地の風景を2, 3行程度記録している．すなわち，当時の奄美は「シイ・カシの密林で多くの山が覆われているが，いったん伐採された場所は荒廃し，ススキや草が生え無益になる．そこには，野生のイノシシ，めずらしいウサギ，ravens（ルリカケスのことか？）と2-3種のsongbirds（さえずる鳥）が住んでいる」

と上記の"Voyage I"に記録している（Hiller，未発表）．これがアマミノクロウサギに関する採集者の唯一の記述である．

　彼らは1896年9月11日に第1回調査を終了し，アメリカに帰国した．旅行中収集されたコレクションは目録作成と研究のためにペンシルバニア大学に送付された．第2回調査では，1897年6月にファーネスとヒラーは日本に立ち寄り，別ルートで調査に入った．収集されたサンプルは大学に送付された．しかし，当時，大学の考古学人類学博物館（The University Museum of Archaeology and Anthropology）は建物がなく，第一次，第二次調査の民俗学的資料や動物学の標本はウィスター研究所に送られ保存された．前述のように，ウィスター研究所のアマミノクロウサギのタイプ標本のカタログに採集年が1896年，研究所への提供は1897年と記録されていることから，第一次調査のコレクションのなかにアマミノクロウサギが含まれていたと考えられる．ファーネスは熱病になったので，コレクションの開封にはヒラーがあたった．

　その後，ウィスター研究所の動物標本はしだいに分散していった．ファーネス，ヒラーおよびハリソンの収集した多くの標本のうち，1911年に鳥類標本の多くが販売に出され始め，フィラデルフィア自然科学アカデミーに移された．霊長類の頭骨標本の一部は大学博物館に移された．

　ボルネオ探検の5年後に，3人の若者はアジア，太平洋の先住民の調査を行った．セイロン島とインド北東部のアッサムにはファーネスたちが1899-1900年に，日本の北海道とスマトラ島にはヒラーとハリソンが1901年に，およびキャロライン諸島ヤップ島にはファーネスが1903年に調査に入った．このときの調査で得られたスマトラ産の動物標本はすべてフィラデルフィア自然科学アカデミーに寄贈され，その他の民俗学的コレクションは大学博物館に納められた．

　なお，スマトラ島には原始的な希少種のスマトラウサギ *Nesolagus netscheri* が生息しているが，ファーネスたちの調査より15，16年以上も前に本種は採取され，当初はノウサギ属 *Lepus* の1種に分類されていたが，後に新属 *Nesolagus* が創設され，こちらに移された（Forsyth-Major, 1899；Flux, 1990）．ファーネスたちがこのウサギを収集したかどうかは，スマトラのコレクション目録を検討すれば明らかになると考えられる．

　探検の合間をぬって，ファーネスとヒラーはフィラデルフィアでスライド映写機を用いて一般向けに講演会を開いた．その後，ファーネスは1916年まで，ボルネオオランウータンに言語を教えることに捧げた．彼が1896年の探検で

表 5.2 アマミノクロウサギの標本採集時期と関連事項の年表.

西暦	年	月	アマミノクロウサギ	関連事項
1844				テミンク, 『日本動物誌』でニホンノウサギを新種記載
1853				ペリー来航
1855			名越左源太（薩摩藩士）『南島雑話』でクロウサギを記述	
				バシル・ホール「大琉球島探検航海記」
1859				ダーウィン『種の起源』
1872				琉球藩設置
1873	M6			『南島誌』
1874	M7			田中芳男『動物学』
1874	M7	5		琉球帰属の決着をつけるため明治政府台湾出兵
1877	M10			モース『進化論講義』
1879	M12	3		清国との関係断絶図るため明治政府が首里城占拠
1879	M12			廃藩置県
1879	M12	11	ドゥーダーライン（Doederlein, L.）東大招聘講師のためドイツから来日	
1880	M13	8-9	ドゥーダーライン名瀬-加計呂麻島旅行	
1880	M13	10		分島問題と挫折（1872-1880 の 10 年間を琉球処分という）
1881	M14		ドゥーダーライン『琉球諸島の奄美大島』を出版（クロウサギ, イノシシなどの哺乳類相を記述）	
1881	M14	11	ドゥーダーライン帰国	
1883	M16			ブラキストン線提唱
1884	M17			Brauns 渡瀬線の素案の提唱
1888	M21	11		日本動物学会の前身設立,『動物学雑誌』発刊開始
1888	M21	11		田代安定「琉球産ノ動物」動雑 1：28 （1886-1887 年における琉球群島の動植物調査結果の掲載予告）
1889	M22			渡瀬庄三郎留学先のアメリカから帰国
1889	M22			伊藤篤太郎・松村任三『琉球植物誌』
1890	M23			シーボーム『日本帝国の鳥類』
1891	M24		ファーネス（Furness）ペンシルバニア大学医学校を卒業	
1892	M25		Wistar Institute 設立	
1892	M25	12		野澤俊次郎「北海道ト南日本ト動物ノ差異」動雑 50：465-472
1893	M26		ファーネスと彼の患者と日本を旅行（入れ墨と骨董品収集）	
1894	M27			笹森儀助『南島探検』
1894	M27			日清戦争（-1895）（朝鮮植民地化のため清国勢力を排除するため）
1894	M27	8		琉黒「琉球諸島ノ野獣」動雑 70：308
1894	M27	8		琉黒「琉球ノ家猫」動雑 70：308
1895	M28		ファーネスとヒラー第 1 次調査のため日本に向け出発	
1895	M28			台湾占領, 総督府の設置（南進のための基地化）
1896	M29			牧野富太郎, 大渡忠太郎, 内山富次郎帝国大学探検隊領土直後の台湾調査
1896	M29	2	ファーネスとヒラーたち奄美沖縄調査（アマミノクロウサギの採集）	
1896	M29	9	ファーネスとヒラーたちアメリカに帰国	
1897	M30	6	ファーネスとヒラーボルネオ第 2 次調査のため日本に立ち寄る	
1899	M32	1	ファーネス "Life in the Luchu Islands" を発表	

西暦	年	月	アマミノクロウサギ	関連事項
1900	M33		ストーン（Stone, W.）アマミノクロウサギ原記載「Descriptions of a new rabbit from the Liu Kiu Islands and a new flying squirrel from Borneo」発表	
1904	M37			日露戦争（-1905）（朝鮮占領と満州進出のため）
1904	M37	8-9		アラン・オーストン第1回奄美大島鳥類調査
1906	M39	3		小川三紀「琉球ヨシゴイとオーストンゲラ」動雑 209：89-91（第1回奄美大島鳥類調査）
1906	M39			松村任三・早田文蔵『台湾植物誌』
1906	M39			三好学・渡瀬庄三郎，天然記念物保護の提唱
1909	M42	4	渡瀬庄三郎，波江元吉ら第2回奄美大島動物調査（哺乳類標本の採集）	
1909	M42	10	波江元吉「沖縄及奄美大島の小獣類に就いて」動雑 252：452-457（第2回奄美大島動物調査におけるアマミノクロウサギを含む採集標本目録）	
1910	M43			八田三郎，八田線提唱
				小川三紀 Annotationes Zoologicae Japonenses, 5：175-232（第1回奄美大島鳥類調査）
1912	M45			波江元吉「沖縄及び奄美大島の採集鳥類」動雑 285：411-415（第2回奄美大島動物調査）
1912	M45			渡瀬庄三郎，渡瀬線の提唱
1913	T2			青木文一郎「本邦における哺乳動物の分布状況」動雑 300：498-517（渡瀬線（青木線）の提唱）
1914	T3			第一次世界大戦・独に宣戦（-1918）
1917	T6	7		鹿児島高等農林・堀井栄吉第3回奄美大島動物調査
1918	T7			堀井栄吉「沖縄及び奄美大島の採集鳥類」鳥，2(7)，p.95（第3回奄美大島動物調査）
?			横浜在住，英人アラン・オーストン生捕クロウサギ60頭を標本用に輸出	
1919	T8			「史蹟名勝天然記念物保存法」成立
1920	T9	2.4-2.12	内田清之助「天然記念物調査報告，鹿児島県奄美大島の動物に関するもの」調査（クロウサギ死体1頭で2円の価格，標本用ルリカケス1-3千羽（50銭）第一次世界大戦勃発で需要急減）	
1920	T9	11	内田清之助「天然記念物調査報告，鹿児島県奄美大島の動物に関するもの」発表	
1921	T10			坂口徳太郎『大奄美大島史』
1921	T10	3	アマミノクロウサギ天然記念物に指定	
1921	T10	12		日野光次，名瀬市周辺で10日間小哺乳類最終調査
1922	T11	6	折居彪二郎，徳之島でアマミノクロウサギ取得（体長445 mm，耳長43 mm，尾長35 mm）	
1923	T12			国立林業試験場（現，森林総合研究所）設置
1923	T12			日本哺乳動物学会（現，日本哺乳類学会）設立
1925	T14			柳田国男『海南小記』
1925	T14			昇　曙夢『大奄美史』
1927	S2		ロシア魚学者ピーター・シュミット，アマミノクロウサギとルリカケスなどを採集	
1928	S3	8	昭和天皇案内のため日野光次，アマミノクロウサギなどの捕獲調査	
1963	S38	7	アマミノクロウサギ特別天然記念物に指定	

M：明治，T：大正，S：昭和

178　第5章　アマミノクロウサギ——日本の特別天然記念物

持ち帰ったオランウータンはフィラデルフィア動物園で飼育され，1頭は3年間生存したが，ボルネオ島からの3頭は1898年に航海途上で死亡した．オランウータンへの言語の指導は1909年から彼の自宅で行われ，ボルネオ島で入手した幼獣と業者からの2頭および1911年に1頭を追加して合計4頭を対象とした．4カ月間の連日の訓練の結果，もっとも成功した雌の個体はパパ，カットと発音したが，残念ながらオランウータンに理性がないとファーネスは結論づけた．

（6）江戸から明治の琉球・奄美の動物調査

アマミノクロウサギが文字の記録として文献上で初めて登場したのは，1855年発行の名越左源太の『南島雑話』である（国分・恵良，1996；第1章参照）．名越は「大島兎は耳短くして倭の兎にやや異なり猫に似ている」と記述し，図解している（図5.12）．この記述で名越は，彼の出身地の鹿児島本土のニホンノウサギとは違うことを端的に指摘している点は興味深い．名越左源太は，幕末の薩摩藩の上級藩士で，島津家お家騒動に連座して，1850-1855年の5年間奄美大島に「流人」として滞在した人物である．彼は奄美市名瀬小宿に居を構え，滞在中に島内の動植物や人々の生活を詳細な図と解説文で記録して民俗誌として著し，当時の奄美大島を記録する貴重な資料を残したと高く評価されている．

江戸末期から明治にかけ沖縄本島への欧米人の訪問が比較的あり，見聞録や記録によって沖縄本島の文化や風俗はヨーロッパで広く知られていたが，奄美群島はほとんど未知の世界であった．西欧への唯一の紹介者としてドイツの動物学者 L. H. P. ドゥーダーライン（Ludwig Heinrich Philipp Doederlein, 1855-1936）がいた（クライナー・田畑，1992）．彼は24歳の若いお雇い外国人講師として東京帝国大学に在職中の2年間（1879-1881年），関東，関西，九州などへ精力的に動物標本採集に出かけ，とくに1880年8月15日からの16日間の奄美大島の名瀬から加計呂麻島往復の旅行記録を『琉球諸島の奄美大島』と題して1881年に発表した（表5.2）．この報告書は当時の島の生活，風俗，自然などをかなり総合的に記録し，さらに沖縄や本土との比較検討も行っている．このなかで，ドゥーダーラインは奄美大島の哺乳類としてウサギやイノシシ，ネズミやコウモリが生息することを記述している．この報告書によって奄美大島は欧米に初めて学術的に紹介されたわけで，これをきっかけにドイツの園芸家や植物研究者などの来訪が促された．とくにソテツは1887（明治20）年ご

図 5.12 わが国で最初に記録されたアマミノクロウサギの図と解説(左下と右下).このページでは,ケナガネズミ(上)とチリモス(中,実在しない伝説動物)が描かれている(名越［1855］『南島雑話』の図を平凡社から許可を得て転載).

ろ,ヨーロッパに大量に輸出され始め,1897(明治30)年ごろにピークに達し,このころユリがアメリカにさかんに輸出された.当時アメリカにいたファーネスたちもドゥーダーラインの報告書を読み,琉球,奄美への調査を計画に入れ,交易の活発化にともない,ボルネオ探検の準備中に滞在した横浜で奄美の情報をくわしく得たと考えられる.

明治維新によって日本が天皇制国家の形成をめざし,富国強兵(殖産興業と近代兵制の整備)を国是とするようになってから,近隣諸国との互恵共存の基調が崩れ,明治政府はさかんに近隣国と戦争を起こした(丸山,1995).その出発点が1874年5月の台湾出兵で,琉球王朝はこれまでの日本と清国との両属体制の維持を希望したが,国内統一を急ぐ明治政府は琉球の日本帰属を実証するために台湾出兵を行った(表5.2).台湾占領後,明治政府は琉球王国の

180 第5章 アマミノクロウサギ——日本の特別天然記念物

統合を完成するため，1875年7月に王朝に対し清国との関係断絶を命じ，1879年3月に首里城を占領した（琉球処分とよばれる）．さらに，朝鮮半島の植民地化を目的に清国の力を排除するために日清戦争（1894-1895年）を起こした．日本は南進のための拠点となる台湾と大陸進出のための朝鮮半島を獲得したわけである．ファーネスとヒラーが奄美大島を訪れた1896（明治29）年は日清戦争勝利の翌年にあたり，戦勝景気で活発な交易があった時代と考えられる．

　ファーネスたちの調査以降，奄美群島における動物調査が行われているが，アマミノクロウサギに関しては若干の採集記録（波江，1909）以外に調査はまったくない（表5.2）．しかし，1919年「史蹟名勝天然記念物保存法」成立の翌年の1920年2月4日から2月12日まで実施された天然記念物指定を目的にした内務省の調査は，当時のアマミノクロウサギの分布，生態や生息状況などをもっともくわしく記述した最初の報告書（内田，1920）となった．アマミノクロウサギは当時も数が少なく，捕獲は年間数十頭から百数十頭程度で，地元ではもっぱら食用や毛皮の利用があるだけで，ときどき標本用としての需要もあると記録されている．価格は死体1頭2円程度で，本土のノウサギよりも高価であったという．この調査の数年前に横浜在住のイギリス人アラン・オーストンが約60頭のアマミノクロウサギを生捕りし輸出したと，この報告書に記録されている．天然記念物指定の必要性として，原記載論文（Stone, 1900）を引用し，新種としての価値のあること，本種が奄美大島と徳之島だけにしか生息しないこと，生息数が少なく絶滅の可能性があるため，捕獲禁止措置による保護の必要性があることを指摘している．

　徳之島産のアマミノクロウサギの史上初の標本記録としては，鳥獣採集家の折居彪二郎による1922年の標本取得とその記録が残されている（揚妻-柳原ほか，2013）．このウサギは体長445mm，耳長43mm，尾長35mmの大きさで，後肢は短く，尾は白で，背部は真黒色でところどころに白い刺毛がある．横面には黄褐色のカスリのような刺毛があり，下腹面は黒色というより石盤黒色と記述されている．

（7）明治期の自然保護と天然記念物の法制化

　開国およびそれに次ぐ国内産業の発展によって，とくに明治中期から日本の生物相自体の著しい変化やその対策がしだいに問題にされるようになった（佐藤，1965）．具体的には外来植物や害虫発生の問題，在来の鳥獣類などの減少

5.2 発見史 *181*

問題が指摘された．このような状況において，天然記念物指定による保護政策の実現は，1906（明治39）年ごろから植物学者三好学（1861-1939）を中心として開始された．動物学分野では，渡瀬庄三郎（1862-1929）たちの政府に対する要望活動で始まった．

この結果，1919（大正8）年に「史蹟名勝天然記念物保存法」が成立し，1931（昭和6）年1月までに総計373件が記念物に指定された．このうち植物がもっとも多く297件（80%），動物37点（10%），地質鉱物38点（10%）であった．とくに動物では，鹿児島県奄美大島のアマミノクロウサギとルリカケス *Garrulus lidthi*（内田，1920），鹿児島県などのツル（内田，1920），高知県のオオミズナギドリ *Calonectris leucomelas*（内田，1922），長崎県対馬の動物（黒田，1921）などが指定された．

天然記念物指定による保護政策を意図した三好は，純粋に学術的（生物学上）目的から動植物などの天然記念物保護を提唱したが，実際に法文化されたときには史蹟と抱き合わされ，天然記念物保護は骨抜きにされた．営利企業や大地主の利益追求と軍国主義的国策優先の犠牲にされたといえる．それは第二次世界大戦および戦後のいわゆる産業復興の過程で著しく，復元不可能なまでに荒らされた貴重な学術資料が数多くある（佐藤，1965）．

三好は，天然記念物の動植物減少の5つの原因として，①天然物のなかの価値を知らない，②多く採集し商売にする，③土地の開拓，鉄道の敷設，道路の開通，市区の改正など，④工業の進歩にともなう水，大気汚染，⑤人為による火災をあげ，このうち③の原因が当時もっとも多く，将来も増加し重要な原因になるだろうととくに指摘している（三好，1915；佐藤，1965）．なお，渡瀬庄三郎は動物地理学上で屋久島・種子島と奄美大島の間の生物相の違いの境界線として「渡瀬線」を提唱した．また，インド産のフイリマングース *Herpestes auropunctatus*（以下，マングースとよぶ）の沖縄導入，養狐事業，西洋犬導入による雑種化からの日本犬の保護，オオカミの被害調査，食用カエルの飼養奨励などを行った（佐藤，1965）．

今日の奄美群島におけるアマミノクロウサギの保護問題やマングースなどの外来種問題，あるいは開発と自然保護問題などの発端がこの時代にあることはとくに興味がひかれる．

5.3 外部形態と分子系統

(1) 外部形態

アマミノクロウサギは，ウサギ科のなかでは中型サイズのウサギで，とくに外部形態，頭骨および骨格の形態に，他のウサギと顕著な違いが認められている（図5.13，図5.14）．本種の外部形態的特徴は，原記載（Stone, 1900）によるとつぎのとおりである．すなわち，体毛は厚くて羊毛のような毛ざわりで，色は背面で黒褐色，体側で赤褐色，腹側で明るい赤褐色をしており，後肢や尾および耳介は短く，眼は小さい．分厚くカーブした爪はかなり大きく，また頑丈である（長さ10-20 mm）．爪は前肢ではほぼまっすぐであるが，後肢では湾曲しているという．

奄美大島の住用村（現在の奄美市住用）で生体捕獲したアマミノクロウサギの成獣の外部計測値を，たとえばニホンノウサギの計測値と比較すると，体重はほぼ同じであるが，アマミノクロウサギの耳長はニホンノウサギの40-50%，後足長も30-40%，前肢長も30-40%，および後肢長も10-15%ほどそれぞれ短い（表5.3；Yamada and Cervantes, 2005；Yamada, 2015a, 2015c）．

アマミノクロウサギの最大の特徴として，体毛の色が黒っぽいことがあげら

図 5.13 アマミノクロウサギ（左）とニホンノウサギ（右）の剥製（森林総合研究所所蔵）．このアマミノクロウサギは飼育個体由来で爪の自然摩耗が少ないため，四肢の爪はやや伸長気味である．

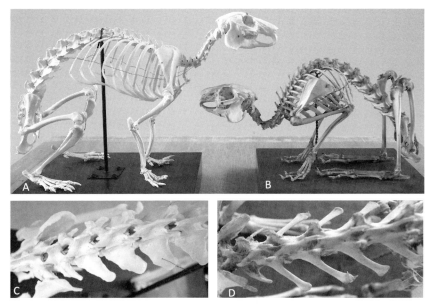

図 5.14 アマミノクロウサギ（A）とニホンノウサギ（B）の全身の骨格標本およびアマミノクロウサギ（C）とニホンノウサギ（D）の腰部の椎骨（森林総合研究所所蔵）．

表 5.3 アマミノクロウサギとニホンノウサギの形態比較．

種類	外部計測値							頭骨計測値（成獣における平均値）	
	体重 (g)	頭胴長 (cm)	耳長 (mm)	後足長 (cm, 爪含めず)	前肢長 (cm)	後肢長 (cm)	尾長 (cm)	顆基底長 (mm)	頬骨幅 (mm)
アマミノクロウサギ	2000-2880	40-53	40-50	8-9	8-9	16-17	2-4	82.0	40.4
ニホンノウサギ	2100-2600	45-54	76-83	12-15	13-14	18-20	2-5	80.9	44.0

外部計測値はアマミノクロウサギ成獣 7 頭（雄 4 頭，雌 3 頭）とニホンノウサギ成獣 6 頭（雄 3 頭，雌 3 頭）の値．頭骨はアマミノクロウサギ成獣 9 個体とニホンノウサギ成獣 5 個体の平均値（Yamada and Cervantes, 2005 ; Yamada, 2015a, 2015c より）．

れる．一般的に湿潤熱帯に住む動物の体毛色は，他の地域に生息する同種や近
縁種と比較すると黒っぽい色をしているという「グロージャーの法則（Glo-
ger's rule）」がある（Gloger, 1833）．温暖かつ湿潤な気候下に住む哺乳類のメ
ラニン色素形成は，冷涼かつ乾燥した気候下に住む同種の場合より高く，暗い
色彩を示す傾向があり，対紫外線対策にも有効と考えられている（Feldhamer
et al., 2015）．アマミノクロウサギもウサギ科のなかで，この法則に適合すると
いえる．なお，インドネシアのスマトラ島のスマトラウサギと，近年新種とし
て発見されたアンナミテシマウサギ Nesolagus timminsi では，頭部や体部に
黒毛の縞模様（ストライプ）が存在する．

（2）骨格，頭骨，下顎骨

アマミノクロウサギを新属に昇格させた記載（Lyon, 1904）によると，骨格
や頭骨の特徴はつぎのとおりである（図5.14，図5.15）．骨格の特徴としては，
前肢では橈骨や尺骨は短く重厚で，橈骨の長さは上腕骨よりも短い．後肢は短
く頑丈である．他の属に比べて足根骨はより幅広く，中足骨はとくに短く頑丈
で，その基部の幅はウサギ科のなかでもっとも幅広い（Lyon, 1904）．また，
腰椎の横突起はウサギ科でもっとも幅広い（図5.14C, D；Corbet, 1983）．

頭骨は扁平で低く，眼窩間は広い．他のウサギ科に比べて，吻部はより短く
より重厚である．前眼窩上突起は，アラゲウサギ，アカウサギ，およびメキシ
コウサギと同様に欠損している．後眼窩上突起はよく発達し，これら3属に比
べて，より重厚でとがってはいない．切歯孔は細く，両側がほぼ平行で，かた
ちはアカウサギに類似しているが，非常に小さい．聴胞はきわめて小さく，ア
カウサギの聴胞を縮小したかたちである．鼻骨は非常に短く，幅が広い．側頭
骨間の縫合線は消滅している．骨口蓋橋（切歯孔と後鼻孔との間）は長い．頬
骨は適度に重厚で，頬骨後位端は適度に長いが，頬骨前下位角はわずかに大き
く，外側に広がっている．

古生物学では，ウサギ科の多くの属の分類は，化石として発見される上顎第
二前臼歯（P^2）の咬面の溝の数やかたちで行われてきた（図5.15E）．アマミ
ノクロウサギ属だけが，上顎第二前臼歯（P^2）の咬面の溝5本をすべてもち，
もっとも複雑なエナメルパターンをウサギ科のなかではもつという特徴がある
（Dawson, 1958；Hibbard, 1963；Tomida and Jin, 2002）．

これらの点から，アマミノクロウサギはすべてのウサギ科のなかでもっとも
原始的な特徴をもつといわれている（Corbet, 1983）．

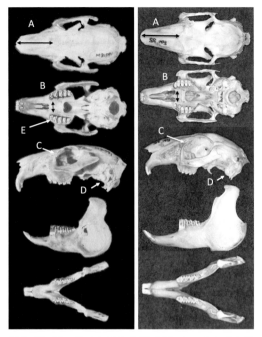

図 5.15 アマミノクロウサギ（左）とニホンノウサギ（右）の頭骨と下顎骨．アマミノクロウサギでは，鼻骨（A の矢印）は短く，切歯孔（B の黒矢印の前方）は狭く，前眼窩上突起（C）は欠損し，眼窩は小さく，また聴胞（D）は非常に小さい．アマミノクロウサギの頭骨や下顎骨のすべての部位はニホンノウサギに比べると，全体的に小さい．E は上顎第二前臼歯を示す．

（3）化石

アマミノクロウサギ属の化石の記録としては，徳之島でアマミノクロウサギの上顎臼歯の2つの化石（右側臼歯 M^1 と左側前臼歯 P^3）が初めて報告され，年代は後期更新世（約1万年前）と推測されている（Tomida and Otsuka, 1993）．同時に，絶滅種リュウキュウシカ *Cervus astylodon* も発掘されている．このため，アマミノクロウサギはリュウキュウシカと同様の中期更新世の初期の間に，同じルートを通じて徳之島に渡来したと考えられている．

186 第5章 アマミノクロウサギ——日本の特別天然記念物

プリオペンタラーグス属 *Pliopentalagus* は、現生アマミノクロウサギの祖先と考えられる化石種である（Dawson, 1958；Hibbard, 1963；冨田, 1997；Jin *et al.*, 2010；図 2.14）。これまでに、東ヨーロッパのモルダビア（Moldavia）とスロバキア（Slovakia）でみつかっているが（Gureev, 1964；Daxner and Fejfar, 1967）、近年、揚子江の北 100 km あまりの中華人民共和国の安徽省淮南市でもみつかった（Tomida and Jin, 2002）。化石が発見された地層からは、中新世後期（約 600 万年前）から始新世初期（約 300 万年前）の本属の化石が発見されており、少なくとも 600 万年前以降のプリオペンタラーグス属からアマミノクロウサギ属に至る系統進化の解明が可能になると期待されている（Tomida and Jin, 2002；図 5.9）。

最近、沖縄島の北部（名護市）と中部（読谷村）でアマミノクロウサギ属の化石が発見され、その年代は更新世初期（170 万-150 万年前）と中期（約 40 万年前）と推定されている（小澤, 2009）。現在は奄美大島と徳之島の 2 島のみに生息が確認されているアマミノクロウサギであるが、かつては沖縄島にも生息していたことがわかる。現在も固有ネズミ類（トゲネズミ属とケナガネズミ属）が奄美大島・徳之島・沖縄島の 3 島に生息するが、かつてはアマミノクロウサギもこれら 3 島に生息していた時代があったのである。なぜ、沖縄島でアマミノクロウサギが絶滅したのかは不明であるが、興味がもたれる。

（4）分子系統

アマミノクロウサギの系統的位置づけに関しては、上記のとおり、これまでは形態や化石の情報から検討されてきたが、近年発達してきた遺伝的情報からの検討が必要と考え、北海道大学の鈴木仁助教授（当時）らと、私たちが捕獲した個体のサンプルを用いて DNA 研究を行うことにした。当時は、ウサギ類における遺伝子配列データの登録が少ない状況であったため、ニホンノウサギおよびエゾユキウサギ *L. timidus ainu* の日本産のウサギ類のサンプルも追加して解析を行うことにした。この分子系統解析から、アマミノクロウサギは、ウサギ科の最初の種分化（中新世中期）として他の 6 属（ピグミーウサギ *Brachylagus*、ブッシュマンウサギ *Bunolagus*、ノウサギ *Lepus*、アナウサギ *Oryctolagus*、メキシコウサギ *Romerolagus*、およびワタオウサギ *Sylvilagus*）とともに出現し、他の 2 属（スマトラウサギ *Nesolagus* とアカウサギ *Pronolagus*）はそれよりやや早く種分化したと考えられた（Yamada *et al.*, 2002；図 2.22）。その後も、他の分子系統研究者によって、より多くの種のデータから

も，かつては化石や形態から類縁関係があるとされたアマミノクロウサギ属とアカウサギ属には，類縁関係は認められないという結果が得られている（Matthee *et al.*, 2004；Robinson and Matthee, 2005 など；図 2.16）．アマミノクロウサギを含む分子系統樹では，分岐後の枝（internal branch）が短く，種間の近縁性を示すブートストラップ値が低く，種ごとの集まりが認められないことから，ウサギ科は祖先型からほぼ同時に放散を起こしたが，近縁属ごとの集まりがあまりみられず，属間の分岐時間は短いと考えられる（Yamada *et al.*, 2002；Matthee *et al.*, 2004；Robinson and Matthee, 2005）．

（5）アマミノクロウサギの系統

アマミノクロウサギの進化は，化石証拠がまだ少ないために多くの謎が残されているといえる．分子系統学的研究も，より多くの種の情報や遺伝子形質を加えて詳細な検討が必要である．

上記のとおり，アマミノクロウサギは，形態的特徴からみるとウサギ類の他の種とはかなり異なり，遺伝的情報からみると祖先から独立した時期はかなり早かったようで，現存するウサギ類が分化した初期に誕生したと考えられる（Yamada *et al.*, 2002；Matthee *et al.*, 2004；図 2.17）．また，現存する種（属）で近縁種（属）は存在せず，1 属 1 種（モノタイプ）であることも，このウサギの誕生の古さと特異性を表わしているといえる．

アマミノクロウサギの祖先型の大陸種の絶滅，分散地での近縁種が認められないことから，アマミノクロウサギの近縁種は化石種のみで，奄美大島と徳之島の島嶼に隔離され，近縁種の存在しない遺存固有種になった．したがって，アマミノクロウサギは大陸と奄美群島との生物地理学やウサギ科の進化，また希少種の保全を考えるうえで，きわめて貴重で重要な存在であるといえる．

5.4　生活史

（1）生息地と食性

アマミノクロウサギは島のおもに山岳地の森林地帯に分布するが，リアス式海岸を形成する奄美大島では，海岸急傾斜地や波打つ海岸までも分布する．すなわち，標高としては，645 m の山岳地（湯湾岳）から標高ゼロメートルまで分布する．生息環境としては，原生的な森林や二次林，また風衝地の草原など

188　第5章　アマミノクロウサギ——日本の特別天然記念物

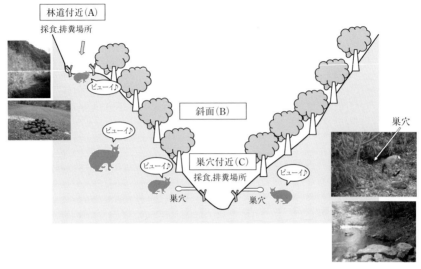

図 5.16　アマミノクロウサギの生息地での生活.

である．休息場として林内の沢付近や斜面に巣穴を設け，餌場として下層植生の生える明るい場所（ギャップや林縁部など）を利用する（図 5.16）．

　後述のアマミノクロウサギのラジオテレメトリー調査を行ったときに，生息地における植生調査を鹿児島県林業試験場龍郷分室の下園寿秋研究員（当時）の協力を得て行った．巣穴などの存在する場所では，下層植生はほとんど存在しないが，採食場所のオープンな場所（たとえば，林道沿い）には下層植生（植被率 90%，植物種数 20 種，植物現存量 180 g/m^2）が多く認められる（図 5.17）．奄美の森林はそもそも鬱蒼と茂っているため（植被率 90%），アマミノクロウサギの巣穴の近くには餌となる植物は少なく，木もれ陽のあたるギャップや林縁部には多く生えている．このため，アマミノクロウサギは，巣穴の場所から植物の生えている場所に出かける必要がある．地形は急傾斜地が多く，生息地の傾斜角度を測定すると，30-40 度程度ある．海岸の急傾斜地や滝の地形では，それよりもさらに急傾斜地となる．アマミノクロウサギの外部形態や骨格の形態は，急傾斜地の登攀や降下の能力に適していると考えられる．

　先にも述べたが，世界的に亜熱帯や熱帯域に生息するウサギは，多くは高標高地帯（1000 m 以上）に生き残ってきており，比較的冷涼な温度環境に生息する．たとえば，インドネシア・スマトラ島のスマトラウサギの生息地の標高

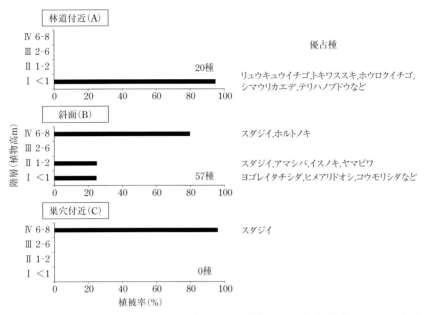

図 5.17 アマミノクロウサギの行動圏内における植物高の階層別植被率（％）と優占植物種．調査場所は図 5.16 の図中の場所を示す．

は 600-1600 m，ベトナムとラオス国境のアンナミテシマウサギは 1000 m ほど（かつては沿岸部まで分布があったらしいが），メキシコウサギは 3000-4000 mである．アマミノクロウサギは低標高地帯で高温下に生息する数少ないウサギといえる．

アマミノクロウサギの食性は完全な植物食であるが，堅果（ドングリ）食であるのが本種の特徴の 1 つといえる．ウサギ科の他のウサギでドングリをさかんに採食するウサギはいない．生息地でアマミノクロウサギの食痕が認められる植物を記録すると，種数で 30 種類以上の植物を採食していることが明らかになった（表 5.4；Yamada and Cervantes, 2005）．このうち，13 種類は草本植物で，キツネノボタン，ツルニガクサ，スゲ sp. などを食べる．残り 17 種類は木本植物で，スダジイ，エゴノキ，ホウロクイチゴやリュウキュウバライチゴなどである．アマミノクロウサギの噛み跡の植物の直径を測定してみると，植物の細い枝や茎（1-2 mm）がもっともよく食べられるが，草本植物では最大直径 9 mm，木本植物で最大直径 6 mm の茎や枝が切断され，その先端部分

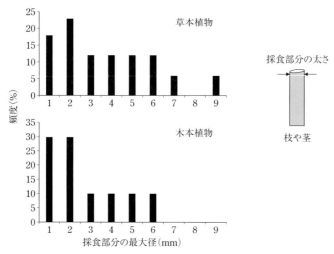

図 5.18 アマミノクロウサギの餌植物における採食部分の太さの確認頻度.

が摂食される（図 5.18）．つまり，これ以上太い茎や枝は切断されるが食べない．木本植物の直径 7 mm 以上の茎や枝では，樹皮の部分だけを切歯で削りとり摂食する．スダジイのドングリは夏から秋に成熟して地上に落下し，秋から冬季にかけて採食される（図 5.6）．採食方法は，ドングリの皮を残して，内部のデンプン質を食べる．スダジイのドングリはタンニン量が少ないために，人間でもそのまま未処理で食べることができる．

奄美大島は亜熱帯気候のために，1 年中草本植物が繁茂するが，もっとも寒くなる 1-2 月にかけて植物は少なくなる．したがって，アマミノクロウサギの餌として，春から夏にかけてはキク科やススキの新芽などの草本植物，秋から冬季にもススキ新芽やスダジイの新芽や樹皮，さらに越冬期のもっとも重要な餌として，スダジイのドングリがあげられる．草本植物や木本植物の新芽はオープンな場所で，日あたりのよい沢筋やギャップ，林道などに出現するが，スダジイのドングリは下層植生の少ない林内でも落下しており，冬季の餌資源としては重要である（表 5.4）．

（2）行動圏と活動時間帯

アマミノクロウサギの行動圏や日周活動を明らかにするために，捕獲した個

表 5.4 　調査地におけるアマミノクロウサギの採食植物．○は採食が確認された月．

種類	植物名（科名）	調査月					
		1	3	6	8	11	12
草本植物	キツネノボタン（キンポウゲ科）		○	○			
	イラクサ（イラクサ科）						○
	イタドリ（タデ科）						○
	ツルニガクサ（シソ科）			○			○
	ヒメジソ（シソ科）						○
	ボタンボウフウ（セリ科）						○
	スマダイコン（キク科）			○			
	アキノノゲシ（キク科）					○	
	スゲ sp.（カヤツリグサ科）	○					
	タマガワヤツリ（カヤツリグサ科）					○	
	トキワススキ（イネ科）		○				○
	ナンゴクホウチャクソウ（ユリ科）		○				
	ヒメナベワリ（ビャクブ科）				○		
木本植物	スダジイ（ブナ科）	○	○	○	○		○
	ヤブツバキ（ツバキ科）		○				
	コバンモチ（ホルトノキ科）						○
	エゴノキ（エゴノキ科）	○	○		○		○
	シシアクチ（ヤブコウジ科）		○				
	モクタチバナ（ヤブコウジ科）		○				
	ホウロクイチゴ（バラ科）				○	○	○
	リュウキュウバライチゴ（バラ科）	○			○		
	ノボタン（ノボタン科）					○	
	クロガネモチ（モチノキ科）		○				
	アカメガシワ（トウダイグサ科）						○
	テリハノブドウ（ブドウ科）						○
	シマウリカエデ（カエデ科）				○		
	カラスザンショウ（ミカン科）		○		○		
	アマクサギ（クマツヅラ科）	○樹皮			○		
	アカミズキ（アカネ科）				○		
	ヤマビワ（アワブキ科）		○				

植物名：片野田逸朗．1999．琉球弧野山の花．南方新社，鹿児島市．

体に電波発信機を装着して行動を追跡するラジオテレメトリー調査を，小柳秀章氏（九州大学大学院院生，当時）らの協力を得て行った（Yamada *et al.*, 2000）．奄美大島の奄美市住用の山中で捕獲した7頭から行動圏面積を計算すると，雄で約1-2 ha，雌で約1 ha 程度であった．沢付近や斜面の巣穴を中心におよそ100-200 m 以内で夜間に行動し，林縁部などで採食と脱糞を行って

第5章 アマミノクロウサギ——日本の特別天然記念物

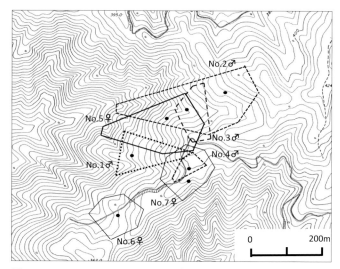

図 5.19 アマミノクロウサギ7頭（雌3頭，雄4頭）の行動圏のまとめ．90%最外郭法による行動圏を描く．雌は実線，雄は点線，黒丸はおもな巣穴位置を示す．

いるという生活がみえてきた（図5.19）．活動時間帯は夜で，夕刻から動き出し，活発に活動し，深夜から明け方まで活動していた．朝方から夕刻までは巣穴に入って休息していた．それぞれの行動圏の重なりをみると，雌どうしの行動圏の重なりはあまりないが，雄は他の雄や雌の行動圏と重なりがあった．このことから，アマミノクロウサギの社会は，アナウサギの社会と同様に，排他的な雌の行動圏に複数の雄が入り込む乱婚的な交尾システムと考えられる．

　行動圏面積を他のウサギと比べてみると，同じような体重でみても，アマミノクロウサギは比較的狭い行動圏で生活するウサギであるといえる（表5.5）．巣穴をもたないノウサギの行動圏面積（10-300 ha）と比べると，アマミノクロウサギ（1-2 ha）は格段に狭いが，アナウサギタイプのウサギと比べても狭く，ヨーロッパアナウサギ *Oryctolagus cuniculus*（0.5-3 ha）に近いといえる．アマミノクロウサギの行動圏面積は，実際に活動している面積としては，生息地の急傾斜地を考慮するともう少し広くなる．急傾斜地の登攀や降下を考えると，平地や緩傾斜地で生活するアナウサギタイプのウサギよりも多くのエネルギーを必要とすると考えられる．

表5.5 アマミノクロウサギと他のウサギの行動圏面積の比較.

種名		行動圏面積 (ha)		体重 (g)		引用文献
和名	学名	雄	雌	雄	雌	
アマミノクロ ウサギ	*Pentalagus furnessi*	1.3	1.2	2226	2550	Yamada *et al.* (2000)
アラゲウサギ	*Caprolagus hispidus*	8.2	2.8	2248 (1810-2610)	2518 (1885-3210)	Bell *et al.* (1990)
ブッシュマン ウサギ	*Bunolagus monticularis*	20.9±2.1	12.9±5.6	2000-3000	2000-3000	Duthie and Robinson (1990)
ヨーロッパア ナウサギ	*Oryctolagus cuniculus*	0.5-3.0		2000		Gibb (1990)
ノウサギ属	*Lepus*	10-300		2000-5000		Flux and Angermann(1990)

（3）熱ストレス回避

　湿潤亜熱帯地域に生息するアマミノクロウサギにとって，蒸し暑い気候は厳しい生息条件と考えられる．足裏まで覆う厚く濃密な毛皮や小さな耳介は，体熱を放熱するのにきわめて効率が悪い．通常，体からの放熱は熱伝導，熱伝達（対流）および熱放熱（輻射）という3つの方法で行われる．汗腺をもたないウサギの場合，体温調整として体を冷たい土や石にあてて熱伝導したり，体を冷たい風にあてて熱伝達（対流）したり，さらに体の熱を冷たい物質の輻射を利用して間接的に冷やす．とくに，皮膚が露出した耳介前面部からの放熱が運動中などには重要と考えられる．耳介には血管が集中しており，冷たい風による熱伝達（対流）や熱放熱（輻射）が行われる（第2章参照）．アマミノクロウサギの直腸温度は38.1℃である（2003年12月30日ハブ咬傷で保護された1個体の測定値）.

　高温多湿のアマミノクロウサギの生息地の気温は高い．奄美大島の奄美市内（市街地に位置する名瀬測候所の測定）で測定された年平均気温は21.6℃，平均最高気温は18-32℃（最高値37℃），平均最低気温は12-26℃（最低値3℃）である．亜熱帯の直射日光があたると，さらに温度が高くなる．そこで，生息地の温度を測定した．アマミノクロウサギの巣穴内（入口から1.5mほど奥）と巣穴の外の樹木に温度データロガーを設置して，それぞれの温度を記録した（Yamada, 2008）．もっとも暑い時期として，8月下旬では，巣穴外温度は日中（14時ごろ）27℃の最高気温を示し，早朝（6-7時）23℃の最低気温を記録し

194　第5章　アマミノクロウサギ——日本の特別天然記念物

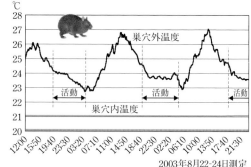

2003年8月22-24日測定

図 5.20　アマミノクロウサギの巣穴内の温度と巣穴外の温度の比較．奄美大島でもっとも暑い時期の8月下旬の数値を示す．

た（図5.20）．巣穴内温度をみると，昼夜21℃で一定であった．この巣穴は沢が流れる谷間にあり，樹木が多く茂っているために，日陰で直射日光があたる時間は少ない．

　ラジオテレメトリー法で明らかになった活動時間帯と気温変化との関係をみると，巣穴外温度（外気温）が24-25℃以下の気温になると活動を開始する．急傾斜地の登攀降下，採食や排糞尿の場所への移動，他個体と出会う場所への移動などの運動によって体熱を発生させるため，体温調整能力の限界から，外気温の低下する時間帯を活動時間帯とし，狭い行動圏内での活動を行っていると考えられる．アマミノクロウサギのような体重2 kg程度の中小型哺乳類にとって，亜熱帯地域の急傾斜地形に生きていくための適応の1つと考えられる．

（4）巣穴

　アマミノクロウサギの巣穴は河川沿いや斜面などにつくられ，その入口は植生などの被覆が少なく（図5.16，図5.17），アマミノクロウサギの通路（けもの道）に沿って注意深く探すとみつかる場合がある．また，林道上や沢沿いにアマミノクロウサギの糞塊があれば，けもの道を丹念にたどると，巣穴がみつかる場合がある．アマミノクロウサギが土を掘り出してトンネルを新たにつくった場合は，掘り出された新鮮な土が巣穴の入口に水平に敷かれている．

　巣穴は斜面に対して水平かやや傾斜したトンネルであり，巣穴の入口は丸いかたちで，縦幅10-20 cm，横幅12-25 cmの大きさである（阿部，1963；Wildlife Conservation Group, 1984）．直進のトンネルでは奥行き30-200 cmで，

L字状のトンネルでは30-200 cm直進した後に直角に折れ曲がり，60-185 cm直進する．その奥に直径20 cmほどの小部屋があり，枯れ葉が深さ6 cmほど敷かれる場合がある．土のトンネル以外の巣穴としては，樹木や岩と地面との隙間にトンネルを掘ったり，倒木の樹洞を巣穴にする場合がある．樹木の根元の巣穴の場合，高さ15 cm, 幅20 cmの入口のトンネルは樹木の根に向けて下方に進んだ後，水平に80 cmほどややカーブしながら奥に進んだ例がある（阿部，1963）．

ヨーロッパアナウサギはワーレンという複数のトンネルが複雑に連結したトンネルシステムを形成するが，アマミノクロウサギの場合は，基本的には1本の行き止まりのトンネルを掘り，巣穴として利用する．繁殖用巣穴も，奥行きの短いトンネルを掘り，利用する．

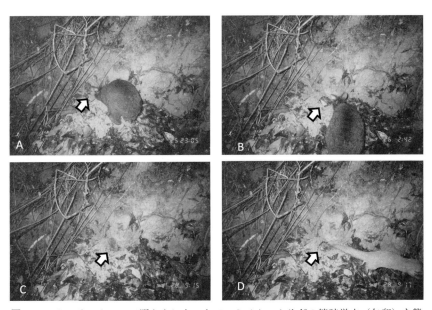

図 5.21 センサーカメラで明らかになったアマミノクロウサギの繁殖巣穴（矢印）を襲う外来種マングース．繁殖巣穴に母ウサギが授乳に夜間訪問したが（AとB），その3日後の昼間に，外来種マングースがこの巣穴の内部に侵入した（CとD）．写真Cでは外来種マングースの尾がみえる．外来種マングースは他の動物の巣穴に侵入し利用する性質があるため，このようにアマミノクロウサギなどの巣穴に侵入し，幼獣などを捕食し，在来種をことごとく滅ぼしてきたと考えられる．

196　第5章　アマミノクロウサギ——日本の特別天然記念物

　外来生物法で 2005 年に特定外来生物に指定されることになるマングース（後述）がアマミノクロウサギの繁殖用巣穴に侵入していることを，センサーカメラ調査によって 2002 年 12 月に発見したことがあった（Yamada and Sugimura, 2004；図 5.21）．夜間にアマミノクロウサギの母獣が巣穴を訪問する写真が撮影された繁殖巣穴に，このマングースが昼間，侵入していたのである．これまでに，外来種マングースによるアマミノクロウサギの捕食の証拠として，マングース糞や消化管調査により，アマミノクロウサギの体毛や骨などが観察され，またアマミノクロウサギの糞による定期的な分布調査によりマングースの分布する地域からアマミノクロウサギの生息が消失してきたことを明らかにしてきた（Yamada and Sugimura, 2004）．さらに，この繁殖巣穴へのマングースの侵入（幼獣への捕食）事例は繁殖を阻外する決定的な証拠となった．これらの結果を含めて，外来種マングースの対策の必要性を 2004 年の参議院環境委員会の外来生物法案審議のなかの参考人質疑で私は説明し，「外来生物法（特定外来生物による生態系等に係る被害の防止に関する法律）」の成立や，環境省による特定外来生物マングースの防除事業の開始に役立てることができた．なお，外来種マングース（種名はフイリマングース *Herpestes auropunctatus*）は，国際自然保護連合（IUCN）の「世界の侵略的外来種ワースト 100」の 1 種に指定されている（Lowe *et al.*, 2000；Luque *et al.*, 2013）．世界的に，島嶼などに人為的に導入され，生態系に悪影響を与えているために指定されている（Long, 2003）．

（5）繁殖

　野外における繁殖情報は少ないが，おもに飼育下における情報として産子数，繁殖巣穴形成，授乳や離乳期などがある．鹿児島市立平川動物園におけるアマミノクロウサギの飼育において，雌雄 1 対の繁殖個体が 5 年間（1984 年秋から 1989 年春の期間）に 11 頭の新生獣を誕生させ，1 回の産子数（litter size）は平均 1 頭と報告されている（酒匂ほか，1991）．この雌の出産季節は 3 月末から 5 月（4 子）と 9 月から 12 月（7 子）の 2 時期で，この雌は 1 年に 2-3 回の出産を行った．

　出産に際して，雌は出産用と育児用の繁殖巣穴を約 1 週間前から掘り出し，手入れを行った．完成された巣穴の入口は直径 15 cm，奥行きは 150 cm で，巣穴の奥に直径 30 cm の部屋がつくられていた．部屋には植物の葉が充満していた．昼間に子はこの部屋に滞在した．出産後，雌はこの繁殖巣穴の入口を

土でふさぎ，授乳の前に土を掘り穴を開けて授乳し，授乳を終えると入口を土でふさぐ行動をとった．このような繁殖巣穴の入口を隠す行動は，出産後から1例では28日間，他は48日間の期間認められた．

子への授乳をみると，雌は繁殖巣穴に夜間20-21時に訪問し，巣穴の土を掘り穴を開け，授乳した．授乳が終わると，巣穴の入口を土で再びふさぎ，枝や葉でカムフラージュした．雌による巣穴閉鎖とカムフラージュ完了までの所要時間は30秒ほどであった．

生後3-4カ月齢の幼獣（体長25-35 cm）は，繁殖巣穴や母親の巣穴から母親によって追い出され始め，独立を開始した（酒匂ほか，1991）．なお，この観察において，妊娠日数や性成熟齢は確認できなかった．

別の飼育下の事例では，実験室で誕生した新生獣の誕生後2日目の体重は約100 g と報告されている（Matsuzaki *et al.*, 1989）．この新生獣は体全体に短毛が生え，眼と耳は閉じ，切歯は萌出しており，四肢の先端には，先端が白くねじ曲がった細い糸状の爪が生え，3対の乳頭が存在していた．誕生後4日目の外部計測値をみると，体長（吻先端から尾の付け根まで）150 mm，頭長40 mm，耳長15 mm，尾長5 mm，前肢長15 mm，後肢長30 mm であった（Matsuzaki *et al.*, 1989）．

野外で捕獲した個体の事例としては，麻酔下で計測したアマミノクロウサギ成獣雄6個体の精巣サイズをみると，長径平均値で26.5 mm（21.8-29.5 mm），短径平均値12.8 mm（9.4-14.8 mm）で，捕獲時期は2月，4月，7月，11月および12月であった（Yamada and Cervantes, 2005；山田，未発表）．捕獲した成獣雌は3対の乳頭があり，胸部，腹部および鼠径部に各1対あった．2月と3月に捕獲した成獣雌の2個体は泌乳していた．

野外での繁殖状況として，幼獣の出現時期が糞塊調査によって推定されている．これは，島内のアマミノクロウサギの生息モニタリングのための糞塊調査において，毎月2人1組で歩いて糞を探し，小型の糞を幼獣糞としたものである．この調査は環境省奄美野生生物保護センターによって実施されており，3年間の継続調査の結果，幼獣糞は秋と春先（おもに10-4月）に出現することが明らかになった（図5.22；環境省奄美野生生物保護センター，2015）．幼獣糞は秋と春先に出現しているため，繁殖により幼獣が誕生する時期は秋から春先に多いことがわかる．車両を利用したドライブセンサスによっても，秋から春先に親子連れのアマミノクロウサギをよく発見するため，繁殖は夏の高温期をのぞいた時期で，とくに秋から冬季，および春に行われていると考えられる．

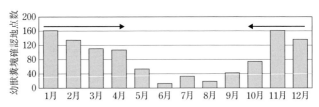

図 5.22 奄美大島におけるアマミノクロウサギの幼獣糞の出現季節（環境省奄美野生生物保護センター，2015 より改変）．矢印の期間が幼獣のおもな出現時期．

繁殖用巣穴もこの時期に掘られるのが観察される．

（6）遺存的形質としての音声コミュニケーション

　アマミノクロウサギはきわめてユニークな音声コミュニケーションを行う．ナキウサギのような音声で個体間のコミュニケーションを行うのである．また，後肢を地面にたたきつけて他個体に危険を知らせる（山田，未発表）．夕刻になると，アマミノクロウサギたちはそれぞれの巣穴の出入口付近に現れて，ピューイピューイと鳥の声のように高いピッチの音声を発する．これは他の個体に自分の存在を知らせているように聞こえる．そして，巣穴の外に出て，活動を開始する．草藪などがあると，ハブに襲われる危険があるためにすばやくすり抜けて，一挙に開けた場所までたどり着いて排尿や脱糞を行う．アマミノクロウサギのこの通路をよくみると，糞が点々と落ちている場合がある．おそらく糞場までの間に，がまんできずに糞を漏らしてしまったと考えられる．開けた場所には新鮮な植物が生えているので，ゆっくりと採食も行える．また，他の個体との出会いの場所でもある．

　アマミノクロウサギは，かなり早い足取りで森のなかを走ることができる．山中で車のなかにいると，車を取り巻くように，車から 20-30 m の距離をとりながら，周辺をぐるぐる走り回ったり，車に近づいてきて，車に向かって音声を発して遠ざかっていく個体もある．

　本種の生息地において，活動時間帯に音声を録音しスペクトラム分析を行った（Yamada, 2012）．採音方法は，林道上に駐車した車両内でデジタル録音機とマイクロフォンで記録し，ウサギとの距離は約 10-30 m であった．約 3 年間に収録したうちの 100 個ほどの音声を RavenPro1.3（Cornell Lab of Ornithology, USA）で分析した．これはほぼ周年の音声である．全体的な特徴とし

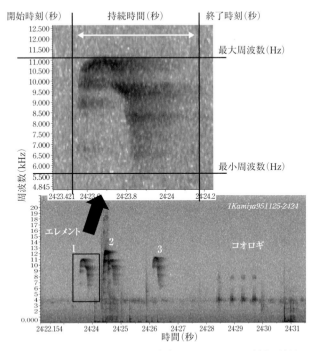

図 5.23 アマミノクロウサギの音声のスペクトラム分析の結果.

て，音声周波数は 6-12 kHz の範囲で，環境中の音（コオロギなど）よりも高い（図 5.23）．1 回の鳴き声（バウト）は，1-4 回程度の音声（エレメント）で構成され，1 つの音声（エレメント）の波形は，小文字の n 字形や m 字形を示し，1 つのエレメントの持続時間は 0.3-0.8 秒程度である．音量は 60-90 dB である．

このようなアマミノクロウサギの音声をナキウサギ（エゾナキウサギ *Ochotona hyperborea yesoensis*；Kojima *et al.*, 2006）と比較すると，アマミノクロウサギの音声はよりシンプルなかたちをしており，1 音声の持続時間が長く，対捕食戦略的にみると，捕食者から定位されやすい特徴があるといえる．一方，エゾナキウサギの音声は，短い音声のために捕食者から定位されにくいように進化を遂げてきたといえる．

これらのことから，捕食性哺乳類のいない環境において，アマミノクロウサギの音声は，もっぱらアマミノクロウサギの社会のなかで，狭い行動圏，夜行

性，穴居性の生活に役立っており，急傾斜地で湿潤亜熱帯の森林と林縁部の生活にも役立っていると考えられる．

捕食性哺乳類と同所的に，このような音声を使って生活をしていれば，アマミノクロウサギは捕食者に簡単にみつかり捕食し尽くされ，絶滅したと考えられる．アマミノクロウサギのような音声コミュニケーションを使用していたと想像される古いウサギたちは，優秀な狩りの能力をもった捕食性哺乳類が出現したために，淘汰されてしまったのではないだろうか．したがって，アマミノクロウサギの音声は，捕食性哺乳類を欠いた生息環境において，対捕食戦略が不必要であったために遺存的に残ってきた形質と考えられるが，かたちとして残らない行動学的な形質の1つといえる．

音声を発するウサギ（ウサギ科）を文献で調べてみると，ピグミーウサギ *Brachylagus idahoensis*（Green and Flinders, 1980a, 1980b），メキシコウサギ *R. diazi*（Cervantes *et al.*, 1990）およびアカウサギ属（Nowak, 1991）が記載されている．これらの種の音声がどのようなものか，詳細はわからない．国際学会のときに，録音したアマミノクロウサギの音声をそれぞれの研究者に聞いてもらったが，ピグミーウサギやメキシコウサギの音声とは異なるとのことであった．これらのウサギの生息地には，ウサギの捕食者として捕食性哺乳類が同所的に生息しており，これらのウサギたちは異なった音声で異なった使い方をしていると考えられる．

アマミノクロウサギの音声コミュニケーションの利用は，新たな外来捕食性哺乳類（たとえば，野生化イエネコ［ノネコ］*Felis sylvestris catus* あるいは *Felis catus* や野生化イエイヌ［ノイヌ］*Canis lupus familiaris*）が生息地に侵入した場合はきわめて危険である．アマミノクロウサギは，なにも知らないで普通に音声を発しているつもりでも，その音声を感知し学習してしまったノネコやノイヌにとっては，簡単に狩りの対象になる．このため，アマミノクロウサギの生息地内やその周辺部には，外来哺乳類（ノネコ，ノイヌ，あるいはマングース）の侵入や生息を許してはいけない．また，侵入や生息個体はただちに排除が必要である．

（7）排糞行動と糞

アマミノクロウサギの糞のかたちは丸く，中央がふくらんだ円盤状である（図5.24）．平均長径は11 mm（7.5-14.5 mm）である（鈴木，1985）．新鮮な糞は粘膜で覆われているため，表面に光沢がありヌメヌメしているが，古くな

図 5.24 アマミノクロウサギの排糞行動（左）と排出された糞（右）．アマミノクロウサギの排糞時間は比較的長いので，毒蛇ハブの襲撃を避けるために，林道上や沢の岩の上など開けた場所を排糞場所として選ぶ．

ると乾燥し，光沢はなくなり硬くなる．黒色の糞はかたちが丸くなくいびつで，餌として植物の葉や樹皮あるいはシダなどを食べた場合に排出される．褐色の丸い糞は，おもにススキを食べた場合に排出される（鈴木，1985）．

　糞は，アマミノクロウサギが移動する沢沿いや林道沿いでみつかるため，新鮮な糞塊を数えると，1回に排出される平均糞数は 28.7 ± 22.1（SD）個と推定されている（Sugimura et al., 2000）．これをもとに，アマミノクロウサギの生息密度指標として，沢沿いや林道沿いで発見される糞数（糞数/km）が使われている（Sugimura et al., 2000）．

　飼育下での観察では，排糞時間帯は夕方から夜間の15-6時で，とくに19-4時の間がもっとも多く，1日あたりの排糞回数は7-12回（1時間あたり平均2.4回），1回の排糞数は20-30個，1日の合計排糞数は150-200個と推定されている（桐野，1977）．他の飼育下での観察では，1日の平均排糞数は147個（62-221個，3個体30日間の観察結果）と推定されている（林ほか，1984）．排糞数は餌種と関係し，サツマイモやイチジクを食べると減り，ススキを食べると増える（神谷ほか，1987a）．1日あたりの排糞重量や排糞数は雌でやや多い（排糞重量は雌 53.8 ± 22.8 [SE] g，雄 50.2 ± 28.6 [SE] g，排糞数は雌 207.7 ± 51.3 [SE] 個，雄 176.3 ± 67.4 [SE] 個，5個体の雌平均体重 2180 g，5個体の雄平均体重 2130 g；神谷ほか，1987b）．

　1回の排糞（20-30個）に要する時間は10-30分ぐらいかかるという（桐野，1977）．私も野外で排糞中のアマミノクロウサギを発見したことがあるが，私の車に気づいて逃げようとして，排糞中の腰をおろしたままの姿勢でゆっくり

と移動した．アマミノクロウサギの排糞場所は開けた場所で発見されることが多いが，かなりの長時間うずくまる必要があることから，とくにハブに襲われにくい開けた場所を選択していると考えられる（図5.24）．これらの場所では，糞だけでなく排尿跡も観察される．

菌類の分類と多様性を研究するイギリスのS. L. グロックリン氏が，森林総合研究所で外国人研究員として滞在した際に，地史的に長期間隔離された島嶼のアマミノクロウサギの糞に含まれる菌類に興味をもち，私が協力することになった．私の採取した路上やコケ上のアマミノクロウサギの糞から，新種も含めて16種の菌類が発見され，これらの菌類が線虫 Nematoda やワムシ Rotifera などの微生物を殺す機能のあることが明らかになった（Glockling and Yamada, 1997）．このような線虫捕食菌は，一般的には土壌や有機物（落葉，古い糞，コケなど）に含まれることが知られているが，奄美大島や徳之島の大地に太古から排出されてきたアマミノクロウサギの糞を舞台に，食う食われる関係の小さな生態系ができていることは興味深い．なお，アマミノクロウサギに寄生する線虫で3種，ダニで8属13種，ノミで3属5種などが新種も含めて発見されている（Kitaoka and Suzuki, 1974；Suzuki, 1975, 1976, 1977；Fukumoto, 1986；神谷ほか，1987a；詳細は Yamada and Cervantes, 2005 を参照）．

（8）島嶼生態系のなかのアマミノクロウサギ

アマミノクロウサギは，捕食性哺乳類のいない島嶼に偶然にも生息できたために，今日まで生き残ってきたことをこれまでに述べてきた．では，アマミノクロウサギは島嶼生態系のなかでどのような位置にいるだろうか．最近，外来種マングースの微量元素研究によって，その詳細が明らかになってきた．

奄美大島の外来種マングースの体内に蓄積された水銀濃度がきわめて高いため，生態系における食物連鎖の研究が行われた（Horai et al., 2008；渡邉，2016）．奄美大島の土壌は非汚染地の土壌に比べて，アンチモン（最大値で10倍，平均値で6倍），ヒ素（最大値で9倍，平均値で2.5倍），銅（最大値で3倍，平均値で2倍）などの元素の濃度が高く，とくに奄美大島の南西部の植物で高濃度化の傾向を示し，これは地質との関係と考えられている．アマミノクロウサギは草食性哺乳類のため，植物だけから微量元素が体内に取り込まれることになる．ヒ素の場合，アマミノクロウサギの濃度に比べると，食物連鎖のより上位に位置する雑食性のケナガネズミの濃度は100倍，トゲネズミの濃度は1000倍，外来種クマネズミ R. rattus の濃度は1万倍と高い．化石燃料の燃

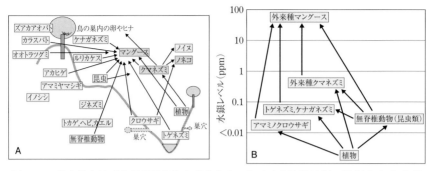

図 5.25 外来捕食性哺乳類が侵入した奄美大島における食物連鎖網の概念図（A）と微量元素研究で解明された外来種フイリマングースを頂点とした食物連鎖網（B）（B：渡邉, 2016 を改変）.

焼にともなう放出量と関係するといわれる水銀濃度の場合，アマミノクロウサギの濃度に比べると，これらの齧歯類における濃度はより高い値（10-100 倍）を示し，外来種マングースの濃度は 1000 倍程度と高くなる（図 5.25B）．このように，食物連鎖を通じて上位捕食者に至るほど，微量元素の濃度が高まる様子が明らかになってきた．同様に，他の上位捕食者として，鳥類のアオバズクやコノハズク，ハシブトガラス，爬虫類のヒメハブ，アカマタ *Dinodon semicarinatum*，ガラスヒバ *Amphiesma pryeri*，両生類のイボイモリ *Echinotriton andersoni* で水銀濃度の高いことが明らかになった．

これらの結果から，奄美大島の島嶼生態系の位置づけとして，植物が「生産者」で，アマミノクロウサギは完全な草食性動物であるため「第一次消費者」，ケナガネズミやトゲネズミはドングリや植物に加えて昆虫などを食べる雑食性のため，植物からみれば「第二次消費者」，外来種クマネズミは，植物に加えて動物（昆虫や脊椎動物）も食べる雑食性のために，在来齧歯類より一段高い「第三次消費者」といえる．外来種マングースは雑食性で，昆虫，アマミノクロウサギや上記の齧歯類，鳥類などを食べるために，「第四次消費者」であり，奄美大島の島嶼生態系のなかでは最上位の捕食者と位置づけられる．この研究ではノネコやノイヌは分析対象に含まれていないが，これらはマングースと同等か，それよりも上位の捕食者に位置づけられると考えられる．

外来種マングースの微量元素研究によって，最終的な上位捕食者に至る食う食われる関係が詳細かつ総合的に初めて明らかになった．島嶼生態系において，

マングースやクマネズミ，さらにはノネコやノイヌのような外来捕食性哺乳類が侵入定着した食物連鎖網（図5.25A）と，それらがいない本来の生態系の食物連鎖網を比較検討し，外来種の排除の影響や対策のためにも，このような研究や結果は貴重な成果といえる．

5.5　分布や生息数の変化と減少要因

（1）糞粒カウント法による生息数の変遷

アマミノクロウサギにおける上記のような排糞習性を用いた生息数調査を，森林総合研究所の杉村乾氏が発案し，およそ1990年代初期と2000年代初期の10年ごとに実施し，私も参加協力してきた（杉村，1998；Sugimura *et al.*, 2000；Sugimura and Yamada, 2004ほか）．この調査は，後年は環境省奄美野生生物保護センターの業務として引き継がれている（環境省，2015）．

これによると，近年の生息数の減少は著しいものがある．1970-1980年代にほぼ全島の森林が一斉に伐採され，生息地の攪乱や農地転換のために生息地を失い，奄美大島では1994年の調査結果では1974年に比べアマミノクロウサギの分布が大幅に縮小した（図5.26）．とくに，島の南西部の半島部や北東部での消滅が顕著である．その後，森林伐採量が少なくなった1990年代以降は，外来種マングースの分布域と重なる地域（おもに奄美市名瀬）からのアマミノクロウサギ消滅が顕著である（Yamada, 2002；Sugimura and Yamada, 2004；Yamada and Sugimura, 2004）．

生息数は，奄美大島で1994年に2500-6100頭，2003年に2000-4800頭，徳之島で1994年に120-300頭，2003-2004年に100-200頭に減少したと推定されている．生息数が比較的多い地域は，奄美大島では川内川左岸部，住用川上流部から湯湾岳周辺部など，徳之島では天城岳南部，井之川岳西部である．アマミノクロウサギの糞粒カウント法により推定された1992-1994年の最外郭の分布面積は，奄美大島で370.28 km^2（島面積の52%に相当），徳之島で32.97 km^2（島面積の13%）である（Sugimura *et al.*, 2000；Sugimura and Yamada, 2004）．奄美大島のこの面積を過去と比べると，1974年よりも40%減少した．最近の状況をみると，2014年時の分布面積は，奄美大島で364.15 km^2（島面積の51%に相当），徳之島で45.28 km^2（島面積の18%）であった（環境省，2016b）．奄美大島では，1974年に比べ17%減少し，1994年に比べ0.9%減少

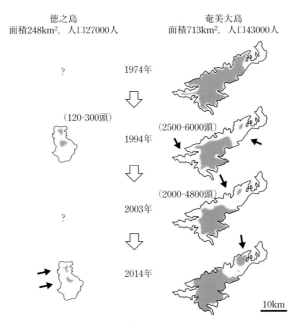

図 5.26 奄美大島と徳之島におけるアマミノクロウサギの生息分布と生息数の変遷．1974 年は鹿児島県の聞き取り調査結果，1994 年と 2003 年は Sugimura and Yamada（2004）および 2014 年は環境省（2016b）による糞粒カウント法による調査結果による．人口は 2015 年現在．図中の矢印はとくに変化の多い部分を示す．

した．徳之島では，1994 年に比べ 5% 増加した．

奄美大島では，北部（龍郷町）個体群が，中西部個体群から分離・孤立化し，小集団化を起こしてきた．しかし，後述するが，外来種マングース対策の効果として，2014 年ごろから，この地域のアマミノクロウサギの分布が回復し拡大してきている．徳之島では，北部（天城岳周辺）個体群と中南部（井之川岳周辺）個体群とが地理的に分離しており，中南部個体群が小集団化を起こしていると予想される．

（2）糞 DNA による生息数推定と個体群構造解析

アマミノクロウサギの糞 DNA を用いた生息数推定法の開発や個体群の遺伝的構造の解析に取り組むことにした．この取り組みは，森林総合研究所の大西

尚樹氏や永田純子氏，京都大学大学院生（当時）の小林聡氏，および森林総合研究所の杉村乾氏らと行った．

遺伝的手法を用いた生息数推定法の開発では，アマミノクロウサギのマイクロサテライト DNA プライマー9遺伝子座を作成し，このプライマーと既存の4つの遺伝子座を加えることによって，糞 DNA から兄弟姉妹を含めて，糞を排出した個体を識別することが可能なことを明らかにした（Nagata *et al.*, 2009）．今後は，野外への適用を進めたいと考えている．

さらに，奄美大島個体群の遺伝的構造の把握のために，採取した糞サンプルから mtDNA とマイクロサテライト DNA を抽出し，奄美大島において分断化している北部（龍郷町）個体群と中西部個体群を比較した（Ohnishi *et al.*, 投稿中）．北部（龍郷町）個体群の遺伝的多様性は，中西部個体群に比べて低いことが認められた．今後，分布の回復と分断化の解消にともない，遺伝的多様性の回復が起きるのかどうか興味がもたれる．

なお，糞サンプルの mtDNA 分析から，奄美大島個体群と徳之島個体群は，亜種レベル程度の差異が認められている（Kobayashi *et al.*, 2005）．さらに，筋肉組織の mtDNA 分析から，両個体群の塩基置換率は 0.4% と算出され，進化速度を 0.02%/サイト/100 万年と仮定すると，両個体群の分岐は 10 万年前と推定され，比較的近年までの交流があったと考えられている（須田ほか，2016）．

これらの新たに開発された糞 DNA による糞の個体識別法や個体群の遺伝的構造解析法は，精度の高い生息数推定法の開発や遺伝的多様性評価に活用でき，個体群の保全対策の基礎的情報が得られる．希少種保全対策として，糞粒カウント法や糞 DNA 解析技術は，個体自体を捕獲する必要がないために，個体や個体群への影響がほとんどない非侵襲的手法による生態学的情報収集に活用できると考えられる．

（3）生息地改変・喪失による生息数の減少

このような分布や生息数の変遷において，分布や生息数の減少要因としては，生息地の改変・喪失，生息地の分断化・小集団化，外来種，交通事故，病気などがあげられる．以下で，各要因について説明する．

まず，生息地の改変・喪失としては，森林伐採，道路建設，河川改修，土地利用転換などによる高齢級林の減少細分化などにより，好適生息地が減少することが考えられる．アマミノクロウサギは先にも述べたように，少なくとも生息環境としては，巣穴，餌，冬季の越冬用の餌としてのドングリ，繁殖巣穴の

確保などが必要である．1970-1980 年代の森林の伐採は，パルプ用材生産のための伐採であり，皆伐されてほぼすべての樹木は搬出されるため，伐採跡地には切り株が残る程度で，地面は丸裸になり，沢筋には不用な樹木が捨てられている状況であった．これでは，とてもアマミノクロウサギは生息できない．

森林伐採や道路開設，農地開発などによって，アマミノクロウサギやほかの野生動物の生息地の分断化と，それにともない隔離と生息数の小集団化が起こり，分布域の縮小化や孤立化，さらには地域的絶滅が起きていたと考えられる．

（4）外来種による生息数の減少

つぎに外来種としては，外来哺乳類があげられる．毒蛇ハブ対策の一環として，鹿児島県衛生部が，奄美大島や徳之島，近接の枝手久島，加計呂麻島，請島，与路島，喜界島などに，ニホンイタチ *Mustela itatsi* を天敵として本土から導入した（四元，1959；木場，1962；森田，1964；大野・高槻，1991）．文献によって放獣頭数は若干異なるが，1954-1958 年の 5 年間に奄美大島に 1617 頭，徳之島に 566 頭のニホンイタチが放獣された（森田，1964）．ニホンイタチの導入後は，ネズミ（外来種クマネズミなど）による農業被害の減少やハブの生息の減少がみられたが，記録では導入の 5 年後（小林，1992），25 年後（林，1979）および 1989 年の 30 年後（大野・高槻，1991）にニホンイタチは定着していないとされ，生態的地位の類似するハブの捕食によって，導入ニホンイタチは定着できなかったと考えられる（山田，2000，2001）．なお，放獣期間中の 1955 年の徳之島において，ニホンイタチの四肢が体内から体外に突き破り出た状態で死亡していたハブが発見された例がある（木場，1962）．ニホンイタチがハブの捕食対象であることを示している．ニホンイタチの天敵導入は行政機関によって行われたが，定着や効果の継続的モニタリング，生態系への影響調査や対策などに関する当時の記録がないことから，これらへの配慮はなかったと考えられる．

なお，最近の研究では，上記の年代に放獣され定着したニホンイタチが，現在も生息する島嶼において，在来のトカゲ類やヘビ類の大幅な絶滅や生息数減少を起こしていることが明らかにされている（太田ほか，2015；中村，2016）．捕食性哺乳類の存在しない島嶼において，外来種ニホンイタチが在来種に与えるインパクトがいかに大きいかを示している．これらの島嶼は，トカラ列島の悪石島，諏訪之瀬島，平島および中之島，奄美諸島の喜界島と沖永良部島，沖縄諸島の座間味島，阿嘉島，慶留間島および外地島，宮古諸島のほぼすべての

島嶼，八重山諸島の波照間島などである．奄美大島や徳之島において，もしも外来種ニホンイタチが定着していたら，アマミノクロウサギや在来齧歯類なども絶滅していたはずで，これらの在来種の絶滅を防いだハブの存在はむしろ貴重といえる．地史的にまた進化的に長く維持されてきた島嶼生態系や生物多様性に対する外来生物の影響を理解し，これらの島嶼を保全することの重要性を，ニホンイタチの天敵導入の事例は示しており，外来種ニホンイタチの定着するこれらの島嶼における対策が急がれる．

なお，2015年に新たに策定された環境省の「生態系被害防止のための外来種リストと行動計画」（2015年3月）で，南西諸島のニホンイタチは国内外来種として「緊急対策外来種」にあげられている．

ニホンイタチ導入当時，ニホンイタチよりもマングースのハブへの捕食効果がより高いだろうと期待されたが，マングースは外国産動物で高価なため放獣用に多数のマングースを集めるには経費面や労力面で負担が大きいので，放獣用にはニホンイタチが選ばれたという（小林，1992, 1993）．マングースのハブ駆除効果が高いという強い誤解をもちながら，マングース放獣に向けて奄美大島において，沖縄島で購入されたマングースは1967年ごろから飼育増殖が続けられたという．奄美大島で1979年ごろに放獣された約30頭のマングースは，この飼育増殖個体と明らかに関連がある．奄美大島の放獣マングースは沖縄島個体群と遺伝的に近いことが確認されている（関口ほか，2001；Thulin *et al.*，2006；池田・山田，2011）．マングース放獣の目的は，名瀬市赤崎（現在の奄美市名瀬赤崎）に建設された「鹿児島県立奄美少年自然の家」の利用者のハブ対策のためである（図5.27；南海日日新聞，1983；橋本ほか，2016）．

その後，奄美大島では1979年前後に導入されたマングースが分布を拡大し（図5.27），在来種の捕食者として脅威となった．しかし，当初期待されたハブの天敵効果であるが，昼行性のマングースと夜行性のハブの生態の違いなどにより，マングースはハブの天敵とはならなかった（服部・伊藤，2000；Yamada，2002；小倉・山田，2011；図5.28）．このまま放置すると奄美大島の在来種の絶滅が起きるので，在来種保護と生態系保全を図るため，2005年に施行された「外来生物法」によって，環境省によるマングース防除事業が開始された．毎年約1億円あまりの予算で第1期の10年計画（2005-2014年度）として，根絶をめざした本格的対策の開始となった．現在（2016年度）では，根絶の最終期の第2期10カ年計画期（2015-2024年度）の2年目に入り，マングースは，劇的に減少し，捕獲地点が限定的になってきた（図5.29，図5.30）．

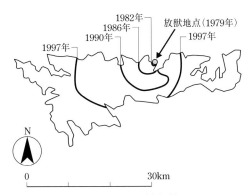

図 5.27 奄美大島における外来種フイリマングース放獣地点とその後の分布拡大状況（環境省，2016b より改変）．

図 5.28 奄美大島に生息する毒蛇ハブ（A）とハブへの天敵効果を期待して放獣されたフイリマングース（B）．B はアマミノクロウサギ生息地（奄美市住用の川内川上流の森林内）に侵入し始めた 1997 年に捕獲されたフイリマングース，C はアマミノクロウサギを捕食したフイリマングースの糞（1995 年採取．左は原形，右は糞をほぐしたところ）．

210 第5章 アマミノクロウサギ——日本の特別天然記念物

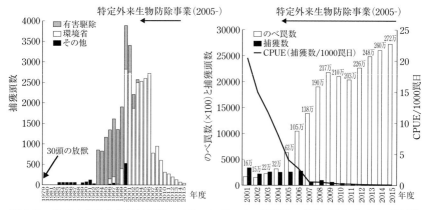

図 5.29 奄美大島における外来種フイリマングースの捕獲数の推移（左）と 2001 年以降の罠数，捕獲数および CPUE（1000 罠日あたりの捕獲数）の推移（右）（環境省, 2016b より改変）．

この結果，アマミノクロウサギやトゲネズミは回復を示している（図5.26の2014年；Fukasawa *et al.*, 2013a, 2013b；Watari *et al.*, 2013；Sugimura *et al.*, 2014；橋本ほか, 2016；環境省, 2016b)．この対策によって，在来の動物たちの絶滅の危機は一応脱すると考えているが，完全排除に向けて，さらに対策の加速化が求められる（山田, 2017）．

　天敵導入以外の外来哺乳類では，ペット動物のイエイヌの野生化したノイヌ（野犬）やイエネコの野生化したノネコ（野猫）による捕食が起きている（図5.31）．古くは集落周辺のアマミノクロウサギの消失の原因は，ペットとして飼育されていたイエイヌやイエネコの影響が考えられるが，森林内でのアマミノクロウサギの消失は野生化したノイヌやノネコの影響と考えられる．

　ノイヌによる希少種への影響を明らかにするために，われわれの採取したノイヌの糞をもとに，亘 悠哉氏（当時，東京大学大学院院生で，現在森林総合研究所）らと検討を行った．アマミノクロウサギの生息地を中心に林道沿いで2000-2006 年に収集したノイヌの糞分析（135 個）の結果によると，アマミノクロウサギが高い頻度（糞数の45％）で捕食され，他にアマミトゲネズミ（24％）とケナガネズミ（20％）が捕食されていることが明らかになった（亘ほか, 2007；亘, 2016）．奄美大島や徳之島では，イノシシ猟がさかんなため，イノシシ猟犬を用いて山での訓練や狩猟が行われる．そのような場合，猟犬が誤ってアマミノクロウサギを捕獲することがある．また，回収できなかった猟

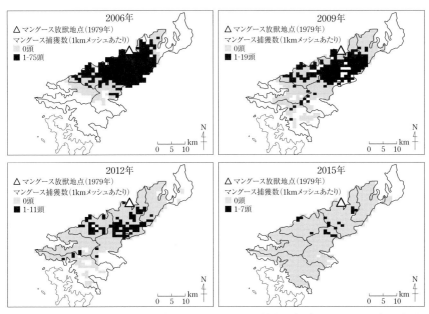

図 5.30 奄美大島における外来種フイリマングースの捕獲地点（1 km メッシュ）の推移．2006 年には放獣地点（△）を中心に捕獲地点が拡大していたが，2015 年には捕獲地点が劇的に減少し，分散的になってきた（環境省，2016b より）．

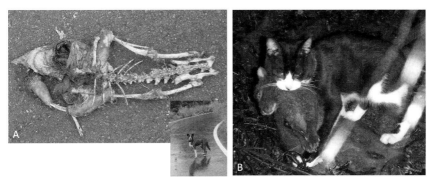

図 5.31 奄美大島において野生化イエイヌ（ノイヌ）により捕食されたアマミノクロウサギの死体（A）と野生化イエネコ（ノネコ）により襲われて運ばれるアマミノクロウサギ（B）．B は環境省奄美野生生物保護センターの自動カメラで撮影される．

212　第5章　アマミノクロウサギ——日本の特別天然記念物

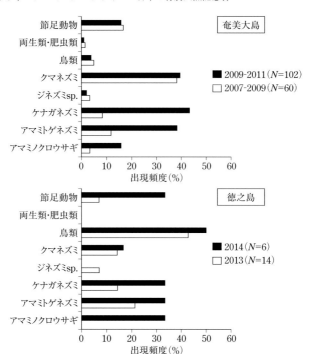

図 5.32　奄美大島と徳之島における野生化イエネコ（ノネコ）の糞分析から明らかになったアマミノクロウサギや希少齧歯類への捕食（Shionosaki *et al.*, 2015；塩野崎, 2016a, 2016b 改変）.

犬が野生化して山で自活する場合があり，希少種への捕食影響が起きる（図 5.31）．奄美大島では，大型の餌動物が少ないため，イヌが山で自活あるいは繁殖することはむずかしいと考えられている（亘ほか，2007）．ネコの場合は，山での自活や繁殖は容易であるために，希少種への影響はきわめて大きいと考えられている（Yamada *et al.*, 2010）．

さらに，ノネコによる希少種への影響を明らかにするために，収集されたノネコの糞をもとに，塩野崎和美氏（京都大学大学院院生，当時）らと検討を行った．奄美大島のおもに希少種生息地で採取された野生化イエネコの糞分析によると，採取糞（102個）の95%が哺乳類であり，そのうち，43%がケナガネズミ，38%がトゲネズミおよび16%がアマミノクロウサギで占められている（図5.32；Shionosaki *et al.*, 2015；塩野崎, 2016a, 2016b）．同様に，徳之

島においても希少哺乳類が多く捕食されていることが明らかになっている．希少種生息地に設置したセンサーカメラ調査からも，きわめて多数のノネコの生息が確認されている．このまま本格的な対策がとられないとなると，ノネコが繁殖し，ますます数を増やし，希少生物に甚大な影響を与えると心配されている．

（5）交通事故による生息数の減少

近年のアマミノクロウサギの生息数回復にともなって，交通事故死（ロードキル）が増えている．2000-2014年の間に，奄美大島では136件の交通事故個体が確認され（2009年の24件が最多），徳之島では合計10件が確認（2009年3件が最多）されている（環境省奄美野生生物保護センター，2015）．季節的には，2-3月（月に15件ほど）と9-10月（16-22件）のアマミノクロウサギの繁殖期で多いが，6-8月（3-5件）で少ない．特定の場所で頻発しているため，警戒標識や道路表示などを設け，夜間の運転時の注意喚起と林道での走行速度の低減（時速20km以下）を実施しているが，事故は減っていない．

（6）病気による生息数の減少

これまでのところ，とくに具体的な病気によるアマミノクロウサギ個体群への影響は知られていない．しかし，イエネコ由来のトキソプラズマ *Toxoplasma gondii* によると疑われる原虫感染症が，奄美大島のアマミノクロウサギの雌1個体で認められている（久保ほか，2013）．これに感染し発症すると，脳炎や神経系疾患あるいは臓器への悪影響が起きる．この調査は，奄美大島（126個体）と徳之島（131個体）で2003-2012年に回収されたアマミノクロウサギの死体を用いて免疫染色の手法により研究を行った結果である．今後，アマミノクロウサギも高率にトキソプラズマに感染している可能性があるため，本格的な疫学調査の早急な実施が必要と考えられている．さらには，トキソプラズマによる原虫感染症は，奄美大島の外来種フイリマングースにおいても確認されている（伊藤ほか，2004）．これは1989-2004年に捕獲された外来種マングース150個体のうちの10%で感染が認められている．外来種マングースの生息地からの排除（根絶）は，在来種への捕食影響の防止だけでなく，在来種への感染症の防止にもつながる．また，アマミノクロウサギにおいて，ツツガムシによる皮膚炎の報告がある（Kubo *et al.*, 2014）．

予防的な観点から，ウサギ科におけるウイルス感染（ミキソーマウイルス）

の感受性の予測のためのスクリーニング研究が，ポルトガルの大学を中心に，私も参加して行われている（Abrantes *et al.*, 2011；van der Loo *et al.*, 2016）．研究方法としては，ウサギ科におけるミキソーマウイルス感受性に関与する受容体遺伝子の探索を DNA 分析で行っている．第 4 章でも述べたが，ミキソーマウイルスによるミキソーマトシス（ウサギ粘液腫）は，ヨーロッパアナウサギで感受性が高く致死率が高い．このため希少ウサギ類での感受性探索は，希少ウサギ類生息地へのミキソーマウイルスの侵入や感染ウサギの侵入の阻止のために必要である．これまでの研究では，アマミノクロウサギとブッシュマンウサギ *Bunolagus monticularis*（南アフリカに生息）は，ヨーロッパアナウサギと同じ受容体遺伝子をもつため，感受性が高いと予測されている．アマミノクロウサギの生息地へのカイウサギ（ヨーロッパアナウサギ）の遺棄がこれまでにもあるが，病原体をもつカイウサギであれば，アマミノクロウサギにも悪影響を与える可能性がある．アマミノクロウサギへの感染症防止のために，カイウサギの遺棄や持ち込みは，すべて禁止すべき行為である．

5.6　絶滅危惧種を保全する意味

（1）人知れず起こる生物の絶滅

　絶滅とは人知れず起きるものである．マングースに襲われるアマミノクロウサギの証拠や減少をだれかが知らなければ，また私たちが再発見した沖縄島北部地域（やんばる）のオキナワトゲネズミがわずかに生存している証拠をだれかがつかまなければ，人知れず絶滅していたはずである（Yamada and Sugimura, 2004；Yamada *et al.*, 2010；山田，2015）．

　現代は「6 度目の大絶滅期」とよばれている（IUCN, 2007；コルバート，2015）．地球上の生物では，自然に発生するこれまでの絶滅の規模をはるかに超えて，人間活動が原因で起きる絶滅の数が増えており，絶滅リスクが高まっているためである．近年では，毎年 4 万種が人知れず地球上から消え去っており，2050 年には地球上の種は半分になると予想され，原因究明や対策が求められている．絶滅危惧種に注目し保全する意味とは，絶滅を事前に回避し，さらに絶滅の原因を明らかにし，有効な保護対策を予防的にとり，その結果として，生物多様性の保全を図ることである．このためには，人知れず生息する生物に対して，効率的な生息モニタリングや情報収集などを行う必要がある．

（2）IUCN レッドリストと保全対策の優先度評価

　国際自然保護連合（International Union for Conservation of Nature and Natural Resources；IUCN）は 1948 年に設立された世界最大の自然保護機関で，180 カ国から 1 万人以上の科学者や専門家，90 カ国の政府や 1000 を超える機関が参加協力して，生物多様性保全や希少種保全などの活動を行っている．絶滅のおそれのある生物種を科学的な方法で選定して，レッドリストを公表し，保護策を立てている（第 6 章参照）．レッドリストは，対象種を評価基準（クライテリア）に沿って評価し，カテゴリー（絶滅，絶滅危惧，準絶滅危惧など）に位置づけて公表し，それにもとづき保全活動を実施している．さらに，絶滅危惧種を含む生息地の保全を目的とした生態系のレッドリスト（クライテリアとカテゴリー）が提案されている（IUCN, 2016）．

　さらには，イギリスの名門で 190 年ほど前（1826 年）に設立されたロンドン動物学会においても，その種の進化系統の独自性（固有性の高さ，近縁種の少なさ）と，上記の IUCN レッドリストのカテゴリー（種の絶滅リスクの高さ）とを考慮して，種の絶滅に対する価値評価の得点（EDGE Score）として具体的数値で示している．地球上の哺乳類 5400 種のうち，絶滅危惧種 889 種を対象にこの方法で評価を行っている（URL：http://www.edgeofexistence. org/mammals/top_100.php；2016 年 6 月 6 日版）．この結果，絶滅危惧種の上位 100 種のうち，わが国の希少種では，アマミノクロウサギは 42 位，オキナワトゲネズミは 48 位にランクされている．なぜ上位ランクかというと，アマミノクロウサギやオキナワトゲネズミの固有性はきわめて高く，しかも絶滅リスクが高いためである．このように，絶滅リスクの評価だけでなく，その種が絶滅した場合に，補完的な近縁種が存在するかどうかでその種の価値を評価している点が特徴である．今後の絶滅危惧種の保全対策の優先順位などを考える場合の重要な視点と考えられる．

　生物多様性条約の目標として，絶滅危惧種の現状の改善や絶滅種を出さないために，具体的な指標として，上記の絶滅危惧種の価値評価の上位のランクの動物たちの生息現状の改善が図られ，絶滅リスクが低減できるかどうかが 1 つの目安になるといえる．

（3）絶滅危惧種を守るわが国の法律

　野生生物種の絶滅を防止するためには，生息地環境の保全や外来種対策など

包括的に生物多様性保全を図る必要がある．2010年に愛知県で開催された「生物多様性条約締約国会議COP10」において，生物多様性保全の目的のために，生物種の絶滅の回避，生息地の損失や劣化の防止，外来種のコントロールや根絶などの達成が求められている．このため，2020年までの10年間を達成目標の期間として，「愛知目標」に5つの目的と20の目標が設定されている（URL：http://www.biodic.go.jp/biodiversity/about/aichi_targets/index.html；2016年6月6日版；山田ほか，2017）．われわれは，少なくとも現在の野生生物種を，われわれの次世代にそっくりそのまま引き渡す義務がある．はたして，絶滅種をこれ以上出さずにいられるか，また絶滅危惧種の現状を改善できているのかが問われている．

　絶滅危惧種のアマミノクロウサギは，わが国最古の野生生物保護対策の法律である「史蹟名勝天然記念物保存法（後の文化財保護法）」による天然記念物の第1号として1921年に指定され，1963年には特別天然記念物に格上げされた（先述）．トゲネズミとケナガネズミは1972年に天然記念物に指定されている．また，1968年に，アマミノクロウサギなどの生息地の「神屋・湯湾岳」の亜熱帯林が，希少種生息地の地域として天然記念物に指定されている．アマミノクロウサギは，確かに名誉ある文化財として学術上価値の高い動物としては世間的に有名になったが，この法律は，あくまでも人間の直接的な行為による被害（たとえば，捕獲や生息地破壊などの行為）を防ぐだけである．先に述べたように，外来種による脅威からは救えない．近年は，人間の直接的な影響よりも，人間が放逐したり，管理不十分の外来生物によって，在来生物の絶滅が起きる事態が増えてきているのである．

　国際的取り決めの生物多様性条約に対する国内法としては，「生物多様性基本法」（2008年，生物多様性国家戦略などを策定）や「外来生物法」（2004年）が制定され，また「種の保存法」（1993年）などが対応している．しかし，いずれも指定種や適用が限定的であったり，絶滅危惧種を監視し保護するためには不十分なのが現状である．とはいえ，絶滅危惧種の生息現状や危機問題を察知し，適切な対策を立て，モニタリングを継続的に行える体制や人材が不可欠であることはいうまでもない．さしせまる絶滅リスクや絶滅の速度との競争となることが多いため，しっかりとした体制づくりが必要である．

5.7 保護対策の取り組みと課題

（1）種の保存法によるアマミノクロウサギ保護増殖事業

アマミノクロウサギは2004年に「種の保存法」により国内希少野生動植物種に指定され，保護増殖事業の対象種として，2004-2014年度に第1期目事業が実施され，その後，現在は第2期目の10年計画（2014-2024年度）が策定され実施されている（文部省・農林水産省・環境省，2015）．なお，遺存固有種のトゲネズミ属3種とケナガネズミは，2016年に「種の保存法」により国内希少野生動植物種に加えられた．

アマミノクロウサギの保護増殖事業の成果としては，生息状況の把握が継続的に実施され，情報が蓄積されている点が大きい．われわれが1990-2000年代に実施していた糞による生息モニタリング調査に自動カメラ調査などを加えて，環境省奄美野生生物保護センターが継承して発展させている（表5.6）．上記のマングース防除事業によるアマミノクロウサギの回復状況も，この糞による生息モニタリングから検証できている．先述どおり，この調査による小型の糞（幼獣糞）の毎月の出現状況から，繁殖期（幼獣の出現期）がおもに10-4月に多いことも明らかになっている．徳之島では，数年にわたり生息の確認できていない地域のあることも明らかになっている．生息に悪影響を与えている要因として，自動撮影カメラからマングース，ノネコ，ノイヌ，クマネズミ，ヤギなどの外来生物の確認，ノネコなどの糞からの捕食影響の確認が行われている．また，死体の回収を行い，交通事故による轢死の予防のための対策や普及啓発が実施されている．

今後の課題として，緊急的には，減少傾向の徳之島のアマミノクロウサギの回復をめざした対策が必要である．さらに，両島における本種の減少要因の除去や緩和の対策，継続的で効率的なモニタリングと情報収集，基礎的生態の調査と有効な保全技術の開発などが必要である．

（2）世界自然遺産候補地と今後への期待

世界的にも注目される生物多様性のホットスポットの1つである琉球諸島は，現在，「奄美大島，徳之島，沖縄島北部及び西表島世界自然遺産」の登録に向け，2018年の指定をめざして準備が進められている（URL：http://kyushu.env.go.jp/naha/nature/mat/m_5.html；2016年6月6日版）．世界自然遺産の

218　第5章　アマミノクロウサギ——日本の特別天然記念物

表5.6　奄美大島と徳之島におけるアマミノクロウサギと沖縄島北部を含めた希少齧歯類の生息情報の整理.

種名	調査	生息情報	負の影響要因
アマミノクロウサギ	・保護増殖事業調査（2004-	奄美大島 4000-5000 頭（回復傾向）徳之島 200 頭（減少傾向）	・外来生物（マングース，ネコ，イヌ）・生息地改変（森林伐採）・交通事故
アマミトゲネズミ	・2004-2005 年調査・2010 年-毎年調査・マングース防除事業（2005 年-毎年）	増加（回復）傾向	外来生物（マングース，ネコ）
トクノシマトゲネズミ	・2005 年調査・2008 年調査・2011 年-毎年調査	・2005 年は捕獲あり・2008 年は捕獲なし・2011 年捕獲	外来生物（ネコ）
オキナワトゲネズミ	・2007 年-毎年調査・マングース防除事業（2005 年-毎年調査）	2008 年以降の調査で捕獲あり	・外来生物（マングース，ネコ）・生息地改変（森林伐採）
ケナガネズミ	・マングース防除事業（2005 年-毎年調査）	奄美大島で回復傾向徳之島で不明沖縄島で回復傾向	・外来生物（マングース，ネコ，イヌ）・生息地改変（森林伐採）・交通事故

登録要件の「顕著な普遍的価値」をもつ理由として，「大陸島における島嶼群の成立過程で多くの種分化を生じ，独特な生物進化過程を表す生態系の顕著な見本としての価値があり，また世界的にも生物多様性保全上の重要な地域としての価値があるため」としている．アマミノクロウサギやトゲネズミなどの遺存固有種の生息や，これらを育んできた特異な島嶼生態系が存在するためである．これらの価値を完全に含み，かつ開発など人為による負の影響を受けていない「完全性」の高い地域の指定が求められる．さらに，登録の価値や完全性が，登録後の将来にわたって，維持強化されるように法的に適切な保護管理の「担保措置」がとられる地域（国立公園や森林生態系保護地域などの保護地域）の指定が必要とされる．このため，世界自然遺産の登録地域としては，奄美大島，徳之島，沖縄島北部地域（やんばる地域）および西表島の4島を候補としている．指定地域として，国立公園の特別保護地域や第1種特別地域，森林生態系保護地域の保存地域を対象として検討されており，この自然遺産指定地域

（コアゾーン）の外側に緩衝地域（バッファーゾーン）が設定される．

アマミノクロウサギの生息する奄美大島や徳之島では，そもそも国有地が少ないために，保護担保措置として，国立公園の指定が先行的に必要となる．しかし，両島は2万年前から有人島としての歴史があり，江戸時代のサトウキビ栽培の開始，山地開墾や森林利用の強化，近代のパルプ用材の森林利用などによって，人間活動や外来生物の影響などが加速されており，原生的な自然は少ない（米田，2016）．

このため，今後，世界自然遺産の価値や完全性および担保措置の確保できる地域の指定に向けて，生態系の修復や回復が必要であり，また産業活動や公共事業などとの調整や住民の理解協力が必要である．世界自然遺産の制度を利用して，絶滅リスクの高い生物種をいかに保全し，生物多様性を保全し，さらに後世に受け継げるかどうかが問われている．

（3）外来生物法による奄美大島の外来種マングース防除事業

外来種マングース対策の経緯や取り組みについては先述したとおりで，ここでは，とくに近年の成果と課題を述べる．「外来生物法」（2005年施行）により本格化された環境省のマングース防除事業は，今年（2017年）で12年を経過する．保全目標の1つマングースの根絶の達成に関しては，マングースの捕獲数や捕獲場所が劇的に減少しており，根絶も可能な段階に達していると考えられている（Fukasawa *et al.*, 2013a；橋本ほか，2016；環境省，2016b）．保全目標の在来種の回復に関しては，絶滅危惧種のアマミノクロウサギ，トゲネズミ，ケナガネズミなどの生息状況が確実に回復を示している（Watari *et al.*, 2013；Sugimura *et al.*, 2014；環境省，2016b）．奄美大島の在来種に対して，いかにマングースの捕食圧が高かったかを示している．この防除事業対策によって，在来の動物たちの絶滅の危機はとりあえず脱すると考えられる．

今後の課題としては，完全排除の早期の達成を図ることと，取り残し個体の復活や他地域（たとえば沖縄島）からの再侵入を警戒しておく必要がある（山田，2017）．

（4）野生化イエネコ（ノネコ）対策と課題

わが国の鳥獣保護管理法では，狩猟対象として野生化イエネコ（ノネコ）は，野生化イエイヌ（ノイヌ）とともに指定され，これまでにも有害動物として捕獲されてきた．このうち，ノイヌは「狂犬病予防法」によって捕獲対象となっ

ている．外来生物としては，国際自然保護連合（IUCN）では，ノネコは「世界の侵略的外来種ワースト100」の1種に指定され，世界的に島嶼を含めて広範囲に人為的に導入され，生態系に悪影響を与えているため，対策が実施されてきている（Lowe *et al.*, 2000 ; Long, 2003 ; Luque *et al.*, 2013）．また，わが国の日本生態学会は「日本の侵略的外来種ワースト100」の1種に指定し，対策の必要性を表明してきた（日本生態学会，2002）．わが国の「外来生物法」においては，ノネコは特定外来生物に指定されることもなく，対策が放置されてきたのが現状である．しかし，2015年に新たに策定された環境省の「生態系被害防止のための外来種リストと行動計画」（2015年3月）において，ノネコが，緊急的・重点的対策の必要な外来種の1種として，ようやく加えられることになった．外来種対策として新たな段階を迎えてきたといえる．このような新たな対策が，奄美大島や徳之島など島嶼で問題になっているノネコ対策に有効に活用できることを期待したい．

　奄美大島や徳之島では，本格的な対策を実施するうえで，これまで他地域の小規模島嶼（北海道天売島や東京都小笠原諸島の父島など）で実施されている「生け捕り捕獲，収容順化および譲渡」方式の実施が求められている．奄美大島や徳之島のような大規模な島嶼では，対象となるノネコの個体があまりにも多数となるため現実的ではなく，ノネコの捕獲排除は2013年10月から停止され，やがて3年以上が過ぎようとしている．なお，この放置期間中，徳之島では収容施設が準備できたため，2014年から捕獲排除は開始されているが，譲渡数は少なく保管数が増え続けている．この対策で，在来生物の復活兆候がみられていることは大きな成果である．ノネコによる在来種へのインパクトがいかに大きいかを示している．奄美大島においても，本格的な捕獲回復が急がれる．

　ノネコやノラネコ（人間に依存するが，特定の飼い主をもたないイエネコ）の供給源としての飼いネコ管理に関して，「動物愛護管理法」がある．これにもとづいた「飼い猫の適正な飼養及び管理に関する条例」が，奄美大島の5市町村で2011年度に制定され，徳之島3町で2014年度に制定された．希少種生息地などに生息するノネコやノラネコを減らすために，イエネコの適正飼養として登録の義務化，遺棄の禁止，マイクロチップ装着や室内飼育などが求められている．また，ノラネコの餌やり禁止や不妊去勢が実施されている．

　このような条例に加えて，奄美大島では「奄美大島生物多様性地域戦略」が2015年3月に策定され，希少種保全のためのノネコ対策も必要とされている．希少種保全のためのノネコ対策に対して，地元NGOや行政も普及啓発に積極

的で，地元メディアも対策の必要性を報道し続けており，多くの住民も支持している．学術団体や保護団体も支持し，環境大臣や鹿児島県知事宛に，緊急対策実施の要望書提出の活動も行っている（山田，2015；日本哺乳類学会，2015）．

このような在来生物の保護や生物多様性保全のため，イエネコに対する外来種対策の実施が緊急に求められているにもかかわらず，対応の遅れている大きな原因として，愛猫家などからの対策への反対や法体制の不備が指摘されている（長嶺，2011；塩野崎，2016a，2016b；諸坂，2016）．このうち法体制に関しては，とくにノラネコの存在が現行法制の執行の硬直化と形骸化を起こさせていると指摘され，イエネコの定義分類を所有か非所有かによって区分し，法規制の強化が必要とされる（諸坂，2016）．

なお，条例のノラネコへの餌やり禁止にあたっては，ノラネコの活動や行動を変化させ，野生の餌への依存度を増加させる可能性があるため，希少種生息地近辺ではとくに注意が必要である（Shionosaki *et al.*, 2016）．

今後は，狭い島嶼における希少種保護や生態系保全のためには，人間のかかわる飼いネコなど家畜や栽培植物の管理において，適正飼養や適性栽培を守るように改めていく必要がある．新たな外来生物をつくらない心がけが必要である．定着してしまったノネコなどに対する新たな対策としては，海外で実施されているような「低コストで効率的な捕獲排除と早期完全排除（根絶）」を目標とした外来種対策を，わが国でも実施すべき段階にきている．生物多様性保全の保全対象は，あくまでも野生の動植物や自然生態系である．外来種対策のめざすところは，あくまでも保全対象である野生の動植物や自然生態系の回復である．これらに被害をおよぼし破壊する外来生物の自然生態系からの完全排除は，回復のための手段であると認識すべきである．

第6章　ウサギ学のこれから
——保全生物学の視点

　ウサギ学では，分類，系統進化，遺伝，生態，個体群動態，行動，社会生物，生理，毒物，病気，個体群管理，保全などの分野の研究が広範に行われてきた．本章では，最近のウサギ学の研究について，ウサギ研究の総説（Hackländer *et al.,* 2008）や世界ウサギ類学会の様子，希少種の取り組みなどに関して新たな情報を追加しながら紹介する．

6.1　研究の現状と今後の課題

（1）古生物学と系統進化

　これまでに述べたように，ウサギ目 Lagomorpha は古くに誕生した分類群で，生態学的には重要なグループである．現生種の属のいくつかは化石証拠がまだ発見されていないが，多くは化石データが記録されつつある．それらはウサギ目の進化のダイナミックな過程を示しており，形態的な類縁関係を示している．しかし，いくつかの疑問点がまだまだある．たとえば，ウサギ目の共通祖先はいつどこで出現したのか，それはアジアなのかアメリカなのか，ナキウサギ科 Ochotonidae とウサギ科 Leporidae は独立して進化してきたのか，いくつかの地域，たとえばヨーロッパにおける最初の種の到着とその後のその種の定着との時間的差異はなぜ生じたのか，ノウサギ属 *Lepus* などの分類群の化石のなかで不確かな化石種の位置づけをどうするのか，ウサギ目の近縁分類群はなにか，分子系統データと化石データの調整をいかに行うかなどである（Hackländer *et al.,* 2008）．これらの疑問に対して，本書の第2章で最近の成果にもとづいて解説は行ったが，不明の部分はまだ多い．
　この最後の2つの疑問は，現在進行形の課題といえる．ウサギ目の近縁分類群は，齧歯目 Rodentia（ウサギ類とあわせてグリレス Glires を形成）と位置

づけられるが，異論もある（Douzery and Huchon, 2004）．また，最後の疑問
では，ここ20年間で分子系統学的研究の成果が多く発表されてきた（たとえ
ば Halanych *et al.*, 1999；Yamada *et al.*, 2002；Niu *et al.*, 2004；Wu *et al.*, 2005；
Robinson and Matthee, 2005；第2章参照）．これらの分子系統樹で，いくつか
の種の位置づけは混乱があり，化石データとも一致しない場合もある．

これらの分子系統樹解析によって，ウサギ科11属の系統関係がかなり整理
されてきたといえるが，未解決部分は多く残されている．ワタオウサギ属 *Syl-
vilagus* の系統解析で，まだ多くの種のデータがそろっていない．ナキウサギ
科の多くの種のデータもそろっていない．さらに，分子系統樹解析ではミトコ
ンドリア DNA だけのデータでなく，複数の分子マーカーによる検討が必要で
ある（Hackländer *et al.*, 2008）．

分子系統樹解析以外では，いくつかの集団遺伝学的研究がウサギを対象にし
て行われてきている（Ferrand, 2008）．対象種はヨーロッパアナウサギ *Oryc-
tolagus cuniculus* やヤブノウサギ *L. europaeus* であるが，今後は他の種におい
ても研究が必要である．ヨーロッパアナウサギでは集団の歴史的分析が行われ
ている．ヤブノウサギでは，距離の離れた集団間の遺伝子流動や集団間の雑種
形成の研究が行われている（Suchentrunk *et al.*, 1998；Kasapidis *et al.*, 2005 な
ど）．スウェーデンにおけるノウサギ属のユキウサギ *L. timidus* と人為的に導
入されたヤブノウサギとの種間交雑による遺伝子浸透研究（Thulin *et al.*,
1997）や，イベリア半島におけるユキウサギと他種のノウサギとの種間交雑が
過去に起きたことが解明されている（Alves *et al.*, 2003）．同様に，他の場所に
おいても他種間で，過去や最近の種間交雑の証拠の知見が得られつつある．

今後，ウサギ目の系統進化のより正確な解明のために，遺伝学や生態学およ
び古生物学の研究者が連携を強めて取り組む必要がある（Hackländer *et al.*,
2008）．分子データによるウサギ科の系統進化の理解はかなり進んできている
が，まだはっきりしない部分は多い．とくに，アフリカ，アジア，および中央
アメリカや南アメリカのウサギ科の系統進化や種間関係についてはいまだに解
明されておらず，残された大きな課題である（Robinson and Matthee, 2005）．

（2）個体群生態学と動態

個体群生態学の基礎的データ（たとえば死亡率や増加率）は，保全や管理戦
略を構築し発展させるために重要である．最近のウサギ類では，カナダのクビ
ワナキウサギ *O. collaris* における個体群動態研究（Morrison and Hik, 2008）

224 第6章 ウサギ学のこれから——保全生物学の視点

やヨーロッパアナウサギの野外放飼場での個体群動態研究（Rödel and Holst, 2008）などがある．しかし，多くの種では，個体群生態学的研究はほとんどない．たとえば最近，新種として記載された東南アジアのアンナミテシマウサギ（仮和名）Annamite striped rabbit *Nesolagus timminsi* では，生息分布域の知見しかない．古くから報告のあるメキシコのオミルテメワタオウサギ *S. insonus* では，その生物学や生態の断片的知見が得られているだけである．アマミノクロウサギ *Pentalagus furnessi* も同様に個体群生態学的研究はない（第5章参照）．捕獲や観察の困難な希少種のウサギ類に対する研究手法の開発が必要である．

　ウサギ目でもっともよく研究されたウサギとしてカンジキウサギ *L. americanus* があげられる．生態学の教科書にも掲載されている10年周期の生息数増減に関する研究は，これまでに100年近く取り組まれてきた．この10年周期の生息数増減の原因として，最近では気候変動（Stenseth *et al.*, 2004）や森林火災（Ferron and St-Laurent, 2008）との関係も検討されている．このうち，アラスカの北方林における36年間（1976-2012年）のカンジキウサギの生息数変動のデータとつぎの4つの要因との関係が，最近検討されている（Krebs *et al.*, 2014）．これによると，10年周期の生息数増減の原因として，①気象変化による繁殖や生存への影響，②森林更新による冬季の餌条件の変化による影響（ボトムアップ効果），③ウサギの採食圧と植物の防御物質の変化による餌植物の質と量による影響，そして④ウサギの高密度期に増加した捕食者による低密度時のウサギへの捕食圧（トップダウン効果）などとの関係があげられ，数理モデル解析から，③植物の防御物質とウサギの変動との相関が高く，また④捕食圧とも関係すると考えられている．しかし，この仮説の正当性を検証するために，標準化した方法を用いて，複数の地域でのモニタリングによるウサギの周期的生息数変動と捕食者や冬季の餌との関係を解明する必要がある（Krebs *et al.*, 2014）．

　世界的気候変動の影響は，カンジキウサギの10年周期の生息数変動にも影響を与えているだろうが，他のウサギにも強く影響を与えていると考えられる．とくに，狭い生態的地位に住む種には影響は大きいと考えられる．たとえば，山岳地の氷河周辺部や高緯度の生息地に分布するユキウサギやその亜種への温暖化の影響があげられる．これらの地域におけるユキウサギの生息地は減少傾向にあり，ヤブノウサギとの競争や遺伝子浸透によって分布が置き換わっていると指摘される（Thulin, 2003）．これらの例として，ユキウサギの亜種の *L.*

6.1 研究の現状と今後の課題　　*225*

t. varronis は分布域の縮小と絶滅危惧の孤立個体群の状態にある．ウサギ目の種の環境変化への適応力の解明のために，生態的可塑性に関して今後のさらなる研究が必要である（Hackländer *et al.*, 2008）．

ウサギ目の季節的な気候変化への適応の事例として，秋から冬の体毛の白変化や冬から春への褐色変化を行う種があげられる（第3章参照）．降雪開始の遅れや融雪開始の早まり，積雪量の少ない場合の捕食リスクの増加が考えられる．通常は体毛の白変化や褐色変化を起こすユキウサギであるが，この1亜種の Irish hare *L. t. hibernicus* はまれな存在で，アイルランドの積雪下でも体色を変えないために，「進化的に安定な戦略（Evolutionalry Stable Strategy；ESS）」の事例と考えられている（Dingerkus and Montogomery, 2002）．しかし，気候変動の影響で，体毛変化の遅れを起こしているのか，あるいは完全に体毛変化を起こさなくなったのかとも考えられ，ウサギの体毛変化の可塑性のメカニズムについて，今後の生態遺伝学的研究が必要である（Hackländer *et al.*, 2008）．

冷涼な環境に生息し，高い体温を維持するナキウサギは，気候変動に対しての脆弱性をより強く示す（Smith, 2008）．年間の平均気温の変化として小幅な変化ととらえられても，気候変動は植生や湿度などの変化を通じて，生息地の変化を起こすだけでなく，熱ストレスとしても，ナキウサギたちに悪影響を与える．気候変動は，ウサギたちにさまざまな影響を与えると予想される．したがって，ウサギの個体群動態にとって，気温や湿度の変化の潜在的な影響を解明するために，基礎的なデータの蓄積が必要である（Hackländer *et al.*, 2008）．

（3）生理と行動

ウサギ類の生理学的研究はおもに実験室で行われる場合が多いが，近年，野外の研究の成果も得られている．たとえば，ヨーロッパアナウサギにおける母子間関係のにおいの研究（Schaal *et al.*, 2008；Bautista *et al.*, 2008）やヤブノウサギにおける繁殖とエネルギーに関する研究（Hackländer *et al.*, 2002）があげられる．しかし，野外研究における生理学的現象の解明には，実験室における研究との連携がさらに必要である．たとえば，ウサギ類でみられる食糞（caecotrophy）や重複妊娠（superfetation）において，野外と実験室での研究が必要であると指摘されている（Hackländer *et al.*, 2002）．

ウサギ類は，軟糞と硬糞を排出し，それらを再度食べる（第2章参照）．ウサギは軟糞（盲腸発酵物）を必須の栄養素として食べるが（軟糞食 caecotrophy，盲腸発酵物食），ウサギはまた硬糞を必要に応じて食べる（硬糞食 cop-rophagy）．このような糞食は，ウサギにとって栄養効率を高めるため，利用できる餌の拡大と低品質な餌環境での生息を可能にするためと考えられる（Hirakawa, 1994, 1995, 2001；平川，1995；森田ほか，2014）．消化管における軟糞と硬糞の作成メカニズムは解明されているが，食糞の生理学的研究や生態学的研究は少ない．盲腸内のバクテリアで発酵した軟糞には，必須のビタミンやタンパク質が含まれており，軟糞食を摂食阻害するとウサギは死亡する．今後，食糞の生理学的な影響の解明と，それにもとづいたウサギの野外での生活や生態的適応への食糞の役割の解明が必要とされる（Hackländer *et al.*, 2008）．

他の生理学的現象として，重複妊娠がある（第2章参照）．これは，ウサギ科では少なくともノウサギ属でのみ発見されている現象で，妊娠中に新たな妊娠が可能であることをさす．妊娠中でも排卵が可能で，子宮には異なった発育段階の胎児が存在することになる．ウサギ類の子宮の形態は，独立した子宮を左右にもつ重複子宮であるが，重複妊娠との関係は不明である．ノウサギ属の重複妊娠の現象は飼育下でみられるが，野外ではあまりないという報告がある（Hediger, 1948；Flux, 1967；Stavy and Terkel, 1991）．重複妊娠は病的な現象なのか，あるいはノウサギの繁殖戦略（出産間隔の短縮化，出産効率の向上）としての現象なのか不明である．今後，重複妊娠のメカニズムの研究や野外での発現や生態との関係などの研究が期待される（Hackländer *et al.*, 2008）．

ウサギの人為的移動や導入は，いくつかの種でこれまで行われている．ヨーロッパアナウサギは人為的移動や導入の最大の事例であるが，この他に，ヌマチウサギ *S. aquaticus*，カンジキウサギなどでの導入事例からみて，これらの種も侵入の適応力があり，新たな土地への定着性は高いといえる．ヤブノウサギも中央ヨーロッパの大陸的環境だけでなく，導入先の半砂漠（イスラエル），亜熱帯（アルゼンチン）あるいは亜北極（スカンジナビア）に定着しており，適応力が高い種といえる．今後，定着能力や可塑性など生理学的観点から，侵入能力の評価が必要である．さらに，人為的移動や導入による病気や遺伝子浸透の問題，種間関係や同種内での競争，有害生物対策や外来種対策などの観点からの検討が求められる（Hackländer *et al.*, 2008）．

（4）病気

これまでのウサギ類の病気の研究は，病原体の探索，飼育や家畜管理，また有害生物対策としての利用のためなどとして取り組まれてきた．ウサギは多く

の病気の媒介動物であり，人獣共通感染症を起こす動物である．たとえば，野兎病（tularemia），レプトスピラ症（leptospirosis），ブルセラ症（brucellosis），トキソプラズマ症（toxoplasmosis），エンセファリトゾーン症（encephalitozoonosis），真菌症（mycosis）などである．このなかで野兎病は最大の人獣共通感染症である（第1章参照）．最近の研究では，ヤブノウサギの糞由来の腸管出血性大腸菌 *Escherichia coli* O157 によって，人間への感染がイギリスの自然公園で起きた事例がある（Scaife *et al.*, 2006）．ウサギ類は，家畜（ヒツジやイヌ）に病気を感染させることも知られている．

　ウサギの個体群動態に与える影響として，病気や寄生虫はほとんど検討されていない（Smith *et al.*, 2005）．しかし，イギリスのスコットランドのユキウサギは個体群変動が大きいが，この原因として蠕虫感染症との関係が指摘されている（Newey *et al.*, 2005）．また，外来種アナウサギ対策として南アメリカから導入されたミキソーマウイルスは，ヨーロッパアナウサギで感受性が高く致死率が高い（第4章参照）．このため，希少ウサギ類生息地へのミキソーマウイルスの侵入や感染ウサギの侵入の阻止が必要とされる．希少ウサギ類での感受性探索研究によると，アマミノクロウサギとブッシュマンウサギ *Bunolagus monticularis*（南アフリカに生息）は，ヨーロッパアナウサギと同じ受容体遺伝子をもつため，感受性が高いと予測されている（Abrantes *et al.*, 2011；van der Loo *et al.*, 2016；第5章参照）．

　今後，生態学者と獣医学者との共同研究が進めば，ウサギの個体群の変動要因としての病気や寄生虫の影響の解明が期待され，希少種保全のためにも重要である（Hackländer *et al.*, 2008）．

（5）保全と管理

ウサギ類はどこにでもたくさん生息しているという印象が強いために，また，侵略的外来種のヨーロッパアナウサギや農林業加害獣のノウサギ類などの印象があるために，保護の必要な種が存在するという意識は一般的に低い．しかし，ウサギ目のおよそ3割の種は絶滅のおそれのある希少種である（詳細は6.3節参照）．多くの希少種は，それぞれの生息地の環境に適応し，独自の系統進化の歴史をたどっているために，きわめて貴重な存在といえる．共通する保全上の問題としては，人間活動による影響や外来生物による影響があげられる．希少種の保全対策としては，希少種の生息モニタリング調査が必要であり，調査方法の開発が求められる．アマミノクロウサギでは，センサーカメラ，糞によ

る生息モニタリング，糞 DNA によるモニタリングなどが実施されているが，他の種でも今後展開されることが期待される（第5章参照）．

有害生物とされるヨーロッパアナウサギやヤブノウサギではあるが，いくつかの地域では，絶滅のおそれのある個体群として保全対象になっている（Smith and Boyer, 2008）．たとえば，ヨーロッパアナウサギの原産地のスペインやポルトガルでは，絶滅危惧種に指定されている．イベリア半島におけるヨーロッパアナウサギは，絶滅危急種のイベリアヤマネコ *Lynx pardinus* の重要な餌動物でもあるため，ヨーロッパアナウサギの保護はもっとも重要な課題として取り組まれ，他地域からのヨーロッパアナウサギの再導入も行われている（Letty *et al.*, 2008）．遺伝的な攪乱が起きないように，遺伝学的研究が求められている．一般的に，ウサギ類では同種内や亜種内の遺伝的検討は十分に行われていない．

ウサギ類の管理問題としては，希少種保全の観点から有害生物対策の観点まで多岐にわたるが，これら以外の問題として狩猟がある．国際自然保護連合（IUCN）では，狩猟活動による野生生物資源の持続的利用によって野生動物の保全を図ると位置づけしている（IUCN, URL : http://cmsdata.iucn.org/downloads/policy_en.pdf；2016年5月22日版）．狩猟自体は，これまでも社会的にも経済的にも利益をもたらしており，持続的利用を通じて，人々に保護意識を高めることが期待されている．しかし，狩猟対象のウサギ類に対して，持続的利用としての狩猟の研究や持続的収穫のモデル研究はほとんど行われていない（Marboutin *et al.*, 2003）．このようなモデル研究が少ない原因として，個体群動態の研究不足が考えられる．今後，ウサギ類の個体群動態の基礎的理解を深めるために，また持続的な野生動物管理の構築のために，さらなる調査研究の蓄積が求められる（Hackländer *et al.*, 2008）．

6.2　研究者の交流

（1）世界ウサギ類学会の設立

「世界ウサギ類学会（World Lagomorph Society）」は，2006年にヨーロッパで設立された野生ウサギ類（ナキウサギ類，アナウサギ類およびノウサギ類）の世界的な学術団体である（http://www.worldlagomorphsociety.org/）．研究分野としては，古生物学，系統進化学，生態学，個体群動態学，生理学，行動

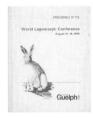    

図 6.1 世界ウサギ類学術会議．上は第1回会議（1979年）から第5回会議（2016年）の講演要旨集．下は第5回会議（アメリカ・カリフォルニア州立大学）の参加者（P. Kelly 撮影）．

学，病理学，保全管理学など全般的なテーマを扱っている．現在（2015年現在）の学会長はポルトガルのポルト大学の保全遺伝学のP.C.アルベス教授で，事務局長はオーストリア自然資源生命科学大学の生態学のK.ハックランダー教授である．会員は100名ほどで，全世界に広がっている．会員相互の情報交換や交流，共同研究やプロジェクト研究などの機会をつくっている．また，4年ごとの学術会議の開催を推進し，他のシンポジウムの開催も援助している．

　学会ホームページで，ウサギ類に関する最新の論文や情報が得られ，また文献のデータベース検索が行える．この学会によって，"Lagomorph Biology：Evolution, Ecology, and Conservation"（2008）の書籍が刊行されている．

（2）4年ごとに開催される世界ウサギ類学会の会議

　ウサギ類の国際的な学術会議はこれまでに開催されたことがあるが，定期的に開催される会議としては，上記の世界ウサギ類学会の主催による学術会議が唯一である．これは，2004年の第2回世界ウサギ類学術会議（ポルトガルでの開催）において，4年ごとの開催が決まったことによる．

　この会議の定期的開催までの世界的なおもな研究集会をみると，第1回世界

230　第6章　ウサギ学のこれから——保全生物学の視点

ウサギ類学術会議は，1979 年にカナダ・ゲルフ市（ゲルフ大学）で開催され
た．この主催は，次項で述べる国際自然保護連合（IUCN）のウサギ類専門家
グループである．参加者は 125 名以上で，論文集として 1000 ページもの厚さ
の書籍が発行された（図 6.1：Myers and MacInnes, 1981）．第 2 回会議は，第
1 回会議の開催からじつに 25 年後の 2004 年にポルトガル・ポルト市（ポルト
大学）で開催された．これ以降は 4 年ごとの開催となり，第 3 回会議はメキシ
コ・モレリア市（メキシコ国立自治大学 UNAM，環境地理センター）におい
て 2008 年に開催された．第 4 回会議はオーストリア・ウイーン市（天然資
源・生物科学大学）において 2012 年に開催された．第 5 回会議はアメリカ・
ターロック市（カリフォルニア州立大学）において 2016 年 7 月に開催された．
この国際学術会議においても，世界の野生ウサギを対象に，古生物学，系統進
化学，生態学，個体群動態学，生理学，行動学，病理学，保全管理学などの観
点から発表が行われている．

　私は，第 1 回以外はすべての会議に出席している．研究論文でしか知らなか
った著名なウサギ研究者と感激しながら情報交換を直接行うことができ，また
開催地のポルトガルやメキシコ，ヨーロッパ各国およびアメリカからの博士課
程の大学院生や若手研究者の参加も多く，大いに刺激を受ける．このような会
議を通じて，アマミノクロウサギやニホンノウサギ *L. brachyurus* の共同研究
を，たとえばポルトガルのポルト大学と行う機会を得ている．ウサギ類の多様
性の高いアジアからの参加者を増やしたいと主催者は希望している．

（3）国際自然保護連合のウサギ類専門家グループの役割

　国際自然保護連合の「種の保存委員会（Species Survival Committee；SSC）」
は科学ベースのネットワーク組織で 130 以上の専門家グループが形成され，世
界中の 180 カ国以上の国々から研究者や専門家など 9000 名以上がボランティ
アで参加している．この委員会の目的は，生物多様性の喪失を減らすための積
極的な行動を通じて，自然の価値づけと保全をめざして，生物種およびその生
息地についての研究や保全，賢明な利用による生物多様性の保護にある．この
委員会の 1 つに，「ウサギ類専門家グループ（Lagomorph Specialist Group；
LSG）」がある．

　ウサギ類専門家グループは 1978 年に設立され，現在 66 名のメンバーが世界
中の 90 種以上のウサギ類の保全や管理を担当している．このグループの委員
長はアメリカのアリゾナ大学のナキウサギ研究者 A. T. スミス教授が担当して

いる．ウサギ類の研究や保全管理活動などの情報交換が行われている．各担当者は，IUCN のレッドリストの見直し作業を行い，毎年の生息現状報告などを委員長に行っている．さらに，われわれのアマミノクロウサギの調査研究においては，メキシコ国立自治大学のF. A. セルバンテス教授やウイーン獣医学大学のF. ズッケントランク教授に奄美大島の現地にきてもらい，情報交換や対策の検討を行う機会を得ている．

（4）わが国のかつての野兎研究会

日本にはかつて「野兎研究会」の名称で，おもに日本産ノウサギを研究するグループが存在した．現在は，発展的に解消して「森林野生動物研究会」の名称として存続している．

野兎研究会は，1970 年に森林の獣害対策と森林に生息する野生哺乳類との共存を目的に設立され，1989 年までの約 20 年間にわたり活動を続けてきた．当時，ノウサギによる造林木食害が日本国中で多発し，野ネズミによる被害も多発しており，林業関係者の最大の関心事となっていた．野ネズミの研究は各地で本格的に取り組まれていたが（たとえば太田，1984），ノウサギの研究はほとんどない状態であった．このため，大学や都道府県などの試験場の研究者などが参加して，ノウサギの被害防除や基礎的生態の研究と情報交換のために設立された．大きな成果としては，ノウサギの生息数推定法を確立したことなどがあげられる（森林野生動物研究会，1997）．ノウサギの足跡数から，数理統計を用いて高い精度の生息数推定法の研究が行われてきた（第 3 章参照）．しかし，生息数の推定法ばかりが強調され，ノウサギの被害対策や管理のための現場における使いみちや現場とのフィードバックが薄れていたきらいがあったように思われる．ウサギ研究者の河合雅雄氏は，当時のこの研究会を評して，被害防除と生息数推定に重点が置かれ，行動学やナチュラルヒストリーの視点が少ないと指摘している（河合，1983）．

野兎研究会は，日本の森林の成長や森林施業の変化とともにノウサギによる森林被害が減少したため，ノウサギ自体だけの問題だけでなく，より広範な問題に対応するために，他の野生動物まで対象を拡大し，「森林野生動物研究会」として発展的に解消するに至っている．

6.3 希少種の保全

（1）国際自然保護連合のレッドリストと生息の現状

　地球上における野生生物種の絶滅は，かつてない速さで急速に進んでおり，希少種の保護と生物多様性の保全は急務の重要な課題とされる．このために，国際自然保護連合では，絶滅のおそれのある野生生物のリストを作成し，希少種の現状や保護の優先順位づけなどを公表している．ウサギ類においても，種数の約3分の1は希少種に指定されており，この割合は哺乳類全般の希少種の割合とほぼ同じである．

　このリストづくりのために，ウサギ類専門家グループによるウサギ目の希少種の指定作業が1972年から開始されている（Smith, 2008）．当初（1972年や1978年）は，4種のウサギ（ネパールのアラゲウサギ *Caprolagus hispidus*，インドネシア・スマトラ島のスマトラウサギ *N. netscheri*，日本のアマミノクロウサギおよびメキシコのメキシコウサギ *Romerolagus diazi*）が「絶滅危惧（Threatened）」に指定されたが，しだいに関心と情報が増え，1990年には12種に増加した．さらに，1994年以降は数値による判定基準の導入が行われ，2001年の見直し以降は，リスト化と評価手法が確立し，2004年リストでは24種に増加した．2008年の見直しによって，新たな情報の追加と再評価が行われ，絶滅危惧は18種になり，「準絶滅危惧（Near Threatened）」として5種が指定されている（表6.1；IUCN, 2016）．このリスト以外では，「軽度懸念（Least Concern）」（絶滅のおそれもなく，近い将来絶滅に瀕する見込みが低い種）に60種が指定され，さらに，「情報不足（Data Deficient）」に8種が指定されている．なお，ウサギ目における「絶滅（Extinct）」として，地中海のコルシカ島と周辺の島嶼に過去2000年にわたり生息していたサーディニアンナキウサギ *Prolagus sardus* がおり，1774年の生息情報が最後のようである（Smith, 2008）．生息した島嶼はすべて古くからの有人島で，絶滅の原因として生息地喪失，捕食圧，外来種との競争が指摘されている．

　希少種の評価方法としては，ウサギ類専門家グループによって，生息数，生息面積，生息動向などの数値や影響要因の評価と絶滅リスク評価を行い，レッドリストカテゴリーの判定基準で評価する．査定者は2名以上，査定結果の評価者は2名で行われる．私はウサギ類専門家グループのメンバーとして，1996年からアマミノクロウサギの査定者を担当している．

（2）希少種保護のための行動計画

ウサギ目の希少種保護のための行動計画は，狩猟，生息地管理，新たな生息地への導入，および生物的防除の使用に関して策定されている（Chapman *et al.*, 1990a）.

狩猟に関しては，狩猟対象としてのウサギの持続的収穫が可能かどうかが重要とされる．たとえば，ヤブノウサギでは，持続的収穫を念頭に置いた狩猟はこれまでに行われた例はなく，むしろ狩猟圧を下げるべきと提案されている．このためには個体群研究が必要であり，狩猟の割当制や休猟制による個体群の回復や個体群の定期的なモニタリングが求められている．生息地管理に関しては，たとえば，近年のヨーロッパにおける農業形態の変化（単一作物による大規模農地の拡大，肥料や農薬の大量使用など）によって，ヤブノウサギは減少傾向にあるとして，土地利用計画において，将来的により広い環境保全の観点からの検証が必要とされる.

新たな生息地へのウサギの人為的導入に関しては，これまでおもに狩猟動物として，本来の生息地以外に導入されてきたが，今後は禁止すべきであるとしている．人為的導入によって，自然生態系の破壊や在来種への脅威となっているためである．ウサギ類専門家グループは，外来種ウサギ類の意図的導入や非意図的導入に対して強く反対することを 1987 年に発表している（Chapman *et al.*, 1990a）．外来種ウサギ類への対策としての生物的防除に関して，いかなる病原菌，寄生生物，あるいは捕食者の使用も，疫学的検討や種特異性の検討，さらには人道性の検討を厳しく行った場合のみに許されるとしている．また，実験室や野外での検証，在来種や環境への影響などの検証が必要としている．これも，ウサギ類専門家グループによって意見表明が行われている（Chapman *et al.*, 1990a）.

具体的な行動計画としては，それぞれの種に対して，生息状況調査，保全活動などがおもな内容である．ウサギ類専門家グループによる希少種保全の対応が継続的に報告されている（Smith, 2008；IUCN, 2016）．たとえば，わが国のカテゴリーの絶滅危惧 IA 類（Critical Endangered）として，中国中央部（寧夏省とモンゴル国境）の限定された場所（2×1.5 km）に隔離的に生息するシルバーナキウサギ *O. argentata* では，分布や生息数が近年急激に減少しているため，残された生息地の保護，モニタリングや調査研究が提案されている．南アフリカの一部の地域に生息するブッシュマンウサギでは，過去 20 年間で

234 第6章 ウサギ学のこれから——保全生物学の視点

表 6.1 国際自然保護連合 IUCN の 2015 年版レッドリストにおけるウサギ目の絶滅種と

IUCN レッドリストカテゴリー （環境省レッドリストカテゴリー名）	科名	種名
Extinct（絶滅）	ナキウサギ	サーディニアンナキウサギ
Threatened（絶滅危惧）		
Critical Endangered（絶滅危惧 IA 類）	ナキウサギ	シルバーナキウサギ（仮）
	ウサギ	ブッシュマンウサギ
	ウサギ	サンホセウサギ
Endangered（絶滅危惧 IB 類）	ナキウサギ	ホフマンナキウサギ
	ナキウサギ	イリナキウサギ
	ナキウサギ	コズロフナキウサギ
	ウサギ	アラゲウサギ
	ウサギ	オミルテメワタオウサギ
	ウサギ	ガンジョウワタオウサギ（仮）
	ウサギ	アマミノクロウサギ
	ウサギ	テワンテペクジャックウサギ
	ウサギ	トレスマリアワタオウサギ
	ウサギ	メキシコウサギ
Vulnerable（絶滅危惧 II 類）	ウサギ	ホウキノウサギ（仮）
	ウサギ	コルシカノウサギ（仮）
	ウサギ	ハイナンノウサギ
	ウサギ	スマトラウサギ
	ウサギ	ニューイングランドワタオウサギ（仮）
Near Threatened（準絶滅危惧）		
	ウサギ	クロジャックウサギ
	ウサギ	ヨーロッパアナウサギ
	ウサギ	シロワキジャックウサギ
	ウサギ	アパラチアワタオウサギ
	ウサギ	ヤルカンドノウサギ

The IUCN Red List of Threatened Species. Version 2015-4. http://discover.iucnredlist.org/discov
和名は，平凡社『動物大百科』と講談社『レッド・データ・アニマルズ』およびつぎのサイトなど
B5%A5%AE%B2%CA

　60% の生息数減少が認められているため，土地所有者や研究者などがワーキ
ンググループをつくり，調査やモニタリング，普及啓発などを行い，最適な生
息地の保全が最優先として提案され実施されている．メキシコ領のカリフォル
ニア湾のサンホセ島（194 km^2）の局所（20 km^2）に生息するサンホセウサギ
S. mansuetus では，人為的に導入された外来捕食性哺乳類のネコやイヌ，ネ
ズミによって悪影響を受け，最適な生息地の喪失（野生化ヤギによる）や密猟

絶滅危惧種および準絶滅危惧種.

英名	学名	国・地域
Sardinian pika	*Prolagus sardus*	地中海の島嶼
Silver pika	*Ochotona argentata*	中国
Riverine rabbit	*Bunolagus monticularis*	南アフリカ
San Jose brush rabbit	*Sylvilagus mansuetus*	北アメリカ中部
Hoffmann's pika	*Ochotona hoffmanni*	モンゴル
Ili pika	*Ochotona iliensis*	中国
Koslov's pika	*Ochotona koslowi*	中国
Hispid hare	*Caprolagus hispidus*	ネパールなど
Omilteme cottontail	*Sylvilagus insonus*	メキシコ
Robust cottontail	*Sylvilagus robustus*	北アメリカ，メキシコ
Amami rabbit	*Pentalagus furnessi*	日本
Tehuantepec jackrabbit	*Lepus flavigularis*	メキシコ
Tres Marias cottontail	*Sylvilagus graysoni*	メキシコの島嶼
Volcano rabbit	*Romerolagus diazi*	メキシコの高標高地
Broom hare	*Lepus castroviejoi*	スペイン
Corsican hare	*Lepus corsicanus*	イタリア
Hainan hare	*Lepus hainanus*	中国・海南島
Sumatran striped rabbit	*Nesolagus netscheri*	インドネシア
New England cottontail	*Sylvilagus transitionalis*	北アメリカ
Espiritu Santo jackrabbit, black jackrabbit	*Lepus insularis*	メキシコの島嶼
European rabbit	*Oryctolagus cuniculus*	スペイン
White-sided jackrabbit	*Lepus callotis*	北アメリカ中部
Appalachian cottontail	*Sylvilagus obscurus*	北アメリカ
Yarkand hare	*Lepus yarkandensis*	中国・新疆ウイグル

er?order_ids[]=76（2016 年 4 月確認）
による．和名　http://www.cymb.net/a-odora/rabbit_dictionary/wiki/index.php?%A5%A6%A5%

などが大きな問題となっており，対策がとられている.

　希少種を地域的にみると，ナキウサギ科では中国やモンゴルに生息する種が多く，ウサギ科ではメキシコ，北アメリカ，ヨーロッパ（スペインやポルトガル，イタリア），あるいは日本と世界に広がる（表6.1；図6.2）．いずれも，山岳地や島嶼などの隔離小個体群で，それぞれの国内においても希少種に指定され，積極的な保全対策研究が求められ，また進められている.

図 6.2 中国の新疆ウイグル自治区の高山帯（標高 2800-4100 m）で，2014 年に 30 年ぶりに再発見された絶滅危惧種のイリナキウサギ（Ili pika）*Ochotona iliensis*．生息数減少は気候変動の影響と考えられている（李維東撮影；Li and Ma, 1986；Smith and Johnston, 2008 を参照）．

（3）日本のウサギ類の保護と行動計画

　日本のウサギ類（ナキウサギ類，アナウサギ類およびノウサギ類）の生息状況と行動計画に関しては，環境省によって IUCN の評価改訂に準じて行われている（環境省，2014）．

　エゾナキウサギ *O. hyperborea yesoensis* の生息状況は，環境省レッドリスト（1998 年版，2007 年版）では「絶滅のおそれのある地域個体群（LP）」にランクされたが，最新のレッドリスト（2014 年版）でランクが上がり，「準絶滅危惧（NT）」に指定された（表 6.2；環境省，2014）．このカテゴリーは「現時点での絶滅危険度は小さいが，生息条件の変化によっては『絶滅危惧』に移行する可能性のある種」と規定される．エゾナキウサギは，北海道の中央部の北見山地，大雪山系，日高山脈および夕張山地に生息し，垂直分布は日高山脈南部の幌満川流域（標高 50 m）から大雪山系白雲岳山頂（標高 2230 m）にまでおよぶ（図 2.20；第 2 章参照；川辺，2014；Oshida, 2015）．分布範囲の最外郭面積は 8000 km^2 と広大であるが，岩塊堆積地だけに生息するため，実際の生息面積はその数 % と考えられ，全生息頭数は約 100 頭と推定されている（Oshida, 2015）．岩塊堆積地面積がもっとも大きい大雪山系における生息数が

表6.2　日本のウサギ類の生息の現状.

ウサギ名	推定生息数	生息地	保護・問題
エゾナキウサギ	100頭	北見山地・大雪山系 夕張・芦別山系 日高山脈	準絶滅危惧（環境省RDB2014*）
アマミノクロウサギ	4000–5000頭 200頭	奄美大島 徳之島	絶滅危惧IB（環境省RDB2014*）, EN（IUCN）
エゾユキウサギ	?	北海道	
ニホンノウサギ	?	本州，四国，九州および佐渡，隠岐など周辺の島嶼	佐渡島の亜種サドノウサギが準絶滅危惧（環境省RDB2014*）, 佐渡島のテンが国内由来外来種として重点対策外来種（環境省外来種リスト2015**）
野生化ヨーロッパアナウサギ（カイウサギ）	?	全国で12島以上	総合対策外来種の重点対策外来種（環境省外来種リスト2015**）, 世界の侵略的外来種ワースト100（IUCN）

*環境省「レッドデータブック2014」（環境省，2014）.
**環境省「我が国の生態系等に被害を及ぼすおそれのある外来種リスト」（環境省，2015）.

もっとも多く，他は少ない．道路建設などのために，生息地の岩塊堆積地が消失し，生息数減少や生息地の分断化が起きている．保護のための行動計画として，生息実態把握の調査研究やNGOによる保護活動などが行われている（川道，1994；ナキウサギファンクラブ，1999；川辺，2008，2013；及川ほか，2015など）．

　アマミノクロウサギの生息状況は，環境省レッドリスト（1998年版，2007年版）で「絶滅危惧IB類（EN）」にランクされており，2014年版においても同様のランクである（山田，2014a；Yamada, 2015a）．このカテゴリーは「（上位の）IA類ほどではないが，近い将来における野生での絶滅の危険性が高い種」と規定される．保護の行動計画として，「種の保存法」の「国内希少野生動物種」に指定され，保護増殖事業計画のもとで基礎的調査やモニタリング，普及啓発などが行われている．外来生物法による外来種マングース防除事業が実施されている．分布や生息状況，対策などの詳細は第5章を参照されたい．

　エゾユキウサギ *L. t. ainu* およびニホンノウサギの生息状況は，1960-1980年代は造林木への加害獣として扱われるほど生息数は多かったが，近年の生息

数は減少傾向にある（Yamada, 2015b, 2015c；第3章参照）．とくに，佐渡島の固有亜種のサドノウサギ *L. b. lyoni* の減少が大きく，環境省レッドリスト（2007年版）以降に「準絶滅危惧（NT）」に指定されている（山田，2014b；第3章参照）．保護のための行動計画として，生息実態把握の調査研究が行われている（新潟県ノウサギ生息調査会，2002；箕口ほか，2004；Shimizu and Shimano, 2010；第3章参照）．なお，2015年に新たに策定された環境省の「生態系被害防止のための外来種リストと行動計画」（2015年3月）において，佐渡島の国内外来種テンは重点対策外来種としてあげられている．

　野生化ヨーロッパアナウサギ（カイウサギ）は全国の島嶼（12島以上）などで認められる（Yamada, 2015d；詳細は第4章参照）．国際自然保護連合IUCNでは侵略的外来生物に指定されているが，わが国の外来生物法ではとくに指定はされていない．しかし，2015年に新たに策定された環境省の「生態系被害防止のための外来種リストと行動計画」（2015年3月）において，野生化カイウサギによる「摂食が植生の衰退を引き起こし，生態系の改変につながる」という理由で，「重点対策外来種」に指定されている．対策のための行動計画としては，実態調査や対策が実施されている島嶼はきわめて少ない．

6.4　これらからのウサギ学

（1）まとめと今後

　本書においては，「ウサギ学」と称して，ウサギの分類や進化，ウサギ類の発見史，基礎的な形態，生態，そして保全や管理，さらには人間との歴史的関係などに関して述べてきた．私の研究対象としては，アナウサギ類のアマミノクロウサギとアナウサギ，そしてノウサギ類のニホンノウサギの3種を交えて解説した．それらは基礎的な内容から応用的な内容，さらに，人間によるウサギ類の利用の歴史や，ウサギ類から人間に対する影響や問題，それらをふまえたうえでの保護や保全および管理の内容である．できるだけ最新の全体像を整理し，ウサギとはなにか，ウサギと人間との関係の問題や課題を整理したつもりである．しかし，それぞれの分野の研究者や専門家からみたら，概説的で荒削りな内容も多くあったと思う．今後，どこからでも参加してもらい，さらなる改善発展のために，研究の深化と拡大につながることを期待したい．

　ウサギ類の系統進化の理解が，分子遺伝学的手法や古生物学的手法によって，

かなり整理され進んできた．今後，それぞれのウサギの種分化や分布の理解が進むことが期待される．それぞれのウサギの成立過程や特性において，捕食者との関係は重要で，今後このような観点からの検討が期待される．また，ウサギ類は草食性哺乳類であるため，草食性哺乳類としての生態と進化の観点からの検討が期待される．さまざまな生態系のなかでの適応や生き残り方を明らかにすることなどの比較研究から，ウサギ類の適応進化をさまざまな手法で解明することが必要と考える．とくにユーラシア大陸との関係性の解明のなかで，ウサギ類を通じた生物の適応進化や系統進化を研究するおもしろさが表現できればより楽しくなる．

島嶼のような隔離環境における固有種の成立過程や隔離生態系への適応の理解が，さらに深まることは重要である．わが国のように大陸島としての隔離環境において，奄美大島や徳之島のアマミノクロウサギ，本土のニホンノウサギとその属島の佐渡島の亜種のサドノウサギなどを対象として，それらの進化過程や生態系での位置づけや役割にもとづいた保全や管理の方法がつくられていけば，国内的にも世界的にもよい研究や保全モデルになる．長く理解が進んでいなかったアマミノクロウサギのように，じつは足元に貴重な研究材料があることにも気づく必要がある．アマミノクロウサギの私たちの調査研究の取り組みを通じて，奄美大島や徳之島の島嶼の生物相や自然への関心が広がり，在来希少種や外来種などの研究が増えてきている．今後，いっそう進展することが期待される．

（2）これからの研究や人間との関係

本書を「ウサギ学」と私は称したが，ここで，そもそも哺乳類学とはなにかを再度確認してみたい．哺乳類学とは，哺乳類を科学的に研究するための生物学で，対象とする哺乳類は，身近にはわれわれ人間自体であったり，ペットや家畜であったり，さらにはそれらの祖先を含めた野生哺乳類である．哺乳類の体の構造や機能は基本的には共通し，恒温性をもち，毛皮で覆われ，乳で子を育て，そして胎生である．哺乳類を対象とした生物学においては，生理学や生態学的手法などを用いた比較研究や要因研究などを通じて，発見された知見の集積や理解を深め広げていく活動がこれまでにも，また今後も展開されていく．哺乳類学の目的や必要性としては，食糧資源としての野生哺乳類の理解，家畜資源やペットとしての哺乳類の理解，人間を襲い危害を加え，農林水産業の被害を加える野生哺乳類や外来哺乳類の理解，感染症の感染源や衛生害動物とし

ての哺乳類の理解，保護や保全の必要な絶滅危惧の哺乳類の理解，生物多様性の一員としての哺乳類の理解，そして哺乳類としてのわれわれ人間自身の理解などがあげられる（Feldhamer *et al.*, 2015）．これらの研究を達成するためにさまざまなアプローチが求められる．本書では，ウサギに関してこのような観点での理解を深めるために，解説を試みたつもりである．

わが国の近年の哺乳類学の歴史的歩みや進展は目を見張るものがあるが，ウサギ研究の成果は，他の動物に比べるとやや少ない（高槻，2008）．さまざまな理由があげられるだろうが，今後ウサギ研究が増えることや，異なった研究分野との交流や共同研究が増えることが必要である．わが国の研究者数をみると，ウサギを対象とする研究者数はかつてほどなく，論文数や学会発表数も減ってきている．ウサギが引き起こす社会的問題の減少や，それらと関連する研究プロジェクトの減少が大きいと思われる．かつて，植林被害の多い時代は，都道府県の林業試験場の研究者たちが多くノウサギの研究に従事していた．

今後，ウサギと関連する社会的問題として，希少種保全や外来種対策などという保全生物学的アプローチからのさらなるウサギ研究の可能性はあるだろう．温暖化など気候変動との関係からのアプローチもあるだろう．地史的にさまざまな環境変動のなかで生き残ってきたウサギたちを通じて，今後，ウサギたちがどのように生きていけるかを予想するアプローチもあるだろう．

ウサギと人間との関係では，ウサギの盛衰には，自然環境の変化や影響が基本的にはあるが，人間との関係が大きいことを，本書によって読み取ってもらえたかと思う．ノウサギは，つい数十年前まで人間にとって重要な資源であったが，被害対策が必要なほどの生息環境を人間はつくり，また捕食性哺乳類を天敵として放獣したために希少種問題を起こしている．野生化ウサギ問題では，人間は野生化の原因を起こし，対策が求められる事態をつくっている．さらには，希少種のウサギでは，人間は生息地を失わせ，外来種によって絶滅の寸前まで追い込む事態を起こし，莫大な外来種対策を要している．人間にとり，その時々には必要なことであったかもしれないが，時間が経過すると予想もしない事態が起きている．人間と動物および自然環境との関係や影響について，さらに理解し予測するための研究が求められる．

本書で紹介した私たちの経験や研究の成果を通じて，ウサギや哺乳類の理解が広がり，自然環境との関係の理解が深まり，今後は，ウサギや動物と人間とのよりよい関係がつくられることを期待したい．研究者や専門家だけでなく，一般の方々にも，ウサギのもつ「かわいい」の印象の奥にあるウサギの魅力や

6.4 これらからのウサギ学　*241*

興味がさらに広がり，科学的な見方や対処が広がり定着してほしい．

　小型から中型の草食性哺乳類としてのウサギは，形態や生態など系統的な縛りのなかで，わずかな狭い範囲でそれなりに適応進化してきたといえる．また，捕食者に対しては，特別の防御方法を持ち合わせているわけではなく，捕食の危険に対して，早期警戒とみつからないように隠れることを最大の防御とし，危険が迫ると巣穴に逃げ込むか，高速で逃げることによって身を守ってきただけである．ウサギは，生息環境やその変化に対して保守的な適応と消極的な防御法によって生き残ってきた動物といえる．

引用文献

[和文]

阿部永. 1963. アマミノクロウサギの巣について. 哺乳動物学雑誌, 2：58-59.

阿部永. 2000. 日本産哺乳類頭骨図説. 北海道大学図書刊行会, 札幌.

阿部永（監修）. 2005. 日本の哺乳類 改訂版. 東海大学出版会, 秦野市.

阿部學. 2001. 希少猛禽類保護の現状と新しい調査法. 技術情報協会, 東京.

阿部余四男. 1918. 日本産兎の学名に就て（1）（2）（3）. 動物学雑誌, 30（356）：244-253, 30（357）：292-296, 30（358）：329-330.

アダムス, R.（神宮輝夫訳）. 1980. ウォーターシップ・ダウンのうさぎたち. 評論社, 東京.

揚妻-柳原芳美・大畑孝二・加藤克・齋藤郁子・説田健一・崇原健二・平岡考・正富宏之・三谷康則・鷲田善幸. 2013. 鳥獣採集家 折居彪二郎採集日誌——鳥学・哺乳類学を支えた男. 一耕社, 苫小牧.

赤田光男. 1997. ウサギの日本文化史. 世界思想社, 京都.

天野武. 1987. 野兎狩り. 秋田文化出版社, 秋田.

安藤彰朗・山田文雄・谷口明・白石哲. 1992. レンズ重量によるキュウシュウノウサギの齢査定と野生個体群への適用. 九州大学農学部学芸雑誌, 46：169-175.

青木文一郎. 1911. エチゴウサギ類の分布図. 動物学雑誌, 23：270.

青木文一郎. 1913. 本邦に於ける哺乳動物の分布状況. 動物学雑誌, 25：498-517.

B. B.（掛川恭子訳）. 1990. 野うさぎの冒険. 岩波少年文庫, 岩波書店, 東京.

千葉徳爾. 1975. 狩猟伝承. 法政大学出版会, 東京.

コルバート, E.（鍛原多惠子訳）. 2015. 6度目の大絶滅. NHK出版, 東京.

江口和洋. 2006. 宇治群島家島における鳥類センサス調査. 南太平洋海域調査研究報告, 46：26-29.

富士元寿彦. 1986. 野うさぎの四季. 平凡社, 東京.

ガーソン, P. J.・D. P. カウアン（川道武男訳）. 1986. 生息環境と行動——アナウサギ社会のメスとオスの戦略の違い.（D. W. ドナルド, 編：動物大百科第5巻 小型草食獣）pp. 140-141. 平凡社, 東京.

浜田太. 1999. 時を超えて生きるアマミノクロウサギ. 小学館, 東京.

ハント, C. E.・D. D. ハリントン. 1974. 家兎の栄養および栄養性疾患.（ワイスブロス, S. H.・R. E. ロナルド・A. L. クラウス, 編, 板垣博・伊藤昭吾・大倉永治・北村佐三郎訳：実験用ウサギの生物学——繁殖, 疾病と飼育管理）pp. 535-576. 文永堂, 東京.

原ひろ子. 1989. ヘアー・インディアンとその世界. 平凡社, 東京.

原園紘. 1988. ノウサギのヒノキ食害に対するアスファルト乳剤の忌避効果について. 森林防疫, 37：145-149.

長谷川幹夫. 1991. ケヤキ人工林の植栽6成育期間における成長と被害. 富山県林業技術センター研究報告, 5：9-12.

橋本琢磨・諸澤崇裕・深澤圭太. 2016. 奄美から世界を驚かせよう——奄美大島におけるマングース防除事業, 世界最大規模の根絶へ.（水田拓, 編著：奄美群島の自然史学）pp. 290-312. 東海大学出版部, 平塚.

畑正憲. 1972. 天然記念物の動物たち. 角川文庫, 東京.

服部正策・伊藤一幸. 2000. マングースとハルジオン. 岩波書店, 東京.

林良博. 1979. 南西諸島の動物たち——とくにハブとアマミノクロウサギ. 科学, 49：616-619.

林良博・鈴木博・桐野正人. 1984. 1974年度アマミノクロウサギの調査報告——糞から推測されるクロウサギの行動（野外と飼育場において）.（WWFジャパン科学委員会, 編：南西諸島とその自然保護 その1）pp. 293-303. WWFジャパン, 東京.

日高哲志. 2006. 宇治島の有用樹種及びウサギ害の調査. 南太平洋海域調査研究報告, 46：30-34.

日高敏隆（監修）. 1996. 日本動物大百科第1巻 哺乳類 I. 平凡社, 東京.

平川浩文. 1995. ウサギの糞食. 哺乳類科学, 34：109-122.

平岡誠志・渡辺弘之・寺崎康正. 1977. 糞粒法によるノウサギ生息密度の推定. 日本林学会誌,

244 引用文献

59：200-206.

北国新聞．2013．七ツ島，ウサギ一掃を計画 野生化，生態系に悪影響．2013年6月7日付．北国新聞，金沢．

兵庫県立いえしま自然体験センター（家島諸島西島）．2016．私信

池田透・山田文雄．2011．海外の外来哺乳類対策——先進国に学ぶ．（山田文雄・池田透・小倉剛，編：日本の外来哺乳類——管理戦略と生態系保全）pp. 59-101．東京大学出版会，東京．

今橋理子．2013．兎とかたちの日本文化．東京大学出版会，東京．

今泉吉典．1949．日本哺乳動物図説——分類と生態．洋々書房，東京．

今泉吉典．1960．原色日本哺乳類図鑑．保育社，大阪．

今泉吉典．1970．日本哺乳動物図説上巻．新思潮社，東京．

今泉吉典．1988．日本哺乳類図説上巻．新思潮社，東京．

石川県．1994．平成5年度七ツ島自然環境保全調査報告書．石川県自然保護課，金沢．

石間妙子・関島恒夫・大石麻美・阿部聖哉・松木吏弓・梨本真・竹内亨・井上武亮・前田琢・由井正敏．2007．ニホンイヌワシの採餌環境創出を目指した列状間伐の効果．保全生態学研究，12：118-125.

伊藤圭子・阿部慎太郎・山下亮・村田浩一．2004．奄美大島に生息する外来種ジャワマングースのトキソプラズマ抗体保有．第10回日本野生動物医学会大会（東京）講演要旨集．

伊藤真次．1980．適応のしくみ——寒さの生物学．北海道大学図書刊行会，札幌．

神谷正男・福元真一郎・松崎哲也・鈴木博．1987a．特別天然記念物アマミノクロウサギ——その捕獲・飼育・寄生虫（I）．北海道獣医師会誌，31：221-228.

神谷正男・福元真一郎・松崎哲也・鈴木博．1987b．特別天然記念物アマミノクロウサギ——その捕獲・飼育・寄生虫（II）．北海道獣医師会誌，31：241-247.

神山恒夫．2004．これだけは知っておきたい人獣共通感染症．地人書館，東京．

金森弘樹・周藤靖雄．1988a．針金とアルミ帯によるオキノウサギ被害回避試験——野外飼育場での試験．日本林学会関西支部講演要旨集．

金森弘樹・周藤靖雄．1988b．針金とアルミ帯によるオキノウサギ被害回避試験．島根県林業技術センター研究報告，40：53-60.

金森弘樹・井ノ上二郎・周藤靖雄．1990．アスファルト乳剤，針金およびアルミ帯によるオキノウサギ被害回避試験．森林防疫，39：187-194.

環境省．2008．平成19年度重要生態系監視地域モニタリング推進事業（モニタリングサイト1000）海鳥調査業務報告書．環境省自然環境局生物多様性センター，富士吉田．

環境省．2012．平成23年度モニタリングサイト1000海鳥調査報告書．環境省自然環境局生物多様性センター，富士吉田．

環境省．2014．レッドデータブック2014——日本の絶滅のおそれのある野生生物．ぎょうせい，東京．

環境省．2015．我が国の生態系等に被害を及ぼすおそれのある外来種リスト（生態系被害防止外来種リスト）．環境省自然環境局野生生物課外来生物対策室，東京．（URL：https://www.env.go.jp/nature/intro/1outline/list/fuka_animal.pdf；2016年5月22日版）

環境省2016a．奄美・琉球世界自然遺産推薦書（ドラフト版）（URL：https://kyushu.env.go.jp/naha/files/e2057f3e4cbd753e576642e3b8e152d4.pdf；2016年12月11日版）

環境省．2016b．平成27年度奄美大島におけるフイリマングース防除事業報告書．環境省那覇自然環境事務所，那覇．（URL：http://www.env.go.jp/nature/intro/4control/bojokankyo.html；2016年12月11日版）

環境省奄美野生生物保護センター．2015．平成27年度奄美希少野生生物保護増殖検討会資料（以下のサイトでアマミノクロウサギ交通事故確認件数が公表されている．（URL：http://amami-wcc.net/info/%E5%B9%B3%E6%88%9026%E5%B9%B4%E5%BA%A6%E3%82%A2%E3%83%9E%E3%83%9F%E3%83%8E%E3%82%AF%E3%83%AD%E3%82%A6%E3%82%B5%E3%82%AE%E4%BA%A4%E9%80%9A%E4%BA%8B%E6%95%85%E9%98%B2%E6%AD%A2%E3%82%AD%E3%83%A3%E3%83%B3/.；2016年6月6日版）

環境省中部地方環境事務所．2016．私信

川辺百樹．2008．北海道におけるエゾナキウサギの分布．上士幌町ひがし大雪博物館研究報告，30：1-20.

川辺百樹．2013．佐幌岳のナキウサギに迫る危機——問われる北海道の環境行政．北海道の自然，51：43-52.

川辺百樹．2014．エゾナキウサギ．（環境省，編：レッドデータブック2014——日本の絶滅のおそれのある野生生物）p. 82．ぎょうせい，東京．

川井裕史．1999．ブナ幼樹に対するノウサギ害の軽減について．大阪府農林技術センター研究報告，35：20-24.

河合雅雄．1955．飼いウサギ．（今西錦司，編：日本動物記1）光文社，東京．

河合雅雄．1971．飼いウサギ．（今西錦司，編：日本動物記1）pp. 133-278．思索社，東京．

引用文献　　*245*

河合雅雄．1983．解説（高橋喜平著『ノウサギ日記』）pp.259-310．福音館書店，東京．
川道武男．1992．氷河期に分布を拡大——ナキウサギ属．（川道武男，編：動物たちの地球　哺乳類 II　ネズミ・ウサギほか）pp.310-312．朝日新聞社，東京．
川道武男．1994．ウサギがはねてきた道．紀伊國屋書店，東京．
川道武男・山田文雄．1996．日本産ウサギ目の分類学的検討．哺乳類科学，35：193-202．
木場一夫．1962．奄美諸島及びトカラ群島産ハブ属に関する研究．日本学術振興会，東京．
木村政昭．2002．琉球弧の成立と古地理．（木村政昭，編：琉球弧の成立と生物の渡来）pp.19-54．沖縄タイムス社，那覇．
桐野正人．1977．生きた化石アマミノクロウサギ．汐文社，東京．
岸茂樹．2015．北アメリカのノウサギはアレンの法則に従わない．日本生態学会誌，65：61-64．
岸田久吉．1924．哺乳動物図解．農商務省農務局，東京．（URL：http://dl.ndl.go.jp/info:ndljp/pid/1016685；2016 年 12 月 10 日版）
岸田久吉．1937．高山の鳥獣と其の由来．理学界，35：747-749．
北村晃寿・木元克典．2004．3.9Ma から 1.0Ma の日本海の南方海峡の変遷史．第四紀研究，43：417-434．
小林峻大・伊藤咲音・林田光祐．2016．イヌワシ保全を目的とした列状間伐地の伐採幅と再刈り払いがノウサギ誘引効果に及ぼす影響．保全生態学研究，21：印刷中．
小林照幸．1992．毒蛇．講談社，東京．
小林照幸．1993．続　毒蛇．講談社，東京．
国分直一・恵良宏．1996．南島雑話 1　幕末奄美民俗誌　名越左源太．東洋文庫 431，平凡社，東京．
小宮輝之．1987．ノウサギを飼育して．どうぶつと動物園，39：136-137．
コウモリの会．2011．コウモリ識別ハンドブック　改訂版．文一総合出版，東京．
久保正仁・中嶋朋美・本田拓摩・河内淑恵・伊藤結・服部正策・倉石武．2013．アマミノクロウサギ（*Pentalagus furnessi*）における自然発生病変の病理組織学的検索——ホルマリン保存臓器を用いた予備的研究．日本野生動物医学会誌，18：65-70．
工藤樹一．1986．青森県におけるノウサギの防除法について．森林防疫，35：69-70．
クライナー・ヨーゼフ・田畑千秋．1992．ドイツ人のみた琉球の奄美．ひるぎ社，那覇．
熊本日日新聞．2013．熊本野生生物研究会現地調査．2013 年 8 月 18 日付．熊本日日新聞，熊本．
黒田長禮．1921．対馬，動物に関するもの．天然記念物調査報告（内務省），22：1-21．
黒田長礼．1953．日本獣類図説．創元社，東京．
黒瀬浩治．1974．ノウサギの料理法など．（宮尾嶽雄，編：日本哺乳類雑記第 3 集）p.36．信州哺乳類研究会，松本．
マクブライド，A.（斎藤慎一郎訳）．1998．ウサギの不思議な生活．晶文社，東京．
牧野俊一・佐藤重穂・岡部貴美子・吉田成章．1994．ノウサギによる広葉樹の食害と円筒金網によるその防除．日本林学会九州支部論文集，47：151-152．
丸山静雄．1995．日本の「七〇年戦争」．新日本出版社，東京．
松山資郎．1986．戦時下の鳥獣調査事業——野兎毛皮の軍納入始末記．『全集日本野鳥記』月報 7．講談社，東京．
箕口秀夫・中島卓也・中村彰．2004．佐渡島におけるテンの生息に関する研究．平成 15 年度受託研究費（新潟県）研究成果報告書．新潟県，新潟．
宮尾嶽雄・水野武雄．1973．長野県産ノウサギの地方変異．（宮尾嶽雄，編：日本哺乳類雑記第 2 集）pp.16-22．信州哺乳類研究会，松本．
宮尾嶽雄・西沢寿晃．1972．長野県産ノウサギにおける歯数異常と頬歯の萌出順序．成長，10：69-74．
三好学．1915．天然記念物．冨山房，東京．
文部省・農林水産省・環境省．2015．アマミノクロウサギ保護増殖事業計画．（URL：http://www.env.go.jp/nature/kisho/zoshoku/amaminokurousagi.pdf；2016 年 6 月 6 日版）
森田忠義．1964．奄美大島の動物．（鹿児島県理科教育協会，編：鹿児島の自然）pp.303-327．鹿児島県，鹿児島．
森田哲夫・平川浩文・坂口英・七條宏樹・近藤祐志．2014．「うんちは別腹？」——Coprophagy の比較生物学．哺乳類科学，54：157-160．
諸坂佐利．2016．絶滅種・絶滅危惧種保護政策における「ネコ問題」——その法解釈学，そして政策法務的視点からの考察．ワイルドライフフォーラム，21：18-21．
両角徹郎．1972．獣肉の味．（宮尾嶽雄，編：日本哺乳類雑記第 1 集）p.127．信州哺乳類研究会，松本．
長嶺隆．2011．イエネコ——もっとも身近な外来哺乳類．（山田文雄・池田透・小倉剛，編：日本の外来哺乳類——管理戦略と生態系保全）pp.285-316．東京大学出版会，東京．
長嶋俊介．2006．宇治群島調査の概要と調査の経緯．南太平洋海域調査研究報告，46：3-10．
中村泰之．2016．与論島の両生類と陸生爬虫類——残された骨が物語るその多様性の背景．（水田

拓，編著：奄美群島の自然史学）pp. 351-369. 東海大学出版部，平塚.

中静透・紙谷智彦. 2001. 植生解析によるウサギの餌現存量推定の試み．（阿部學：監修，希少猛禽類保護の現状と新しい調査法）pp. 148-155. 技術情報協会，東京.

ナキウサギファンクラブ. 1999. ナキウサギの声が聞きたい. 日本評論社，東京.

波江元吉. 1909. 沖縄及奄美大島の小獣類に就いて．動物学雑誌，252：452-457.

南海日日新聞. 1983. 赤崎でマングース暗躍　ハブの巣も撃退. 1983年1月19日付. 南海日日新聞，奄美.

成尾英仁・桑水流淳二・森田康夫・丸野勝敏・山元幸夫・廣森敏昭・行田義三. 2002. 宇治群島家島の自然調査概要報告. 鹿児島県立博物館研究報告，21：1-25.

新潟県ノウサギ生息調査会. 2002. 新潟のノウサギ. 新潟県農林公社，新潟.

日本哺乳類学会. 2015. 環境大臣・鹿児島県知事宛　奄美大島と徳之島におけるノネコ対策緊急実施についての要望書と環境省の回答書．（URL：http://www.mammalogy.jp/doc/20150225.pdf；2016年6月6日版）

日本生態学会. 2002. 外来種ハンドブック. 地人書館，東京.

ニコル，C. W.（松田銑訳）1986. 冒険家の食卓. 角川書店，東京.

西本豊弘. 2001. 三内丸山遺跡の動物質食糧．（阿部義平，編：縄文文化の扉を開く——三内丸山遺跡から縄文列島へ）pp. 36-38. 国立歴史博物館，佐原.

野崎英吉. 2002. 石川県七ツ島大島におけるカイウサギ対策とその成果．（日本生態学会，編：外来種ハンドブック）pp. 82-83. 地人書館，東京.

布野隆之・関島恒夫・阿部學. 2010. 落葉樹の展葉に伴うイヌワシ *Aquila chrysaetos* の給餌様式の変化. 日本鳥学会誌，59：148-160.

落合啓二. 2004. 千葉の外来哺乳類. 千葉県立中央博物館，千葉.

小倉剛・山田文雄. 2011. フイリマングース．（山田文雄・池田透・小倉剛，編：日本の外来哺乳類——管理戦略と生態系保全）pp. 105-137. 東京大学出版会，東京.

及川弘・安達二朗. 1989. 生理学的性状．（堀内茂友・輿水馨，編：実験動物の生物学的特性データ）pp. 1-40. ソフトサイエンス社，東京.

及川希・松井理生・平川浩文. 2015. 秋に顕著な夜間活動——北海道中央部のハイマツ帯に生息するエゾナキウサギの日周活動. 哺乳類科学，55.

小城春男・笠康三郎. 2001. 渡島大島におけるオオミズナギドリ繁殖個体群の現状と保全への指針. 北海道大学水産科学研究彙報，52：71-93.

大野隼夫・高槻義隆. 1991. 奄美大島における移入動物の概況——中間報告．（世界自然保護基金日本委員会，編：南西諸島の野生生物に及ぼす移入動物の影響調査——南西諸島自然保護特別事業報告書 No. 4）pp. 7-12. 世界自然保護基金日本委員会，東京.

太田英利・高橋亮雄. 2006. 琉球列島および周辺島嶼の陸生脊椎動物相——特徴とその成り立ち．（琉球大学21世紀 COE プログラム編集委員会編：美ら島の自然史——サンゴ礁島嶼系の生物多様性）pp. 2-15. 東海大学出版会，秦野.

太田英利・中村泰之・高橋亮雄. 2015. 南西諸島の爬虫類・両生類に見られる多様性・固有性とその保全．（日本生態学会，編：南西諸島の生物多様性，その成立と保全）pp. 18-27. 南方新社，鹿児島.

太田嘉四夫（編著）. 1984. 北海道産野ネズミ類の研究. 北海道大学図書刊行会，札幌.

大津正英. 1974. トウホクノウサギの生態と防除に関する研究. 山形県林業試験場研究報告，5：1-94.

大山昌子. 1999. 伊豆諸島新島・式根島におけるフロラ多様性と植物群落の多様性. 新島村博物館平成11年度研究紀要，pp. 72-97.

大山昌子. 2000. 伊豆諸島新島・式根島におけるフロラ多様性と植物群落の多様性. 新島村博物館平成12年度研究紀要，pp. 50-61.

小澤智生. 2009. 小脊椎動物群の変遷からみた琉球列島の固有動物相の起源と成立プロセス. 日本古生物学会第158回例会学会講演予行集.

林野庁. 1999. 平成9年度主要森林病害虫等による被害状況. 森林防疫，47：238-239.

ロックレイ，R. M.（立川賢一訳）. 1973. アナウサギの生活. 思索社，東京.

斎藤聡・渡邉秀明・浅川満彦. 2007.「渡島大島」日本最大の無人島における環境調査（その1）. 北海道獣医師会誌，51：400-402.

坂田拓司・中園敏之. 1991. 牛深市大島における野生化したカイウサギの生態研究. 熊本野生動物研究会誌，1：27-33.

酒匂猛・内村正之・是枝吉徳. 1991. アマミノクロウサギの飼育と繁殖. どうぶつと動物園，43：272-274.

佐藤春男. 1998. 佐渡の山でウサギが減った——サドノウサギ激減の原因を探る. 新潟県生物教育研究会会誌，33：1-3.

佐藤七郎. 1965. 研究体制の発展．（佐藤七郎・鈴木善次・中村禎里，編著：日本科学技術体系15巻）pp. 265-320. 第一法規，東京.

引用文献　　*247*

佐藤孝雄．2008．狩猟活動の変遷．（西本豊弘，編：人と動物の日本史——動物考古学）pp. 92-118．吉川弘文館，東京．

関口恵史・井上文英・上田智之・小倉剛・川島由次．2001. mtDNA のチトクローム *b* 領域の塩基配列からみた沖縄島と奄美大島のマングースの類縁関係．哺乳類科学，41：65-70.

柴田叡一・和口美明．1989a．ノウサギに剥皮されたヒノキの成長と巻き込み．野兎研究会誌，16：3-8.

柴田叡一・和口美明．1989b．ノウサギに剥皮されたヒノキの巻き込みと変色・腐朽．野兎研究会誌，16：9-14.

柴田義春・山本時夫．1973．エゾノウサギの妊娠期間と繁殖回数．日本林学会大会講演要旨．

柴田義春・山本時夫．1980．エゾノウサギの個体群動態に関する研究 I．林業試験場研究報告，309．13-24.

重定南奈子．1992．侵入と伝播の数理生態学．東京大学出版会，東京．

島根県隠岐農林局．2016．私信

シンプソン，G. G.（白上謙一訳）．1974．動物分類学の基礎．岩波書店，東京．

森林野生動物研究会．1997．フィールド必携　森林野生動物の調査——生息数推定法と環境解析．共立出版，東京．

塩野崎和美．2016a．好物は希少哺乳類——奄美大島のノネコのお話．（水田拓，編著：奄美群島の自然史学）pp. 271-289．東海大学出版部，平塚．

塩野崎和美．2016b．奄美大島における外来種としてのイエネコが希少在来哺乳類に及ぼす影響と希少種保全を目的とした対策についての研究．京都大学博士論文．

シートン，T. E.（今泉吉晴監訳）．1998．シートン動物誌 12　ウサギの足跡学．紀伊國屋書店，東京．

白土三平．1998．赤目．小学館，東京．

須田杏子・木下豪太・福本真一郎・鈴木仁．2016．奄美大島産および徳之島産アマミノクロウサギ（*Pentalagus furnessi*）の系統地理学的解析．日本哺乳類学会 2016 年度大会プログラム・講演要旨集．

杉村乾．1998．アマミノクロウサギ *Pentalagus furnessi* の生息数の推定と減少傾向について．第12 回環境情報科学論文集，pp. 251-256.

鈴木博．1985．クロウサギの棲む島——奄美の森の動物たち．新宿書房，東京．

鈴木欣司．2005．日本外来哺乳類フィールド図鑑．旺文社，東京．

高橋喜平．1958．ノウサギの生態——生態観察の写真と記録．法政大学出版局，東京．

高橋喜平．1982．新版ノウサギの生態．朝日新聞社，東京．

高橋喜平．1983．ノウサギ日記．福音館書店，東京．

高槻成紀．2008．日本の中大型哺乳類——研究の足跡をたどる．（高槻成紀・山極寿一，編：日本の哺乳類学②中大型哺乳類・霊長類）pp. 1-28．東京大学出版会，東京．

田中芳男．1875．青木国男動物学初編　哺乳類．（青木国男・飯田賢一・大矢真一・菊池俊彦・樋口秀雄，編：江戸科学古典叢書 34　1982 年復刻版）pp. 252-456．恒和出版，東京．

谷口明．1986．鹿児島県におけるノウサギによる造林木の被害とその個体群生態に関する研究．鹿児島林業試験場研究報告，2：1-38.

谷口真吾．2001．生分解性不織布でつくられたノウサギ食害防止資材の効果．森林防疫，592：153-158.

寺岡周史．1977．毛皮——その種類と背景．舟蕃舎，東京．

冨田幸光．1997．アマミノクロウサギは本当に"ムカシウサギ"か．化石，63：20-28.

冨田幸光・伊藤丙雄・岡本泰子．2002．絶滅哺乳類図鑑．丸善，東京．

鳥居春巳．1984．ノウサギによるヒノキ造林木の被害と被害木の生長および樹形の回復．静岡県林業試験場報告，14：15-25.

鳥居春巳．1986．糞粒法によるノウサギの棲息密度推定について．静岡県林業試験場報告，14：23-33.

鳥居春巳．1989．静岡県の哺乳類——静岡県の自然環境シリーズ．第一法規，東京．

鳥居春巳．1990．雪上に残るノウサギ 1 晩の足跡調査．野兎研究会誌，17：21-28.

豊島重造．1987．ノウサギ．（樋口輔三郎・豊島重造，編：造林地における獣害とその対策）pp. 48-86．林業科学技術振興所，東京．

辻誠一郎．1999．生態系を攪乱させて有用植物を選択した知恵．（小林達雄，編：最新縄文学の世界）pp. 121-129．朝日新聞社，東京．

塚本学．1998．江戸図屏風の動物たち（歴博ブックレット［5］）．歴史民俗博物館振興会，佐倉．

上田明一．1990．野兎研究の現状とその問題点（II）．森林防疫，39：168-174.

内田清之助．1920．鹿児島県奄美大島の動物．史蹟名勝天然記念物調査報告（内務省），23：41-61.

内田清之助．1922．高知縣蒲葵島おほみづなぎどり蕃殖地ニ關スルモノ．天然記念物調査報告（内務省），33：1-16.

248   引用文献

内田康也．1973．カイウサギ下顎臼歯の組織構造とその発生に関する研究．九州歯科学会雑誌，26：376-399．

渡邉泉．2016．奄美大島の生態系における微量元素（重金属類を含む）レベルと分布．（水田拓，編著：奄美群島の自然史学）pp. 332-350．東海大学出版部，平塚．

亘悠哉．2016．外来哺乳類の脅威——強いインパクトはなぜ生じるか？（水田拓，編著：奄美群島の自然史学）pp. 313-331．東海大学出版部，平塚．

亘悠哉・永井弓子・山田文雄・迫田拓・倉石武・阿部愼太郎・里村兆美．2007．奄美大島の森林におけるイヌの食性——特に希少種に対する捕食について．保全生態学研究，12：28-35．

山田文雄．1987．ノウサギ属 *Lepus* における繁殖行動とその特性．野兎研究会誌，14：17-21．

山田文雄．1989．ニホンノウサギ（*Lepus brachyurus*）の生態，特にヒノキ造林木への食害とその防止に関する研究．九州大学博士論文．

山田文雄．1990．Temminck のニホンノウサギ（*Lepus brachyurus* Temminck. 1844）の記載について．野兎研究会誌，17：79-86．

山田文雄．1991．林床植生改変によるノウサギのヒノキ造林木食害に対する防止効果．森林防疫，40：84-88．

山田文雄．1992．異なる発育状態で誕生——アナウサギ類，ノウサギ類．（川道武男，編：動物たちの地球　哺乳類 II　ネズミ・ウサギほか）pp. 306-308．朝日新聞社，東京．

山田文雄．1996a．カイウサギ．（伊沢紘生・粕谷俊雄・川道武男，編：日本動物大百科第 2 巻　哺乳類 II）p. 131．平凡社，東京．

山田文雄．1996b．アマミノクロウサギ発見史．チリモス，7：2-11．

山田文雄．1998．アナウサギ（家畜種カイウサギ）．（自然環境研究センター，編：野生化哺乳類実態調査報告書）pp. 88-101．自然環境研究センター，東京．

山田文雄．2000．移入マングースと奄美大島の生態系．遺伝，54：55-60．

山田文雄．2001．誤算だったマングースの導入．どうぶつと動物園，53：10-13．

山田文雄．2002．カイウサギ．（日本生態学会，編：外来種ハンドブック）p. 65．地人書館，東京．

山田文雄．2008．希少猛禽類生息地におけるノウサギ生息数と哺乳類相の把握．（水源地生態研究会議，編：水源地生態研究会議 10 周年報告書）pp. 107-112．ダム水源地環境整備センター，東京．

山田文雄．2014a．アマミノクロウサギ．（環境省，編：レッドデータブック 2014——日本の絶滅のおそれのある野生生物）pp. 56-57．ぎょうせい，東京．

山田文雄．2014b．サドノウサギ．（環境省，編：レッドデータブック 2014——日本の絶滅のおそれのある野生生物）p. 82．ぎょうせい，東京．

山田文雄．2015．環境省「侵略的外来種リストと行動計画」と今後の新たな外来種対策．地域自然史と保全，37：1-3．

山田文雄．2017．奄美大島におけるマングース防除事業成功の見込み．遺伝，71：26-33．

山田文雄・白石哲．1978．産地の異なるノウサギ個体群の外部形質および頭骨の大きさの比較．動物学雑誌，87：546．

山田文雄・井鷺祐司．1988．広葉樹苗木に対するノウサギ *Lepus brachyurus* の食害．野兎研究会誌，15：9-18．

山田文雄・井鷺裕司．1989．ノウサギによる広葉樹苗木への食害に対する防止例．野兎研究会誌，16：21-26．

山田文雄・小松輝久．1990．幕末のけものたち——シーボルト著 "Fauna Japonica" 解題——第 3 回 *Lepus brachyurus*（ニホンノウサギ）．京都大学自修会会報，（5）：14-18．

山田文雄・川本康博．1991．滋賀県信楽町におけるニホンノウサギ *Lepus brachyurus* の餌選択とその栄養価値．日本林学会誌論文集，102：303-304．

山田文雄・藤田優．1994．石川県七ツ島大島における野生化カイウサギの実態と個体数管理手法の検討．（石川県自然保護課，編：平成 5 年度七ツ島自然環境保全調査報告書）pp. 1-44．石川県自然保護課，金沢．

山田文雄・安藤元一．2004．希少猛禽類生息地におけるノウサギの生息数と哺乳類相，とくに森林環境との関係．第 115 回日本林学会大会学術講演集．

山田文雄・池田透・戸田光彦・橋本琢磨・五箇公一・曽宮和夫．2017．環境省後援外来種シンポジウムとラウンドテーブルを開催して．哺乳類科学，56：251-257．

山口未花子・鳥居春己・樋口輔三郎．2008．京都府南部里山地帯におけるニホンノウサギ（*Lepus brachyurus*）による冬期の土地利用．森林野生動物研究会誌，33：12-19．

矢竹一穂・梨本真・松本英弓・竹内亨・阿部聖哉・島野光司・白木彩子・石井孝．2003．秋田駒ケ岳山麓における糞粒法と INTGEP 法によるノウサギの生息密度の推定．哺乳類科学，43：99-111．

米田健．2016．薩南諸島の森林．（鹿児島大学生物多様性研究会，編：奄美群島の生物多様性）pp. 40-90．南方新社，鹿児島．

四元虎則．1959．奄美大島に於けるイタチの放獣．鳥獣集報，17：156-158．

由井正敏. 2007. 北上高地のイヌワシ *Aquila chrysaetos* と林業. 日本鳥学会誌, 56：1-8.
由井正敏・関山房兵・根元理・小原徳応・田村剛・青山一郎・荒木田直也. 2005. 北上高地にお けるイヌワシ *Aquila chrysaetos* 個体群の繁殖成功率低下と植生変化の関係. 日本鳥学会誌, 54：67-78.

［欧文］

Aarnio, M. 1983. Selection and quality of winter food of the mountain hare in southern Finland. Finnish Game Research, 41：57-65.

Abe, Y. 1931. A synopsis of the leporine mammals of Japan. Journal of Science of the Hiroshima University, Series B（Zoology）, 1：45-63.

Abrantes, J., C. R. Carmo, C. A. Matthee, F. Yamada, W. van der Loo and P. J. Esteves. 2011. A shared unusual genetic change at the chemokine receptor type 5 between *Oryctolagus*, *Bunolagus* and *Pentalagus*. Conservation Genetics, 12：325-330.

Ade, M. 1999. External morphology and evolution of the rhinarium of Lagomorpha：with special reference to the Glires hypothesis. Zoosystematics and Evolution, 75：19-192.

Allen, J. A. 1877. The influence of physical conditions in the genesis of species. Radical Review, 1：108-140.

Alves, P. C., N. Ferrand, F. Suchentrunk and D. J. Harris. 2003. Ancient introgression of *Lepus timidus* mtDNA into *L. granatensis* and *L. europaeus* in the Iberian Peninsula. Molecular Phylogenetics Evolution, 27：70-80.

Alves, P. C., N. Ferrand and K. Hackländer. 2008. Lagomorph Biology：Evolution, Ecology, and Conservation, Springer-Verlag, Berlin Heidelberg.

Andersen, J. and B. Jensen. 1972. The weight of the eye lens in the European hares of known age. Acta Theriologica, 17：87-92.

Anderson, H. L. and P. C. Lent. 1977. Reproduction and growth of the tundra hare（*Lepus othus*）. Journal of Mammalogy, 58：53-57.

Anderson, J. E. and M. L. Shumar. 1986. Impacts of black-tailed jackrabbits at peak population densities on sagebrush steppe vegetation. Journal of Range Management, 39：152-156.

Angermann, R. 1966. Der taxonomisch Status von *Lepus brachyurus* und *Lepus mandschuricus*. Mitteilungen aus dem Zoologischen Museum in Berlin, 42：321-335.

Angermann, R. 1972. Hares, rabbits, and pikas. *In*（Grzimek, B., ed.）Grzimek's Animal Life Encyclopedia, Vol. 12. pp. 419-462. Van Nostrand Reinhold Company, New York.

Angermann, R., J. E. C. Flux, J. A. Chapman and A. T. Smith. 1990. Lagomorph classification. *In*（Chapman, J. A. and J. E. C. Flux, eds.）Rabbits, Hares and Pikas. pp. 7-13. IUCN, Gland, Switzerland.

Aoki, B. 1913. Hand-list of Japanese and Formosan mammals. Annals of the Zoology Japan, 8：290.

Asdell, S. A. 1964. Patters of Mammalian Reprodoction. Comstock Publishing Associates, New York.

Asher, R. J., J. Meng, M. C. McKenna, J. R. Wible, D. Dashzeveg, G. Rougier and M. J. Novacek. 2005. Stem Lagomorpha and the antiquity of Glires. Science, 307：1091-1094.

Averianov, A. O. 1999. Phylogeny and classification of Leporidae（Mammalia, Lagomorpha）. Vestnik Zoologii, 33：41-48.

Averianov, A. O., A. V. Abramov and A. N. Tikhonov. 2000. A new species of *Nesolagus*（Lagomorpha, Leporidae）from Vietnam with osteological description. Contributions from the Zoological Institute, St. Petersburg, 3：1-22.

Baker, A. J., R. L. Peterson, J. L. Eger and T. H. Manning. 1978. Statistical analysis of geographic variation in the skull of the arctic hare（*Lepus arcticus*）. Canadian Journal of Zoology, 56：2067-2082.

Barrett-Hamilton, G. E. H. 1900. Exhibition of skins of the variable hare（*Lepus timidus* Linn.）showing colour-variations, and descriptions of subspecies and varieties of this species. Proceedings of the General Meetings for Scientific Business of the Zoological Society of London, 1900：87-92.

Bartrip, P. W. J. 2008. Myxomatosis：A History of Pest Control and the Rabbit. I. B. Tauris and Co. Ltd., London.

Bautista, A., M. Martínez-Gómez and R. Hudson. 2008. Mother-young and within-litter relations in the European rabbit *Oryctolagus cuniculus*. *In*（Alves, P. C., N. Ferrand and K. Hackländer, eds.）Lagomorph Biology：Evolution, Ecology, and Conservation. pp. 211-224. Springer-Verlag, Berlin Heidelberg.

Bell, D. J., W. L. R. Oliver and R. K. Ghose. 1990. The hispid hare *Caprolagus hispidus*. *In*（Chapman,

250 引用文献

J. A. and J. E. C. Flux, eds.) Rabbits, Hares and Pikas. pp. 128–136. IUCN, Gland, Switzerland.

Benshaul, D. M. 1962. The composition of the milk of wild animals. International Zoo Yearbook, 4 : 333–342.

Bergmann, C. 1847. Über die Verhältnisse der Wärmeökonomie der Thiere zu ihrer Größe. Göttinger Studien, 3 : 595–708.

Beule, J. D. and A. T. Studholme. 1942. Cottontail rabbit nests and nestlings. Journal of Wildlife Management, 6 : 133–140.

Bittner, S. L. and O. J. Rongstad. 1982. Snowshoe hare and allies. *In* (Chapman, J. A. and G. A. Feldhamer, eds.) Wild Mammals of North America. pp. 146–163. Johns Hopkins University Press, Baltimore and London.

Bookhout, T. A. 1964. Prenatal development of snowshoe hares. Journal of Wildlife Management, 28 : 339–345.

Bothma, J. P., J. G. Teer and C. E. Gates. 1972. Growth and age determination of the cottontail in south Texas. Journal of Wildlife Management, 36 : 1209–1221.

Bramble, D. M. 1989. Cranial specialization and locomotor habit in the Lagomorpha. American Zoologist, 29 : 303–317.

Branco, M., M. Monnerot, N. Ferrand and A. R. Templeton. 2002. Postglacial dispersal of the European rabbit (*Oryctolagus cuniculus*) on the Iberian Peninsula reconstructed from nested clade and mismatch analyses of mitochondrial DNA genetic variation. Evolution, 56 : 792–803.

Bresiński, W. and A. Chlewski. 1976. Tree stands in fields and spatial distribution of hare population. *In* (Pielowski, Z. and Z. Pucek, eds.) Ecology and Management of European Hare Population. pp. 185–193. Polish Hunting Association, Warsaw.

Broekhuizen, S. and F. Maaskamp. 1976. Behaviour and maternal relations of young European hares during the nursing period. *In* (Pielowski, Z. and Z. Pucek, eds.) Ecology and Management of European Hare Population. pp. 59–67. Polish Hunting Association, Warsaw.

Broekhuizen, S. and F. Maaskamp. 1979. Age determination in the European hare (*Lepus europaeus* Pallas) in the Netherlands. Zeitschrift für Säugetierkunde, 44 : 162–175.

Broekhuizen, S. and F. Maaskamp. 1980. Behaviour of does and leverets of the European hare (*Lepus europaeus*) whilst nursing. Journal of Zoology, 191 : 487–501.

Brown, D. E. and G. Beatty. 2016. History, status and population trends of cottontails and jackrabbits in the western United States. *In* (Kelly, P., ed.) Proceedings of the 5th World Lagomorph Conference. p. 38. Endangered Species Recovery Program, California State University Stanislaus.

Bryant, J. P. 1981. The regulation of snowshoe hare feeding behaviour during winter by plant antiherbivore chemistry. *In* (Myers, K. and C. D. Macinnes, eds.) Proceedings of World Lagomorph Conference. pp. 720–731. University of Guelph, Guelph, Ontario.

Bryant, J. P., G. D. Wieland, P. B. Reichardt, V. E. Lewis and M. C. McCarthy. 1983. Pinosylvin methyl ether deters snowshoe hare feeding on green alder. Science, 222 : 1023–1025.

Bullock, D. J., S. G. North, M. E. Dulloo and M. Thorsen. 2002. The impact of rabbit and goat eradication on the ecology of Round Island, Mauritius. *In* (Veitch, C. R. and M. N. Clout, eds.) Turning the Tide : The Eradication of Invasive Species, pp. 53–63. IUCN SSC Invasive Species Specialist Group. IUCN, Gland and Cambridge.

Caboń-Raczyńska, K. 1964. Studies on the European hare. III. Morphological variation of the skull. Acta Theriologica, 9 : 249–285.

Caillol, M. and L. Martinet. 1981. Estrous behaviour, follicular growth and pattern of circulating sex steroids during pregnancy and pseudopregnancy in the captive brown hare. *In* (Myers, K. and C. D. Macinnes, eds.) Proceedings of World Lagomorph Conference. pp. 142–154. University of Guelph, Guelph, Ontario.

Caillol, M., M. Meunier, M. Mondain-Monval and P. Simon. 1986. Seasonal variation in the pituitary response to LHRH in the brown hare (*Lepus europaeus*). Journal of Reproduction and Fertility, 78 : 479–486.

Can, D. N., A. V. Abramov, A. N. Tikhonov and A. O. Averianov. 2001. Annamite striped rabbit *Nesolagus timminsi* in Vietnam. Acta Theriologica, 46 : 437–440.

Carnell, S. 2010. Hare. Reaktion Books Ltd., London.

Carrier, D. R. 1983. Postnatal ontogeny of the musculoskeletal system in the black-tailed jack rabbit (*Lepus californicus*). Journal of Zoology, 201 : 27–55.

Carrión, J. S., C. Finlayson, S. Fernández, G. Finlayson, E. Allué, J. A. López-Sáez, P. López-García, G. Gil-Romera, G. Bailey and P. González-Sampériz. 2008. A coastal reservoir of biodiversity for Upper Pleistocene human populations : palaeoecological investigations in Gorham's Cave (Gibraltar) in the context of the Iberian Peninsula. Quaternary Science Reviews, 27 : 2118–

引用文献　　*251*

2135.

Case, T. J. 1978. On the evolution and adaptive significance of postnatal growth rates in the terrestrial vertebrates. The Quarterly Review of Biology, 53 : 243-282.

Casteel, D. A. 1967. Timing of ovulation and implantation in the cottontail rabbit. Journal of Wildlife Management, 31 : 194-197.

Cervantes, F. A., C. Lorenzo and R. S. Hoffmann. 1990. *Romerolagus diazi*. Mammalian Species, 360 : 1-7.

Chang, M. C. 1965. Artificial insemination of snowshoe hares (*Lepus americanus*) and the transfer of their fertilized eggs to the rabbit (*Oryctolagus cuniculus*). Journal of Reproduction and Fertility, 10 : 447-449.

Chang, M. C., J. H. Marston and D. M. Hunt. 1964. Reciprocal fertilization between the domesticated rabbit and the snowshoe hare with special reference to insemination of rabbits with an equal number of hare and rabbit spermatozoa. Journal of Experimental Zoology, 155 : 437-446.

Chapman, J. A., J. G. Hockman and W. R. Edward. 1982. Cottontail. *In* (Chapman, J. A. and G. A. Feldhamer, eds.) Wild Mammals of North America. pp. 83-123. Johns Hopkins University Press, Baltimore and London.

Chapman, J. A. and J. E. C. Flux. 1990a. Rabbits, Hares and Pikas : Status Survey and Conservation Action Plan. IUCN, Gland, Switzerland.

Chapman, J. A. and J. E. C. Flux. 1990b. Introduction and overview of the Lagomorphs. *In* (Chapman, J. A. and J. E. C. Flux, eds.) Rabbits, Hares and Pikas. pp. 1-6. IUCN, Gland, Switzerland.

Cheeke, P. R. 1987. Rabbit Feeding and Nutrition. Academic Press, New York.

Connolly, G. E., M. L. Dudzinski and W. M. Longhurst. 1969. The eye lens as an indicator of age in the black-tailed jack rabbit. Journal of Wildlife Management, 33 : 159-164.

Conroy, M. J., L. W. Gysel and G. R. Dudderar. 1979. Habitat components of clear-cut areas for snowshoe hares in Michigan. Journal of Wildlife Management, 43 : 680-690.

Cooke, B. D. 2014. Australia's War against Rabbits : The Story of Rabbit Haemorrhagic Disease. CSIRO Publishing, Collingwood, Australia.

Corbet, G. B. 1978. The Mammals of the Palaearctic Region : A Taxonomic Review. British Museum (Natural History) and Cornell University Press, London and Ithaca, New York.

Corbet, G. B. 1983. A review of classification in the Family Leporidae. Acta Zoologica Fennica, 174 : 11-15.

Corbet, G. B. 1986. Relationships and origins of the European lagomorphs. Mammal Review, 16 : 105-110.

Corbet, G. B. 1994. Taxonomy and origin. *In* (Thompson, H. V. and C. M. King, eds.) The European Rabbit. pp. 1-7. Oxford University Press, Oxford.

Corbet, G. B. and J. E. Hill.1991. A World List of Mammalian Species. 3rd ed. British Museum (Natural History), London.

Currie, P. O. and D. L. Goodwin. 1966. Consumption of forage by black-tailed jackrabbits on salt-desert range of Utah. Journal of Wildlife Management, 30 : 304-311.

Daly, J. C. 1981. The effects of social organization and environmental diversity on the genetic structure of a population of the wild rabbit, *Oryctolagus cuniculus*. Evolution, 35 : 689-706.

Dawson, M. R. 1958. Later Tertiary Leporidae of North America. University of Kansas Paleontological Contributions Vertebrata, Article, 6 : 1-75.

Dawson, M. R. 1981. Evolution of the modern lagomorphs. *In* (Myers, K. and C. D. Macinnes, eds.) Proceedings of World Lagomorph Conference. pp. 1-8. University of Guelph, Guelph, Ontario.

Daxner, G. and O. Fejfar. 1967. Über die Gattungen *Alilepus* Dice, 1931 und *Pliopentalatus* Gureev, 1964 (Lagomorpha, Mammalia). Annalen des Naturhistorischen Museums in Wien, 71 : 37-55.

De Vos, A. 1964. Food utilization of snowshoe hares on Manitoulin Islands, Ontario. Journal of Forestry, 62 : 238-244.

Demello, M., C. Bugir, K. Hoshina and K. Takahashi. 2016. The rabbits of Okunoshima : reviewing the domestic or domesticating the wild? *In* (Kelly, P., ed.) Proceedings of the 5th World Lagomorph Conference. p. 84. Endangered Species Recovery Program, California State University Stanislaus.

Dice, L. R. 1929. The phylogeny of the Leporidae, with the description of a new genus. Journal of Mammalogy, 10 : 340-344.

Dice, L. R. and D. S. Dice. 1940. Age changes in the teeth of the cottontail rabbit, *Sylvilagus floridanus*. Papers of the Michigan Academy of Science, 26 : 219-229.

Dingerkus, S. K. and W. I. Montgomery. 2002. A review of the status and decline in abundance of the Irish hare (*Lepus timidus hibernicus*) in Northern Ireland. Mammal Review, 32 : 1-11.

252   引用文献

Dobney, K. and G. Larson. 2006. Genetics and animal domestication : new windows on an elusive process. Journal of Zoology, 269 : 261-271.

Douzery, E. J. P. and D. Huchon. 2004. Rabbits, if anything, are likely Glires. Molecular Phylogenetics and Evolution, 33 : 922-935.

Dunn, J. P., J. A. Chapman and R. E. Marsh. 1982. Jack-rabbit. *In* (Chapman, J. A. and G. A. Feldhamer, eds.) Wild Mammals of North America. pp. 124-145. Johns Hopkins University Press, Baltimore and London.

Duthie, A. G. and Robinson, T. J. 1990. The African rabbits. *In* (Chapman, J. A. and J. E. C. Flux, eds.) Rabbits, Hares and Pikas. pp. 121-127. IUCN, Gland, Switzerland.

Edwards, P. J., M. R. Fletcher and P. Berny. 2000. Review of the factors affecting the decline of the European brown hare, *Lepus europaeus* (Pallas, 1778) and the use of wildlife incident data to evaluate the significance of paraquat. Agriculture, Ecosystems and Environment, 79 : 95-103

Ellerman, J. R. and T. C. S. Morrison-Scott. 1951. Checklist of Palaearctic and Indian Mammals 1758 to 1946. British Museum (Natural History), London.

Feldhamer, G. A., L. C. Drickamer, S. H. Vessey, J. F. Merritt and C. Krajewski. 2015. Mammalogy : Adaptation, Diversity, Ecology 4th ed. Johns Hopkins University Press, Baltimore and London.

Fenner, F. and F. N. Ratcliffe. 1965. Myxomatosis. Cambridge University Press, Cambridge.

Fenner, F. and J. Ross. 1994. Myxomatosis. *In* (Thompson, H. V. and C. M. King, eds.) The European Rabbit : The History and Biology of a Successful Colonizer. pp. 205-239. Oxford University Press, Oxford.

Ferrand, N. 2008. Inferring the evolutionary history of the European rabbit (*Oryctolagus cuniculus*) from molecular markers. *In* (Alves, P. C., N. Ferrand and K. Hackländer, eds.) Lagomorph Biology : Evolution, Ecology, and Conservation. pp. 47-63. Springer-Verlag, Berlin Heidelberg.

Ferron, J. and M.-H. St-Laurent. 2008. Forest fire regime : the missing link to understand hare population fluctuations? *In* (Alves, P. C., N. Ferrand and K. Hackländer, eds.) Lagomorph Biology : Evolution, Ecology, and Conservation. pp. 141-152. Springer-Verlag, Berlin Heidelberg.

Fleming, T. H. 1979. Life history strategies. *In* (Stoddart, D. M., ed.) Ecology of Small Mammals. pp. 1-62. Chapman & Hall, London.

Flux, J. E. C. 1967. Reproduction and body weights of the hare *Lepus europaeus* Pallas, in New Zealand. New Zealand Journal of Science, 10 : 357-401.

Flux, J. E. C. 1970. Life history of the mountain hare (*Lepus timidus scoticus*) in northerneast Scotoland. Journal of Zoology, 161 : 75-123.

Flux, J. E. C. 1981. Field observation of behaviour in the genus *Lepus*. *In* (Myers, K. and C. D. Macinnes, eds.) Proceedings of World Lagomorph Conference. pp. 377-394. University of Guelph, Guelph, Ontario.

Flux, J. E. C. 1990. The Sumatran rabbit *Nesolagus netscheri*. *In* (Chapman, J. A. and J. E. C. Flux, eds.) Rabbits, Hares and Pikas. pp. 137-139. IUCN, Gland, Switzerland.

Flux, J. E. C. 1994. World distribution. *In* (Thompson, H. V. and C. M. King, eds.) The European Rabbit : The History and Biology of a Successful Colonizer. pp. 8-17. Oxford University Press, Oxford.

Flux, J. E. C. and R. Angermann. 1990. The hare and jackrabbit. *In* (Chapman, J. A. and J. E. C. Flux, eds.) Rabbits, Hares and Pikas. pp. 61-94. IUCN, Gland, Switzerland.

Fooden, J. and G. H. Albrecht. 1999. Tail-length evolution in fascicularis-group macaques (Cercopithecidae : *Macaca*). International Journal of Primatology, 20 : 431-440.

Forsyth-Major, C. I. 1899. On fossil and recent Lagomorpha. Transactions of the Linnean Society of London, 2nd Service, 7 : 433-520.

Frölich, K. and A. Lavazza. 2008. European brown hare symdrome. *In* (Alves, P. C., N. Ferrand and K. Hackländer, eds.) Lagomorph Biology : Evolution, Ecology, and Conservation. pp. 253-261. Springer-Verlag, Berlin Heidelberg.

Frylestam, B. and T. von Schantz. 1977. Age determination of European hares based on periosteal growth lines. Mammalian Review, 7 : 151-154.

Fukasawa, K., T. Hashimoto, M. Tatara and S. Abe. 2013a. Reconstruction and prediction of invasive mongoose population dynamics from history of introduction and management : a Bayesian state-space modeling approach. Journal of Applied Ecology, 50 : 469-478.

Fukasawa, K., T. Miyashita, T. Hashimoto, M. Tatara and S. Abe. 2013b. Differential population responses of native and alien rodents to an invasive predator, habitat alteration and plant masting. Proceedings of Royal Society B : Biological Sciences, 280 : 20132075.

Fukumoto, S.-I. 1986. A new stomach worm, *Obeliscoides pentalagin* sp. (Nematoda ; Trichostrongyloidea) of Ryukyu rabbits, *Pentalagus furnessi* (Stone, 1900). Systematic Parasitology, 8 : 267-277.

Furness, W. H. 1899. Life in the Luchu Islands. Bulletin of the Free Museum of Science and Art of the University of Pennsylvania, 2 (1) : 1-28.

Gaudin T. J., J. R. Wible, J. A. Hopson and W. D. Turnbull. 1996. Reexamination of the morphological evidence for the Cohort Epitheria (Mammalia, Eutheria). Journal of Mammalian Evolution, 3 : 31-79.

Ge, D., Z. Wen, L. Xia, Z. Zhang, M. Erbajeva, C. Huang and Q. Yang. 2013. Evolutionary history of Lagomorphs in response to global environmental change. PLoS ONE 8 (4) : e59668 : 1-15.

Germano, D. J., R. Hungerford and S. C. Martin. 1983. Responses of selected wildlife species to the removal of mesquite from desert grassland. Journal of Range Management, 36 : 309-311.

Gibb, J. A. 1990. The European rabbit *Oryctolagus cuniculus. In* (Chapman, J. A. and J. E. C. Flux, eds.) Rabbits, Hares and Pikas Status Survey and Conservation Action Plan. pp. 116-120. IUCN, Gland, Switzerland.

Gibb, J. A. and J. M. Williams. 1994. The rabbit in New Zealand. *In* (Thompson, H. V. and C. M. King, eds.) The European Rabbit : The History and Biology of a Successful Colonizer. pp. 158-204. Oxford University Press, Oxford.

Gidley, J. W. 1912. The lagomorphs an independent order. Science, 36 : 285-286.

Glockling, S. L. and F. Yamada. 1997. A survey of fungi which kill microscopic animals in the dung of the Amami rabbit. Mycologist, 11 : 113-120.

Gloger, C. L. 1833. Das Abändern der Vögel durch Einfluss des Klima's. August Schulz und Comp., Breslau, Germany.

Goodwin, D. L. and P. O. Currie. 1965. Growth and development of black-tailed jack rabbit. Journal of Mammalogy, 46 : 96-98.

Graf, R. P. 1984. Social organization and reproduction of snowshoe hare. Canadian Journal of Zoology, 63 : 468-474.

Gray, J. E. 1832. Illustrations of Indian Zoology Vol. 2, pl. 20.

Green, J. S. and J. T. Flinders. 1980a. Habitat and dietary relationships of the pygmy rabbit. Journal of Range Management, 33 : 136-142.

Green, J. S. and J. T. Flinders, 1980b. *Brachylagus idahoensis*. Mammalian Species, 125 : 1-4.

Gregory, W. K. 1910. The order of mammals. Bulletin American Museum Natural History New York, 27 : 1-524.

Grigal, D. F. and N. R. Moody. 1980. Estimation of browse by size classes for snowshoe hare. Journal of Wildlife Management, 44 : 34-40.

Gromov, I. M. and G. I. Baranova. 1981. Catalog of Mammals of the USSR. Nauka, Leningrad. (in Russia)

Gureev, A. A. 1964. Lagomorpha, fauna of the SSSR, mammals, 3 (10). Akad. Nauk. SSR, Zool. Inst., 87 : 1-276. (in Russian)

Hackländer, K., F. Tararuch and T. Ruf. 2002. The Effect of dietary fat content on lactation energetics in the European hare (*Lepus europaeus*). Physiological and Biochemical Zoology, 75 : 19-28.

Hackländer, K., N. Ferrand and P. C. Alves. 2008. Overview of Lagomorph research : what we have learned and what still need to do. *In* (Alves, P. C., N. Ferrand and K. Hackländer, eds.) Lagomorph Biology : Evolution, Ecology, and Conservation. pp. 381-391. Springer-Verlag, Berlin Heidelberg.

Halanych, K. M., J. R. Demboski, B. J. van Vuuren, D. R. Klein and J. A. Cook. 1999. Cytochrome *b* phylogeny of North American hares and jackrabbits (*Lepus*, Lagomorpha) and the effects of saturation in outgroup taxa. Molecular Phylogenetics and Evolution, 11 : 213-221.

Hall, E. R. 1981. The Mammals of North America. 2nd ed. Vol.1. John Wiley & Sons, New York.

Harper, M. J. K. 1963. Ovulation in the rabbit : the time of follicular rupture and expulsion of the eggs, in relation to injection of luteinizing hormone. Journal of Endocrinology, 26 : 307-316.

Hediger, H. 1948. Die Zucht des Feldhasen (*Lepus europaeus* Pallas) in Gefangenschaft. Physiologia Comparata Oecologia, 1 : 46-62.

Hewson, R. 1976. Grazing by mountain hares *Lepus timidus* L., red deer *Cervus elaphus* L. and red grouse *Lagopus l. scoticus* on heather moorland in north-east Scotland. Journal of Applied Ecology, 13 : 657-666.

Hewson, R. 1989. Grazing preferences of mountain hares on heather moorland and hill pastures. Journal of Applied Ecology, 26 : 1-11.

Hibbard, C. W. 1963. The origin of the P3 pattern of *Sylvilagus, Caprolagus, Oryctolagus*, and *Lepus*. Journal of Mammalogy, 44 : 1-15.

254 引用文献

Hill, R. T., E. Allen and T. C. Kramer. 1935. Cinemicrographic studies of rabbit ovulation. Anatomical Record, 63 : 239-245.

Hirakawa, H. 1994. Coprophagy in the Japanese hare (*Lepus brachyurus*) : reingestion of all the hard and soft feces during the daytime stay in the form. Journal of Zoology, 232 : 447-456.

Hirakawa, H. 1995. The formation and passage of soft and hard feces in the hindgut of the Japanese hare *Lepus brachyurus*. Journal of the Mammalogical Society of Japan, 20 : 89-94.

Hirakawa, H. 2001. Coprophagy in leporids and other mammalian herbivores. Mammalian Review, 31 : 61-80.

Hirakawa, H., T. Kuwahata, Y. Shibata and E. Yamada. 1992. Insular variation of the Japanese hare (*Lepus brachyurus*) on the Oki Islands, Japan. Journal of Mammalogy, 73 : 672-679.

Hirschfeld, Z., M. M. Weinreb and Y. Michaeli. 1973. Incisors of the rabbit : morphology, histology, and development. Journal of Dental Research, 52 : 377-384.

Hoffmann, R. S. 1993. Order Lagomorpha. *In* (Wilson, D. E. and D. M. Reeder, eds.) Mammal Species of the World. 2nd ed. pp. 807-827. Smithsonian Institute Press, Washington.

Hoffmann, R. S. and A. T. Smith. 2005. Oder Lagomorpha. *In* (Wilson, D. E. and D. M. Reeder, eds.) Mammal Species of the World : A Taxonomic and Geographic Reference. pp. 185-211. Johns Hopkins University Press, Baltimore and London.

Hoffmeister, D. F. and E. G. Zimmerman. 1967. Growth of the skull in the cottontail (*Sylvilagus floridanus*) and its application to age-determination. The American Midland Naturalist, 78 : 198-206.

Hollister, N. 1912. Five new mammals from Asia. Proceedings of the Biological Society of Washington, 25 : 181-184.

Homolka, M. 1982. The food of *Lepus europaeus* in a meadow and woodland complex. Folia Zoologica, 31 : 243-253.

Honacki, J. H., K. E. Kinman and J. W. Koeppl. 1982. Mammal Species of the World. Allen Press, Lawrence.

Horai, S., T. Furukawa, T. Ando, S. Akiba, Y. Takeda, K. Yamada, K. Kuno, S. Abe and I. Watanabe. 2008. Subcellular distribution and potential detoxication mechanisms of mercury in the liver of the Javan mongoose (*Herpestes javanicus*) in Amamioshima Island, Japan. Environmental Toxicology and Chemistry, 27 : 1354-1360.

Horowitz, S. L., S. H. Weisbroth and S. Scher. 1973. Deciduous dentition in the rabbit (*Oryctolagus cuniculus*). Archives of Oral Biology, 18 : 517-523.

Hunter, R. B. 1987. Jackrabbit-shrub interactions in the Monjave desert. *In* (Provenza, F. D., J. T. Flinders and E. D. McArthur, eds.) Proceedings of Symposium on Plant Hervivore Interactions. pp. 88-92. U. S. Department of Agriculture, Forest Service General, Technical Report, INT-222.

Iason, G. R. 1988. Age determination of mountain hares (*Lepus timidus*) : a rapid method and when to use it. Journal of Applied Ecology, 25 : 389-395.

Inukai, T. 1931. A food-hoard of *Ochotona* from Taisetsuzan, the central mountains of Hokkaido. Transactions of the Sapporo Natural History Society, 11 : 210-214.

IUCN. 2007. Species Extinction : The Facts. IUCN, Gland, Switzerland.

IUCN. 2016. Guidelines for the Application of IUCN Red List of Ecosystems Categories and Criteria. IUCN, Gland, Switzerland.

Jin, C. Z., Y. Tomida, Y. Wang and Y. Qi. 2010. First discovery of fossil *Nesolagus* (Leporidae Lagomorpha). Science China Earth Sciences, 53 : 1134-1140.

Johnson, R. D. and J. E. Anderson. 1984. Diets of black-tailed jack rabbits in relation to population density and vegetation. Journal of Range Management, 37 : 79-83.

Karp, D. 2016. Preweaning survival in brown hare leverets (*Lepus europaeus*). *In* (Kelly, P., ed.) Proceedings of the 5th World Lagomorph Conference. p. 53. Endangered Species Recovery Program, California State University Stanislaus.

Kasapidis, P., F. Suchentrunk, A. Magoulas and G. Kotoulas. 2005. The shaping of mitochondrial DNA phylogeographic patterns of the brown hare (*Lepus europaeus*) under the combined influence of Late Pleistocene climatic fluctuations and anthropogenic translocations. Molecular Phylogenetic Evolution, 34 : 55-66.

Katz, A. 1988. Borneo to Philadelphia, The Furness-Hiller-Harrison Collections. Expedition, 30 (1) : 65-72.

Keith, L. B. 1983. Role of food in hare population cycles. Oikos, 40 : 385-395.

Keith, L. B. and D. C. Surrendi. 1971. Effects of fire on a snowshoe hare population. Journal of Wildlife Management, 35 : 16-26.

Keith, L. B. and J. R. Cary. 1979. Eye lens weights from free living adult snowshoe hares of known age. Journal of Wildlife Management, 43 : 965-969.

Kinoshita, G., M. Nunome, S. H. Han, H. Hirakawa and H. Suzuki. 2012. Ancient colonization and within-island vicariance revealed by mitochondrial DNA phylogeography of the mountain hare (*Lepus timidus*) in Hokkaido, Japan. Zoological Science, 29 : 776-785.

Kishida, K. 1930. Diagnosis of a new piping hare from Yeso. Lansania, 2 : 45-47.

Kitamura, A. and K. Kimoto. 2006. History of the inflow of the warm Tsushima Current into the Sea of Japan between 3.5 and 0.8 Ma. Palaeoecology, 236 : 355-366.

Kitaoka, S. and H. Suzuki. 1974. Reports of medico-zoological investigations in the Nansei Islands. Part II. Ticks and their seasonal prevalences in southern Amami-oshima. Medical Entomology and Zoology, 25 : 21-26.

Kobayashi, S., N. Ohnishi, J. Nagata, F. Yamada and A. Takayanagi. 2005. The genetic distance of Amami rabbit (*Pentalagus furnessi*) between Amami-ohshima and Tokuno-shima populations. Abstracts of the IMC9.

Kojima, N., K. Onoyama and T. Kawamichi. 2006. Year-long stability and individual differences of male long calls in Japanese pikas *Ochotona hyperborea yesoensis* (Lagomorpha). Mammalia, 70 : 80-85.

Kolb, H. H. 1985. The burrow structure of the European rabbit (*Oryctolagus cuniculus* L.). Journal of Zoology, London, 206 : 253-262.

Kraatz, B. P., D. Badamgarav and F. Bibi. 2009. *Gomphos ellae*, a new mimotonid from the Middle Eocene of Mongolia and its implications for the origin of Lagomorpha. Journal of Vertebrate Paleontology, 29 : 576-583.

Kraatz, B. P., E. Sherratt, N. Bumacod and M. J. Wedel. 2015. Ecological correlates to cranial morphology in Leporids (Mammalia, Lagomorpha). PeerJ, 3 : e844. doi : 10.7717/peerj. 844. eCollection 2015.

Krebs, C. J., J. Bryant, K. Kielland, M. O' Donoghue, F. Doyle, S. Carriere, D. DiFolco, N. Berg, R. Boonstra, S. Boutin, A. J. Kenney, D. G. Reid, K. Bodony, J. Putera, H. K. Timm, T. Burke, J. A. K. Maier and H. Golden. 2014. What factors determine cyclic amplitude in the snowshoe hare (*Lepus americanus*) cycle? Canadian Journal of Zoology, 92 : 1039-1048.

Kriegs, J. O., G. Churakov, M. Kiefmann, U. Jordan, J. Brosius and J. Schmitz. 2006. Retroposed elements as archives for the evolutionary history of placental mammals. PLoS ONE Biology, 4 (4) e91 : 537-544.

Kriegs, J. O., A. Zemann, G. Churakov, A. Matzke, M. Ohme, H. Zischler, J. Brosius, U. Kryger and J. Schmitz. 2010. Retroposon insertions provide insights into deep lagomorph evolution. Molecular Biology Evolution, 27 (12) : 2678-2681.

Kruska, D. C. T. 2005. On the evolutionary significance of encephalization in some eutherian mammals : effects of adaptive radiation, domestication, and feralization. Brain, Behavior and Evolution, 65 : 73-108.

Kryger, U., T. J. Robinson and P. Bloomer. 2004. Population structure and history of southern African scrub hares *Lepus saxatilis*. Journal of Zoology, 263 : 1-13.

Kubo, M., H. Sato, S. Hattori and T. Kuraishi. 2014. Dermatitis associated with infestation of a Trombiculid Mite, *Leptotrombidium miyajimai*, in an Amami rabbit (*Pentalagus furnessi*). Journal of Wildlife Diseases, 50 : 416-418.

Kuroda, N. 1928. The mammal fauna of Sakhalin. Journal of Mammalogy, 9 : 222-229.

Kuroda, N. 1938. A list of the Japanese mammals. Published by the author, Tokyo.

Lavazza, A. and L. Capucci. 2008. How many caliciviruses are there in rabbits? A review on RHDV and correlated viruses. *In* (Alves, P. C., N. Ferrand and K. Hackländer, eds.) Lagomorph Biology : Evolution, Ecology, and Conservation. pp. 263-278. Springer-Verlag, Berlin Heidelberg.

Lebas, F., P. Coudert, H. de Rochambeau and R. G. Thébault. 1997. The Rabbit : Husbandry, Health and Production. FAO, Rome.

Lent, P. C. 1974. Mother-infant relationships in Ungulates. *In* (Geist, V. and F. Walther, eds.) The Behaviour of Ungulates and Its Relation to Management. pp. 14-55. IUCN, Morges, Switzerland.

Letty, J., J. Aubineau and S. Marchandeau. 2008. Restocking is now a common practice in management of European rabbit *Oryctolagus cuniculus* in France. *In* (Alves, P. C., N. Ferrand and K. Hackländer, eds.) Lagomorph Biology : Evolution, Ecology, and Conservation. pp. 327-348. Springer-Verlag, Berlin Heidelberg.

Li, W. and Y. Ma. 1986. A new species of *Ochotona*, Ochotonidae, Lagomorpha. Acta Zoologica Sinica, 32 : 375-379.

Link, H. F. 1795. Ueber die Lebenskräfte in naturhistorischer. Rücksicht und die Classification der

256　引用文献

Säugethiere. Beyträge zur Naturgeschichte, 2 : 74. K. C. Stiller, Rostok und Leipzig. (In German)

Linnaeus, C. 1758. Systema Naturae. 10th ed. Volume 1. (参考：URL：http://www.biodiversitylibrary.org/bibliography/542；2016 年 6 月 15 日版)

Litvaitis, J. A., J. A. Sherburne and J. A. Bissonet. 1985. A comparison of methods used to examine snowshoe hare habitat use. Journal of Wildlife Management, 49 : 693-695.

Liu, J., L. Yu, M. L. Arnold, C. H. Wu, S. F. Wu, X. Lu and Y. P. Zhang. 2011. Reticulate evolution : frequent introgressive hybridization among Chinese hares (genus *Lepus*) revealed by analyses of multiple mitochondrial and nuclear DNA loci. BMC Evolutionary Biology, 11 : 223.

Liu, S. J., H. P. Xue, B. Q. Pu and N. H. Qian. 1984. A new viral disease in rabbits. Animal Husbandry and Veterinary Medicine, 16 : 253-255.

Long, J. L. 2003. Introduced Mammals of the World : Their History, Distribution and Influence. CSIRO Publishing, Collingwood.

Lopez-Martinez, N. 2008. The lagomorph fossil record and the origin of the European rabbit. *In* (Alves, P. C., N. Ferrand and K. Hackländer, eds.) Lagomorph Biology : Evolution, Ecology, and Conservation. pp. 27-46. Springer-Verlag, Berlin Heidelberg.

Lord, R. D. 1959. The lens as an indicator of age in cottontail rabbits. Journal of Wildlife Management, 23 : 358-360.

Lough, R. S. 2009. The Current State of Rabbit Management in New Zealand, Issues, Options and Recommendations for the Future. MAF Biosecurity New Zealand, Wellington.

Lowe, S., M. Browne, S. Boudjelas and M. De Poorter. 2000. 100 of the World's Worst Invasive Alien Species, A selection from the Global Invasive Species Database. The Invasive Species Specialist Group (ISSG) of the IUCN, Auckland. (URL : https://portals.iucn.org/library/efiles/edocs/2000-126.pdf；2016 年 6 月 6 日版)

Lumpkin, S. and J. Seidensticker. 2011. Rabbit : The Animal Answer Guide. Johns Hopkins University Press, Baltimore and London.

Luo, Z. 1986. The Chinese Hare. China Forestry Publishing House, Peking. (in Chinese)

Luque, G. M., C. Bellard, C. Bertelsmeier, E. Bonnaud, P. Genovesi, D. Simberloff and F. Courchamp. 2013. The 100th of the world's worst invasive alien species. Biological Invasions, DOI 10.1007/s10530-013-0561-5.

Lyon, M. W. 1904. Classification of the hares and their allies. Smithson. Miscellaneous Collections, 45 : 321-447.

MacCracken, J. G. and R. M. Hansen. 1984. Seasonal foods of blacktail jackrabbits and nuttall cottontails in southeastern Idaho. Journal of Range Management, 37 : 256-259.

Marboutin, E., Y. Bray, R. Péroux, B. Mauvy and A. Lartiges. 2003. Population dynamics in European hare : breeding parameters and sustainable harvest rates. Journal of Applied Ecology, 40 : 580-591.

Martinet, L. 1976. Seasonal reproduction cycle in the European hare, *Lepus europaeus*, raised in captivity. *In* (Pielowski, Z. and Z. Pucek, eds.) Ecology and Management of European Hare Population. pp. 55-57. Polish Hunting Association, Warsaw.

Martinet, L. 1980. Oestrous behaviour, follicular growth and ovulation during pregnancy in the hare (*Lepus europaeus*). Journal of Reproduction and Fertility, 59 : 441-445.

Mason, J. 2005. The Hare. Merlin Unwin Books, Shoropshire.

Matsuzaki, T., H. Suzuki and M. Kamiya. 1989. Laboratory rearing of the Amami rabbits (*Pentalagus furnessi* Stone, 1900) in captivity. Experimental Animals, 38 : 65-69.

Matthee, C. A., B. J. van Vuuren, D. Bell and T. J. Robinson. 2004. A molecular supermatrix of the rabbits and hares (Leporidae) allows for the identification of five intercontinental exchanges during the Miocene. Systematic Biology, 53 (3) : 433-447.

McNitt, J. I., S. D. Lukefahr, P. R. Cheeke and N. M. Patton. 2013. Rabbit Production 9th ed. CABI, Boston.

Meng, J. 2004. Chapter 7 : Phylogeny and divergence of basal Glires. Bulletin of the American Museum of Natural History, 285 : 93-109.

Meng, J., G. J. Bowen, J. Ye, P. L. Koch, S. Ting, Q. Li and X. Jin. 2004. *Gomphos elkema* (Glires, Mammalia) from the Erlian Basin : evidence for the early Tertiary Bumbanian land mammal age in Nei-Mongol, China. American Museum Novitates, 3425 : 1-24.

Merton, D. 1988. Round Island rabbit : a success story. Lagomorph Newsletter, (8) : 5-9.

Michaeli, Y., Z. Hirschfeld and M. M. Weinreb. 1980. The cheek teeth of the rabbit : morphology, histology and development. Acta Anatomica, 106 : 223-239.

Mondain-Monval, M., M. Caillol and M. Meunier. 1985. Heterologous radioimmunoassay of LH in two seasonally breeding animals : hare (*Lepus europaeus*) and mink (*Mustela vison*).

Canadian Journal of Zoology, 63 : 1339-1344.

Morgan, K. A. and J. E. Gates. 1983. Use of forest edge and strip vegetation by eastern cottontails. Journal of Wildlife Management, 47 : 259-264.

Morrison, S. F. and D. S. Hik. 2008. When? Where? And for how long? Census design considerations for an alpine lagomorph, the collared pika (*Ochotona collaris*). *In* (Alves, P. C., N. Ferrand and K. Hackländer, eds.) Lagomorph Biology : Evolution, Ecology, and Conservation. pp. 103-114. Springer-Verlag, Berlin Heidelberg.

Mossman, H. W. and K. L. Duke. 1973. Comparative Morphology of the Mammalian Ovary. University of Wisconsin Press, Wisconsin.

Murata, C., F. Yamada, N. Kawauchi, Y. Matsuda and A. Kuroiwa. 2012. The Y chromosome of the Okinawa spiny rat, *Tokudaia muenninki*, was rescued through fusion with an autosome. Chromosome Research, 20 : 111-125.

Murphy, W. J., E. Eizirik, S. J. O' Brien, O. Madsen, M. Scally, C. J. Douady, E. Teeling, O. A. Ryder, M. J. Stanhope, W. W. de Jong and M. S. Springer. 2001. Resolution of the early placental mammal radiation using Bayesian phylogenetics. Science, 294 : 2348-2351.

Mutze, G., P. Bird, B. Cooke and R. Henzell. 2008. Geographic and seasonal variation in the impact of rabbit haemorrhagic disease on European rabbits, *Oryctolagus cuniculus*, and rabbit damage in Australia. *In* (Alves, P. C., N. Ferrand and K. Hackländer, eds.) Lagomorph Biology : Evolution, Ecology, and Conservation. pp. 279-293. Springer-Verlag, Berlin Heidelberg.

Myers, K. and C. D. MacInnes. 1981. Proceedings of the World Lagomorph Conference, held in Guelph, Ontario, August 1979. University of Guelph, Ontalio.

Myers, K., I. Parer, D. Wood and B. D. Cooke. 1994. The rabbit in Australia. *In* (Thompson, H. V. and C. M. King, eds.) The European Rabbit : The History and Biology of a Successful Colonizer. pp. 108-157. Oxford University Press, Oxford.

Nagata, J., Y. Sonoda, K. Hamaguchi, N. Ohnishi, S. Kobayashi, K. Sugimura and F. Yamada. 2009. Isolation and characterization of microsatellite loci in the Amami rabbit (*Pentalagus furnessi*). Conservation Genetics, 10 : 1121-1123.

Navarro, J. A. C., D. Sottovia-Filho, M. C. Leite-Ribeiro and R. Taga. 1975. Histological study on the postnatal development and sequence of eruption of the maxillary cheek-teeth of rabbits (*Oryctolagus cuniculus*). Archivum Histologicum Japonicum, 38 : 17-30.

Navarro, J. A. C., D. Sottovia-Filho, M. C. Leite-Ribeiro and R. Taga. 1976. Histological study on the postnatal development and sequence of eruption of the mandibular cheekteeth of rabbits (*Oryctolagus cuniculus*). Archivum Histologicum Japonicum, 39 : 23-32.

Newey, S., D. J. Shaw, A. Kirby, P. Montieth, P. J. Hudson and S. J. Thirgood. 2005. Prevalence, intensity and aggregation of intestinal parasites in mountain hares and their potential impact on population dynamics. International Journal of Parasitology, 35 : 367-373.

Nice, M. M., C. Nice and D. Ewers. 1956. Comparison of behaviour development in snowshoe hares and red squirrels. Journal of Mammalogy, 37 : 64-74.

Niu, Y., W. Fuwen, M. Li, X. Liu and Z. Feng. 2004. Phylogeny of pikas (Lagomorpha, Ochotona) inferred from mitochondrial cytochrome *b* sequences. Folia Zoologica, 53 : 141-155.

Nowak, R. M. 1991. Order Lagomorpha. *In* (Nowak, R. M., ed.) Walker's Mammals of the World. 5th ed. pp. 539-560. Johns Hopkins University Press, Baltimore and London.

Nunome, M., G. Kinoshita, M. Tomozawa, H. Torii, R. Matsuki, F. Yamada, Y. Matsuda and H. Suzuki. 2014. Lack of association between winter coat colour and genetic population structure in the Japanese hare, *Lepus brachyurus* (Lagomorpha : Leporidae). Biological Journal of the Linnean Society, 111 : 761-776.

O'Farrell, T. P. 1965. Home range and ecology of snowshoe hares in interior Alaska. Journal of Mammalogy, 46 : 406-418.

Ognev, S. I. 1929. Zur Systematik der russischen Hasen. Zoologischer Anzeiger, 84 : 72-81.

Ognev, S. I. 1940. Mammals of the U.S.S.R. and Adjacent Countries. Vol. IV. Rodents. Akademia Nauk, Moscow (Israel Programs for Scientific Translations, 1966, Jerusalem).

Ohdachi, S. D., Y. Ishibashi, M. A. Iwasa and T. Saitoh. 2009. The Wild Mammals of Japan. Shoukadoh Book Sellers, Kyoto.

Ohnishi, N., S. Kobayashi, J. Nagata and F. Yamada. The influence of invasive mongoose on the genetic structure of the endangered Amami rabbit populations. (投稿中)

Ohtaishi, N., N. Hachiya and Y. Shibata. 1976. Age determination of the hare from annual layers in the mandibular bone. Acta Theriologica, 21 : 168-171.

Oshida, T. 2015. *Ochotona hyperborea* (Pallas, 1811). *In* (Ohdachi, S. D., Y. Ishibashi, M. A. Iwasa, D. Fukui and T. Saitoh, eds.) The Wild Mammals of Japan. 2nd ed. pp. 210-211. Shoukadoh Book Sellers, Kyoto.

258　引用文献

Parer, I., P. J. Fulagar and K. W. Malafant. 1987. The history and structure of a large rabbit warren at Canbera ACT. Australian Wildlife Research, 14 : 505-513.

Parker, G. R. 1986. The importance of cover on use of conifer plantations by snowshoe hares in northern New Brunswick. The Forestry Chronicle, 62 : 159-163.

Pascal, M. and G. Kovacs. 1983. La determination de l'age individuel chez le lievre europèen par la technique squelettochronologique. Annual Review of Ecology, Evolution, and Systematics, 37 : 171-186.

Pease, J. L., R. H. Vowles and L. B. Keith. 1979. Interaction of snowshoe hares and woody vegetation. Journal of Wildlife Management, 43 : 43-60.

Pedersen, S. and H. C. Pedersen. 2012. The population status of mountain hare in Norway : state of knowledge. NINA Report, 886.

Pedersen, S., M. Odden and H. C. Pedersen. 2016. Climate change induced molting mismatch? Reduction in annual snow cover causes increased winter generalist predation in mountain hare. *In* (Kelly, P., ed.) Proceedings of the 5th World Lagomorph Conference. p. 22. Endangered Species Recovery Program, California State University Stanislaus.

Pietz, P. J. and J. R. Tester. 1983. Habitat selection by snowshoe hares in north central Minnesota. Journal of Wildlife Management, 47 : 686-696.

Pincus, G. and E. V. Enzmann. 1937. The growth, maturation and atresia of ovarian eggs in the rabbit. Journal of Morphology, 61 : 351-383.

Queney, G., A. M. Vachot, J. M. Brun, N. Dennebouy, P. Mulsant and M. Monnerot. 2002. Different levels of human intervention in domestic rabbits : effects on genetic diversity. Journal of Heredity, 93 : 205-209.

Radde, G. 1861. Neue Saugethier-Arten aus Ost-Sibir. Melanges. Biological Bulletin de l'Académie Impériale des Sciences de St.-Pétersbourg, 3 : 684-686.

Robinson, T. J. 1980. Comparative chromosome studies in the family Leporidae (Lagomorpha, Mammalia). Cytogenetics and Cell Genetics, 28 : 64-70.

Robinson, T. J., F. F. B. Elder and J. A. Chapman. 1983. Karyotypic conservatism in the genus *Lepus* (order Lagomorpha). Genome, 25 : 540-544.

Robinson, T. J. and C. A. Matthee. 2005. Phylogeny and evolutionary origins of the Leporidae : a review of cytogenetics, molecular analyses and a supermatrix analysis. Mammal Review, 35 : 231-247.

Rödel, H. G. and D. von Holst. 2008. Weather effects on reproduction, survival, and body mass of European rabbits in a temperate zone habitat. *In* (Alves, P. C., N. Ferrand and K. Hackländer, eds.) Lagomorph Biology : Evolution, Ecology, and Conservation. pp. 115-124. Springer-Verlag, Berlin Heidelberg.

Rogers, P. M., C. P. Arthur and R. C. Soriguer. 1994. The rabbit in continental Europe. *In* (Thompson, H. V. and C. M. King, eds.) The European Rabbit : The History and Biology of a Successful Colonizer. pp. 22-63. Oxford University Press, Oxford.

Rongstad, O. J. and T. R. Tester. 1971. Behaviour and maternal relation of young snowshoe hares. Journal of Wildlife Management, 35 : 338-346.

Rose, K. D., V. B. DeLeon, P. Missiaen, R. S. Rana, A. Sahni, L. Singh and T. Smith. 2008. Early Eocene lagomorph (Mammalia) from Western India and the early diversification of Lagomorpha. Proceedings of the Royal Society B, 275 : 1203-1208.

Ruedas, L. A. 1998. Systematics of *Sylvilagus* Gray 1867 (Lagomorpha : Leporidae) from southwestern North America. Journal of Mammalogy, 79 : 1355-1378.

Saito, M. and F. Koike. 2009. The importance of past and present landscape for Japanese hares *Lepus brachyurus* along a rural-urban gradient. Acta Theriologica, 54 : 363-370.

Sato, J. J. and H. Suzuki. 2004. Phylogenetic relationships and divergence times of the genus *Tokudaia* within Murinae (Muridae ; Rodentia) inferred from the nucleotide sequences encoding the mitochondrial cytochrome *b* gene and nuclear recombination-activating gene 1 and interphotoreceptor retinoid-binding protein. Canadian Journal of Zoology, 82 : 1343-1351.

Scaife, H. R., D. Cowan, J. Finney, S. F. Kinghorn-Perry and B. Crook. 2006. Wild rabbits (*Oryctolagus cuniculus*) as potential carriers of verocytotoxin-producing *Escherichia coli*. The Veterinary Record, 159 (6) : 175-178.

Schaal, B., G. Coureaud, A.-S. Moncomble, D. Langlois and G. Perrier. 2008. Many common odour cues and (at least) one pheromone shaping the behaviour of young rabbits. *In* (Alves, P. C., N. Ferrand and K. Hackländer, eds.) Lagomorph Biology : Evolution, Ecology, and Conservation. pp. 189-210. Springer-Verlag, Berlin Heidelberg.

Schneider, E. 1981. Studies on the social behaviour of the brown hare. *In* (Myers, K. and C. D. Macinnes, eds.) Proceedings of World Lagomorph Conference. pp. 340-348. University of

Guelph, Guelph.
Schnurr, D. L. and V. G. Thomas. 1984. Histochemical properties of locomotory muscles of European hares and cottontail rabbits. Canadian Journal of Zoology, 62 : 2157-2163.
Shimano, K., H. Yatake, M. Nashimoto, S. Shiraki and R. Matsuki. 2006. Habitat availability and density estimations for the Japanese hare by fecal pellet counting. Journal of Wildlife Management, 70 : 1650-1658.
Shimizu, R. and K. Shimano. 2010. Food and habitat selection of *Lepus brachyurus lyoni* Kishida, a near-threatened species on Sado Island, Japan. Mammal Study, 35 : 169-177.
Shionosaki, K., F. Yamada, T. Ishikawa and S. Shibata. 2015. Feral cat diet and predation on endangered endemic mammals on a biodiversity hot spot (Amami-Ohshima Island, Japan). Wildlife Research, 42 : 343-352.
Shionosaki, K., S. Sasaki, F. Yamada and S. Shibata. 2016. Changes in the activities of feral cats and free-roaming cats in forests by the regulation prohibiting the feeding of cats in Amami-Ohshima Island, Japan. Wildlife and Human Society, 3.（印刷中）
Simpson, G. G. 1945. The principles of classification and a classification of mammals. Bulletin of the American Museum of Natural History, 85 : 1-350.
Smith, A. T. 2008. The world of pikas. *In*（Alves, P. C., N. Ferrand and K. Hackländer, eds.）Lagomorph Biology : Evolution, Ecology, and Conservation. pp. 89-102. Springer-Verlag, Berlin Heidelberg.
Smith, A. T. and A. F. Boyer. 2008. *Oryctolagus cuniculus*. The IUCN Red List of Treatened Species.（URL : http://www.iucnredlist.org/details/41291/0 ; 2016 年 12 月 11 日版）
Smith, A. T. and C. H. Johnston. 2008. *Ochotona iliensis*. The IUCN Red List of Threatened Species. Version 2008. International Union for Conservation of Nature.（URL : http://www.iucnredlist.org/details/15050/0 ; 2016 年 12 月 11 日版）
Smith, R. K., N. V. Jennings and S. Harris. 2005. A quantitative analysis of the abundance and demography of European hares *Lepus europaeus* in relation to habitat type, intensity of agriculture and climate. Mammal Review, 35 : 1-24.
Sorensen, M. F., J. P. Rogers and T. S. Baskett. 1972. Parental behaviour in swamp rabbit. Journal of Mammalogy, 53 : 840-849.
Stavy, M. and J. Terkel. 1991. Interbirth interval and duration of pregnancy in hares. Journal of Reproduction and Fertility, 95 : 609-615.
Stenseth, N. C., A. Shabbar, K. S. Chan, S. Boutin, E. K. Rueness, D. Ehrich, J. W. Hurrell, O. C. Lingjaerde and K. S. Jakobsen. 2004. Snow conditions may create an invisible barrier for lynx. Proceedings of the National Academy of Sciences of the United States of America, 101 : 10632-10634.
Stephenson, D. E. 1985. The use of charred black spruce bark by snowshoe hare. Journal of Wildlife Management, 49 : 296-300.
Stevenson, R. D. 1986. Allen's rule in North American rabbits（*Sylvilagus*）and hares（*Lepus*）is an exception, not a rule. Journal of Mammalogy, 67 : 312-316.
Stone, W. 1900. Descriptions of a new rabbit from the Liu Kiu islands and a new flying squirrel from Borneo. Proceedings of the Academy of Natural Sciences of Philadelphia, pp. 460-463.
Stoner, C. J., O. R. P. Bininda-Emonds and T. Caro. 2003. The adaptive significance of coloration in lagomorphs. Biological Journal of the Linnean Society, 79 : 309-328.
Suchentrunk, F., R. Willing and G. B. Hartl. 1991. On eye lens weights and other age criteria of the brown hare（*Lepus europaeus* Pallas, 1778）. Zeitschrift für Säugetierkunde, 56 : 365-374.
Suchentrunk, F., G. B. Hartl, J. E. C. Flux, J. Parkes, A. Haiden and S. Tapper. 1998. Allozyme heterozygosity and fluctuating asymmetry in brown hares *Lepus europaeus* introduced to New Zealand : Developmental homeostasis in populations with a bottleneck history. Acta Theriologica, 5 : Supplement 35-52.
Sugimura, K., S. Sato, F. Yamada, S. Abe, H. Hirakawa and Y. Handa. 2000. Distribution and abundance of the Amami rabbit *Pentalagus furnessi* in the Amami and Tokuno Islands, Japan. Oryx, 34 (3) : 198-206.
Sugimura, K. and F. Yamada. 2004. Estimating population size of the Amami rabbit *Pentalagus furnessi* based on fecal pellet counts on Amami Island, Japan. Acta Zoologica Sinica, 50 : 519-526.
Sugimura, K., K. Ishida, S. Abe, Y. Nagai, Y. Watari, M. Tatara, M. Takashi, T. Hashimoto and F. Yamada. 2014. Monitoring the effects of forest clear-cutting and mongoose *Herpestes auropunctatus* invasion on wildlife diversity on Amami Island, Japan. Oryx, 48 : 241-249.
Surridge, A. K., R. J. Timmins, G. M. Hewitt and D. J. Bell. 1999. Striped rabbit in Southeast Asia. Nature, 400 : 726.

260 引用文献

Suzuki, H. 1975. Reports of medico-zoological investigations in the Nansei Islands. Part III. Descriptions of two new species of *Walchia* from southern Amami Island (Prostigmata : Trombiculidae). Japanese Journal of Experimental Medicine, 45 : 235-239.

Suzuki, H. 1976. Reports of medico-zoological investigations in the Nansei Islands. Part V. Six new species of chiggers from the Amami Island (Prostigmata : Trombiculidae). Medical Entomology and Zoology, 27 : 271-282.

Suzuki, H. 1977. Reports of medico-zoological investigations in the Nansei Islands. Part VI. Trombiculid mites collected from Amami-rabbits and rodents in Amami Island, Japan. Medical Entomology and Zoology, 28 : 105-110.

Suzuki, H., K. Tsuchiya and N. Takezaki. 2000. A molecular phylogenetic framework for the Ryukyu endemic rodents *Tokudaia osimensis* and *Diplothrix legata*. Molecular Phylogenetics and Evolution, 15 : 15-24.

Swihart, R. K. 1984. Body size, breeding season length, and life history tactics of lagomorphs. Oikos, 43 : 282-290.

Temminck, C. J. 1844. *Lepus brachyurus*. *In* Siebold's Fauna Japonica, Mammalia. pp. 44 + pl. 1.

Thomas, O. 1896. On the genera of Rodents : an attempt to bring up to date the current arrangement of the order. Proceedings of the Zoological Society of London, 1012-1028. http://www.biodiversitylibrary.org/item/97256#page/1154/mode/1up.

Thomas, O. 1905. The Duke of Bedford's zoological expedition in eastern Asia. 1. List of mammals obtained by Mr. M. P. Anderson in Japan. Proceedings of the Zoological Society of London, 25 : 331-363.

Thompson, H. V. 1994. The rabbit in Britain. *In* (Thompson, H. V. and C. M. King., eds.) The European Rabbit : The History and Biology of a Successful Colonizer. pp. 64-107. Oxford Science Publications, Oxford.

Thompson, H. V. and A. N. Worden. 1956. The Rabbit. Collins, London.

Thompson, H. V. and C. M. King. 1994. The European Rabbit : The History and Biology of a Successful Colonizer. Oxford Science Publications, Oxford.

Thulin, C. -G. 2003. The distribution of mountain hares *Lepus timidus* in Europe : a challenge from brown hares *L. europaeus*? Mammal Review, 33 : 29-42.

Thulin, C.-G., M. Jaarola and H. Tegelström. 1997. The occurrence of mountain hare mitochondrial DNA in wild brown hares. Molecular Ecology, 6 : 463-467.

Thulin, C.-G., D. Simberloff, A. Barun, G. McCracken, M. Pascal and M. A. Islam. 2006. Genetic divergence in the small Indian mongoose (*Herpestes auropunctatus*), a widely distributed invasive species. Molecular Ecology, 15 : 3947-3956.

Toll, J. E., T. S. Baskett and C. H. Conaway. 1960. Home range, reproduction, and foods of the swamp rabbit in Missouri. American Midland Naturalist, 63 : 398-412.

Tomida, Y. and H. Otsuka. 1993. First discovery of fossil Amami rabbit (*Pentalagus furnessi*) from Tokunoshima, Southwestern Japan. Bulletin of the National Science Museum, Tokyo, Series C, 19 : 73-79.

Tomida, Y. and C. Jin. 2002. Morphological evolution of the genus *Pliopentalagus* based on the fossil material from Anhui Province, China : a preliminary study. National Science Museum Monographs, (22) : 97-107.

van der Loo, W., A. James and J. Schroder. 1981. Chromosome evolution in leporids. *In* (Myers, K. and C. D. Macinnes, eds.) Proceedings of World Lagomorph Conference. pp. 28-36. University of Guelph, Guelph.

van der Loo, W. L., M. J. Magalhaes, A. L. Matos, J. Abrantes, F. Yamada and P. J. Esteves. 2016. Adaptive gene loss? Tracing back the pseudogenization of the Rabbit CCL8 chemokine. Journal of Molecular Evolution, 83 : 12-25.

Vaughan, T. A., J. M. Ryan and N. J. Czaplewski. 2015. Mammalogy 6th ed. Jones & Bartlett Publishers, Burlington.

Venge, O. 1963. The influence of nursing behaviour and milk production of early growth in rabbit. Animal Behaviour, 11 : 500-506.

Walsberg, G. E. 1991. Thermal effects of seasonal coat change in three subarctic mammals. Journal of Thermal Biology, 16 : 291-296.

Walton, A. and J. Hammond. 1928. Observations on ovulation in the rabbit. Journal of Experimental Biology, 6 : 190-205.

Watari, Y., S. Nishijima, M. Fukasawa, F. Yamada, S. Abe and T. Miyashita. 2013. Evaluating the "recovery-level" of endangered species without prior information before alien invasion. Ecology and Evolution, 3 : 4711-4721.

Weber, M. 1928. Die Säugetiere. Verlag von Gustav Fischer, Jena.

引用文献　*261*

Wheeler, S. H. and D. R. King. 1980. The use of eye-lens weights for aging wild rabbits, *Oryctolagus cuniculus* (L.), in Australia. Australian Wildlife Research, 7 : 79-84.
Wildlife Conservation Group. 1984. Research on Ryukyu rabbit *Pentalagus furnessi* in 1973. *In* (WWFJ, ed.) Conservation of the Nansei Shoto. Part I. pp. 248-274. WWFJ, Tokyo.
Williamas, K., I. Parer, B. Coman, J. Burley and M. Braysher. 1995. Managing Vertebrate Pests : Rabbits. CSIRO Publishing, Canberra.
Wilson, D. E. and D. M. Reeder. 2005. Mammal Species of the World : A Taxonomic and Geographic Reference, 3rd ed. Smithsonian Institute Press, Washington.
Wolfe, M. L., N. V. Debyle, C. S. Winchell and T. R. McCabe. 1982. Snowshoe hare cover relationships in northern Utah. Journal of Wildlife Management, 46 : 662-670.
Wolff, J. O. 1978. Food habits of snowshoe hares in interior Alaska. Journal of Wildliife Management, 42 : 148-153.
Wood, A. E. 1957. What, if anything, is a rabbit? Evolution, 11 : 417-425.
Wray, S. 2006. A. Guide to Rabbit Management. CIRIA, London.
Wu, C., J. Wu, T. D. Bunch, Q. Li, Y. Wang and Y. Zhang. 2005. Molecular phylogenetics and biogeography of *Lepus* in Eastern Asia based on mitochondrial DNA sequences. Molecular Phylogenetics and Evolution, 37 : 45-61.
Yamada, F. 1990. Feral rabbits on Japanese islands. Lagomorph Newsletter, 14 : 9-11.
Yamada, F. 1991. Habitat selection and feeding habits of the Japanese hare and its damage to seedlings. *In* (Maruyama, N., ed.) Proceedings of IWCS in 5th INTECOL. pp. 111-113.
Yamada, F. 2002. Impacts and control of introduced small Indian mongoose on Amami Island, Japan. *In* (Veitch, C. R. and M. N. Clout, eds.) Turning the Tide : The Eradication of Invasive Species. pp. 299-302. IUCN, Gland, Switzerland.
Yamada, F. 2008. A review of the biology and conservation of the Amami rabbit (*Pentalagus furnessi*). *In* (Alves, P. C., N. Ferrand and K. Hackländer, eds.) Lagomorph Biology : Evolution, Ecology, and Conservation, pp. 369-377. Springer-Verlag, Berlin Heidelberg.
Yamada, F. 2009. *Lepus brachyurus* Temminck, 1845. *In* (Ohdachi, S. D., Y. Ishibashi, M. A. Iwasa and T. Saitoh, eds.) The Wild Mammals of Japan. pp. 208-209. Shoukadoh Book Sellers, Kyoto.
Yamada, F. 2012. Vocalization as a trait of ecology of the endangered Amami rabbit *Pentalagus furnessi*. *In* (Hackländer, K. and C. Thurner, eds.) Proceedings of the 4th World Lagomorph Conference. p. 141. BOKU University of Natural Resources and Life Science, Vienna.
Yamada, F. 2015a. *Pentalagus furnessi* (Stone, 1900). *In* (Ohdachi, S. D., Y. Ishibashi, M. A. Iwasa, D. Fukui and T. Saitoh, eds.) The Wild Mammals of Japan. 2nd ed. pp. 212-213. Shoukadoh Book Sellers, Kyoto.
Yamada, F. 2015b. *Lepus timidus* Linnaeus, 1758. *In* (Ohdachi, S. D., Y. Ishibashi, M. A. Iwasa, D. Fukui and T. Saitoh, eds.) The Wild Mammals of Japan. 2nd ed. pp. 214-215. Shoukadoh Book Sellers, Kyoto.
Yamada, F. 2015c. *Lepus brachyurus* Temminck, 1844. *In* (Ohdachi, S. D., Y. Ishibashi, M. A. Iwasa, D. Fukui and T. Saitoh, eds.) The Wild Mammals of Japan. 2nd ed. pp. 216-217. Shoukadoh Book Sellers, Kyoto.
Yamada, F. 2015d. *Oryctolagus cuniculus* (Linnaeus, 1758). *In* (Ohdachi, S. D., Y. Ishibashi, M. A. Iwasa, D. Fukui and T. Saitoh, eds.) The Wild Mammals of Japan. 2nd ed. pp. 218-220. Shoukadoh Book Sellers, Kyoto.
Yamada, F., S. Shiraishi and T. A. Uchida. 1988. Parturition and nursing behaviours of the Japanese hare, *Lepus brachyurus brachyurus*. Journal of the Mammalogical Society of Japan, 13 : 59-68.
Yamada, F., S. Shiraishi, A. Taniguchi, T. Mori and T. A. Uchida. 1989. Follicular growth and timing of ovulation after coitus in the Japanese hare, *Lepus brachyurus brachyurus*. Journal of the Mammalogical Society of Japan, 14 : 1-9.
Yamada, F., S. Shiraishi, A. Taniguchi and T. A. Uchida. 1990. Growth, development and age determination of the Japanese hare, *Lepus brachyurus brachyurus*. Journal of the Mammalogical Society of Japan, 14 : 65-77.
Yamada, F., K. Sugimura, S. Abe and Y. Handa. 2000. Present status and conservation of the endangered Amami rabbit *Pentalagus furnessi*. Tropics, 10 : 87-92.
Yamada, F., M. Takaki and H. Suzuki. 2002. Molecular phylogeny of Japanese Leporidae, the Amami rabbit *Pentalagus furnessi*, the Japanese hare *Lepus brachyurus*, and the mountain hare *Lepus timidus*, inferred from mitochondrial DNA sequences. Genes & Genetic Systems, 77 : 107-116.
Yamada, F. and K. Sugimura. 2004. Negative impact of invasive small Indian mongoose *Herpestes javanicus* on native wildlife species and evaluation of its control project in Amami-Ohshima Island and Okinawa Island, Japan. Global Environmental Reseach, 8 (2) 117-124.

262   引用文献

Yamada, F. and F. A. Cervantes. 2005. *Pentalagus furnessi*. Mammalian Species, 782 : 1–5.

Yamada, F., N. Kawauchi, K. Nakata, S. Abe, N. Kotaka, A. Takashima, C. Murata and A. Kuroiwa. 2010. Rediscovery after thirty years since the last capture of the critically endangered Okinawa spiny rat *Tokudaia muenninki* in the northern part of Okinawa Island. Mammal Study, 35 : 243–255.

Young, J. W., R. Danczak, G. A. Russo and C. D. Fellmann. 2014. Limb bone morphology, bone strength, and cursoriality in lagomorphs. Journal of Anatomy, 225 : 403–418.

Zarrow, M. X., V. H. Denedberg and C. O. Anderson. 1965. Rabbit frequency of suckling in the pup. Science, 15 : 1835–1836.

おわりに

　本書において，読者のみなさんには「ウサギづくしのウサギの世界」を旅していただいたと思う．ときには迷路に入りこんで困られたかもしれないが，小さくても思わぬ宝物がもしみつかれば，著者としてうれしい限りである．私は，この世界をずっと広く，また深く，いろいろなところを旅し，知らないことを知ることの魅力にとりつかれ，抜け出せなくなることばかりである．とはいえ，書籍出版には時間に限りがあり，これぐらいでまとめあげなければならないという現実もある．

　先にも述べたように，ウサギ類の研究はまだまだ多くの問題や課題が山積している．もし本書が，ウサギ類研究の一里塚となれば，あるいは他山の石となり，一歩でも前進することになれば，うれしい限りである．

　私は，これまでのウサギ類研究を通じて，またそこから派生して，いくつかの研究や活動を展開してきた．猛禽類との関係，島嶼，化学物質，放射能，外来生物，希少生物などのテーマである．まだまだ端緒段階の分野もあるが，今後も可能な限り貢献できればと思っている．

　本書の内容となった調査研究にあたっては，多くの方々にお世話になった．それらの方々の一部は，各章でお名前をあげた．それ以外の方々も含めて，ここにお名前を列記してあらためてお礼を述べたい．ノウサギ類研究のきっかけを与えご指導いただいた新潟大学の豊島重造先生（故人）と高田和彦先生，ノウサギ類研究の博士論文でご指導をいただいた九州大学の内田照章先生，白石哲先生および毛利孝之先生，小野勇一先生（故人）と土肥昭夫先生，またノウサギ類研究では，鹿児島県林業試験場の谷口　明氏と森林総合研究所の桑畑　勤氏，北原英治氏，前田　満氏，田畑勝洋氏，小泉　透氏，琉球大学の川本康博先生，新潟大学の阿部　學先生，東京農業大学の安藤元一先生ほか，野生化アナウサギでは，金沢大学の大串龍一先生，石川県庁の美馬秀夫氏と野崎英吉氏ほか，アマミノクロウサギ研究では，北海道大学の鈴木　仁先生，東京大学の服部正策先生，奄美哺乳類研究会の半田ゆかり氏，高槻義隆氏，中原貴久子氏，野上隆生氏，阿部優子氏，環境省奄美野生生物保護センターの阿部愼太郎氏，石川拓哉氏，鑪　雅哉氏ほか，環境省徳之島自然保護官事務所の渡邉春隆氏ほ

か，そして森林総合研究所の杉村 乾氏，大西尚樹氏，永田純子氏，三浦慎悟氏，川路則友氏ほかにお世話になった．励ましの声をかけていただいた川道武男先生，河合雅雄先生，J. E. C. Flux 先生，A. T. Smith 先生，P. C. Alves 先生，K. Hackländer 先生ほかにもお礼を述べたい．写真や図を使用させていただいた勝 廣光氏，瀬川也寸子氏，木下豪太氏，伊藤圭子氏，環境省奄美野生生物保護センター，P. Kelly 先生および李 維東先生にもお礼を申し上げる．さらには，調査研究で留守がちな私の支えとなり応援してくれた家族や兄弟，そして両親（故人）に感謝する．

　最後に，本書の出版の機会を与えてくださり，予定どおりに進まない原稿に対して辛抱強く，また叱咤激励をいただきながら，完成にまで漕ぎ着けていただいた東京大学出版会編集部の光明義文氏に心からのお礼を申し上げる．2011年3月11日の東日本大震災で始まった放射能研究プロジェクトにも，私はかかわることになり，本書執筆の時間がとれなくなり，光明さんにはずいぶんとご心配をおかけして申しわけなかった．

2017 年 1 月 12 日　　山田文雄

事項索引

ア　行

愛知目標　216
愛猫家　221
阿嘉島　207
悪石島　207
アジアグループ　40
亜種　127,166,224
亜成獣個体　143
糞　9
穴掘り　81
アニミズム　18
亜熱帯　162,226
阿部余四男　59
亜北極　226
天城岳南部　204
奄美大島　178,218
奄美大島生物多様性地域戦略　220
奄美大島，徳之島，沖縄島北部及び西表島世界自然遺産　217
奄美群島　159,162
アルビノ　13
アレンの法則　31
安徽省淮南市　186
生け捕り捕獲　220
遺存固有種　164,217
イタリア　235
一次消費者　26
1属1種（モノタイプ）　187
1日あたりの排糞回数　201
一夜あたりの授乳回数　84
1回の授乳時間　84
1回の鳴き声（バウト）　199
一夫一妻性　129
遺伝子座　206
遺伝子浸透　223,226
遺伝子配列　186

遺伝子流動　223
遺伝的交流　50,61
遺伝的多様性　206
遺伝的な攪乱　228
意図的導入　233
稲羽の素兎　18
犬飼哲夫　56
井之川岳　162,204
イノシシ猟　210
イブレフの選択係数　144
イベリア半島　127
衣料　1,130
陰茎　35
インサイザー　27
INTGEP法　121
陰嚢　35
ウィスター研究所　171
ウイルス性出血病　152
ウサギウイルス性出血病　156
兎臘　9
うさぎ島　132
ウサギ肉生産　12
ウサギ目で最古の化石　39
ウサギ類専門家グループ　230
永久歯　94
栄養成分（粗タンパク質）　144
疫学調査　213
エコトーン（移行帯，推移帯）　163
餌現存量　120
餌資源　162
餌条件　224
餌植物の選択　107
餌の拡大　226
枝　190
枝打ち　119

EDGE Score　215
干支　18
江戸図屏風　3
エナメルパターン　184
エラーマンとモリソン-スコット　59
塩基置換率　50
遠距離コミュニケーション　80
エンセファリトゾーン症　227
黄体形成ホルモン放出因子　87
大型齧歯類　167
大宜味村　162
小笠原諸島　159
沖縄島　161
沖縄島北部地域（やんばる地域）　218
沖縄トラフ北縁部（九州西方沖）　51
沖永良部島　207
オーストン　58
音による忌避　153
オランダ人　136
折居彪二郎　180
音声（エレメント）　199
音声コミュニケーション　198
温暖化　40
温度データーロガー　193

カ　行

概日リズム　75
海進　159
海成層　160
海水面低下　40
海成段丘　162
外側翼突筋　28

266 事項索引

海退時 159
飼い猫の適正な飼養及び管理
　に関する条例 220
外部形質 90
外部計測値 143,182
外部形態 182
海洋島 159
海洋プレート 159
外来種 206
外来種との競争 232
（外来種）マングース防除事
　業 208,219,237
外来生物法 196,216,219,
　237
外来哺乳類 207
下顎 28
下顎骨の主要な3つの内転筋
　28
顆基底長 92
核遺伝子 43
核型分析 61
核型変異 61
隠れ型 85
隠れ場 70
火山活動 159
化石燃料 202
河川改修 206
下層植生 188
家畜化 125
家畜化遺伝子 12
褐色変化 225
活動時間帯 192
神屋・湯湾岳 216
茅刈場 5
狩りの能力 200
カリフォルニア州立大学
　230
川内川左岸部 204
眼窩 184
岩塊堆積地 236
環境収容力 144
環境省奄美野生生物保護セン
　ター 197
環境省レッドリスト 236,
　237
カンジキウサギの10年周期
　224
感受性探索研究 227

緩衝地域（バッファーゾー
　ン）219
冠状縫合 92
完新世初期 127
汗腺 193
感染ウサギ 227
完全性 218
完全排除 219
間伐 119
間氷期 164
寒冷化 40,166
喜界島 207
気候変動 224
岸田久吉 55
基準標本 169
希少種保全 215
希少猛禽類 111
北アメリカ 40,47,235
北集団 51
北見山地 236
北琉球 159
忌避剤 153
ギャップ 188
ギャロップ（駆足）30
急傾斜地 188,192
九州 163
旧石器時代 7
旧北区 163
休猟制 233
狂犬病予防 219
頬骨 184
頬骨弓幅 92
頬骨後位端 184
頬骨前下位角 184
頬歯 28,69
頬歯の高冠歯化 61
頬歯の萌出 94
共通祖先 222
胸部 197
恐竜の絶滅 36
近縁分類群 222
近親交配 131
菌類成育阻害成分 106
茎 190
くくり罠 110
国頭村 162
首狩り族研究家 173
クマタカ生息地 113

クモの巣型 88
クライン 74
クリ栽培 8
クリの柱 8
グルーミング 81
グレーザー 26
黒潮（日本海流）162
グロージャーの法則 184
黒田長礼 59
軍需用防寒具 4
警戒標識 213
脛骨 28
経済的損失 137
形質劣化 131
傾斜角度 188
系統進化 222
軽度懸念 232
毛変わり 74
穴居性 129,200
穴居生活 125
毛づくろい 78
結腸分離機構 34
毛の成長 74
慶良間海裂 159
ゲルフ大学 230
慶留間島 207
原記載 67,169
原産国 170
原産地 127
犬歯 28
原虫感染症 213
顕著な普遍的価値 218
高緯度 224
黄河 168
黄河グループ 40
後眼窩上突起 63,184
後期更新世 185
後期鮮新世 50
咬筋 28
高茎植物 149
合計排糞数 201
咬合面パターンの単純化 61
後肢 10,184
後肢運動筋 86
高次形成 89
後肢骨 28
後肢による跳躍の走行様式
　30

事項索引　267

甲状腺ホルモンの小型化　12
更新世後期　127
更新世初期　186
降雪開始　225
後腸発酵　33
交通事故死（ロードキル）
　206,213
好適生息地の減少　206
行動圏の重なり　192
行動圏面積　191
交尾後の排卵所要時間　89
交尾排卵　77
高標高地帯　167
硬糞食　226
後分娩発情　77
高密度期　224
広葉樹苗木　100
広葉樹林　113
効率的な多産繁殖　78
高齢級林の減少細分化　206
高齢個体　143
国際自然保護連合　215,228
国内希少野生動植物種　217,
　237
国立公園の特別保護地域
　218
古事記　18
弧状列島　159
古生物学　223
古代インディアン　7
個体群動態　222,223
古第三紀　159
古代ローマ人　11
骨格　182,184
骨口蓋橋　62
固有亜種　67,238
固有種　67,163
孤立個体群　225
コルベット　59
根絶　219

サ　行

採食　191
採食圧　224
採食生態　102
採食場所　188
再侵入　219
細胞壁　26

在来種との競争関係　136
在来種の回復　219
鎖骨　29
砂質土壌　128
殺蟻成分　106
雑種形成　223
雑食性　203
殺虫成分　106
サトウキビ耕作地　162
サトウキビ栽培　219
佐渡島　238
座間味島　207
沢沿い　201
山岳地　224
参議院環境委員会　196
サンゴ礁　159
サンゴ礁石灰岩　160
産子数　196
三内丸山遺跡　2,8
山地開墾　219
シェークスピア研究家の息子
　173
耳介　30
耳介前面部　193
鹿狩り　3
色素沈着　74
歯隙　28,69
指行性（趾行性）姿勢　29
四国　163
矢状縫合　92
矢状縫合の癒合度　99
始新世初期　39,186
史蹟名勝天然記念物保存法
　180
自然遺産指定地域（コアゾー
　ン）218
自然史博物館　172
持続的収穫　228
持続的利用　228
四足歩行　30
子孫型　168
実験動物　130
湿潤亜熱帯気候　162
自動カメラ法（自動撮影カメ
　ラ調査）120,121,217
死亡率　142,223
シーボルト　57,136,170
姉妹グループ　47

社会構造　80,129
若齢カラマツ人工林　113
若齢林地の減少　117
射精　78
尺骨　184
シャープシューティング
　150
集音装置　31
銃器　110
周極種　49
従順化　12
集団遺伝学的研究　223
周年繁殖　12
周年リズム　75
収容順化および譲渡　220
種間関係　226
種間交雑　223
樹高　113
踵骨　39
出産間隔の短縮化　226
出産効率の向上　226
授乳　82,196
種の保存委員会　230
種の保存法　216,217,237
樹皮　190
種分化　52,166
受容体遺伝子　214,227
ジュラ紀　159
狩猟　153,228,233
狩猟圧　233
狩猟活動　3
狩猟獣　1
狩猟統計　1
狩猟動物　233
狩猟の割当制　233
種レベルの分化　165
準絶滅危惧　232,236
消化管　226
上顎　28
上顎第三臼歯　170
上顎第二前臼歯　184
消化阻害物質（リグニン，シ
　リカ，タンニン）　144
上・下顎切歯　94
小集団化　206
小切歯　27
上層木　113
障壁（金属フェンスやネット，

268 事項索引

電気柵） 153
情報不足 232
縄文遺跡 8
縄文時代 2
食害 136
食害発生機構 102
食害防止技術 101
殖産興業 179
食肉 130
植被率 113
植物現存量 104
食糞 225
食物網 26
食物連鎖 202
食糧 1
蹠行性姿勢 29
初産齢 98
ショック吸収装置 31
人為的移動 226
進化的に安定な戦略（ESS） 225
真菌症 227
神経系疾患 213
神経伝達物質のセロトニンの増加 12
新種 170
人獣共通感染症 227
侵食小起伏面 161
新生獣 11,77,197
新第三紀 160
薪炭林 5
侵入防止柵 153
神秘の動物 159
針葉樹苗木 100
侵略的外来種 227
侵略的外来種問題 125
森林火災 224
森林更新 224
森林生態系保護地域 218
森林総合研究所野生動物研究領域鳥獣生態研究室 5
森林の管理 119
森林伐採 206
森林野生動物研究会 231
森林率 162
森林利用の強化 219
巣穴 188
巣穴外温度 193

巣穴内温度 194
巣穴に毒ガスを注入 153
巣穴の破壊 153
巣穴閉鎖 196
水銀濃度 202
水晶体乾燥重量 97
水晶体重量 90
水稲稲作 3
数理モデル解析 224
スクアット 128
スクリーニング研究 214
スケジュール型 65,85
ストップ 128
ストーン 56,170
スーパーツリー分析 43
スペイン 235
スペクトラム分析 198
スポットライトセンサス法 121
住用川上流部 204
スラスト 78
諏訪之瀬島 207
スンダランド陸橋 46
青海チベット高原グループ 40
青海チベット高原周辺グループ 40
生産者 203
聖獣信仰 18
性成熟 78
性成熟齢 197
性染色体 168
精巣 35
精巣サイズ 197
生息数増減 224
生息地管理 153,233
生息地の改変・喪失 206,232
生息地の分断化 206
生息適地（餌と隠れ場所の供給） 117
生息密度 117
生息密度指標 201
生態遺伝学の研究 225
生態系の食物連鎖網 204
生態系被害防止のための外来種リストと行動計画 220
生態的可塑性 225

生態的ジェネラリスト 154
生態的寿命 142
生態的地位 224
成長曲線 97
成長速度 91
成長・発育パターン 90
成長率 90
生物学的冷蔵庫 12
生物多様性基本法 216
生物多様性国家戦略 216
生物多様性条約締約国会議 COP10 216
生物多様性保全 215
生物の防除 233
精油成分 106
世界ウサギ類学会 222,228
世界自然遺産の登録要件 217
世界の侵略的外来種ワースト 100 196
積雪量 225
切歯 27,28,69
切歯孔 184
雪上足跡カウント法 120
接触探索行動 80
絶滅 214,232
絶滅危惧 225
絶滅危惧 IA 類 233
絶滅危惧種 158
絶滅のおそれのある地域個体群 236
セルロース分解酵素 32
繊維成分（セルロース，ヘミセルロース） 144
前眼窩上突起 184
前期更新世 50
センサーカメラ 227
前肢 10,184
染色体 42
染色体進化 168
染色体数 42,168
鮮新世中期-後期 127
全森林面積 118
蠕虫感染症 227
前腸発酵動物 33
前頭間縫合 92
僧院 11,130
双角子宮 35

臓器への悪影響　213
走行速度の低減　213
走行跳躍型の運動能力　29
走行適応　86
草食性哺乳類　202
早成性（動物）　78,82,86,98
総排出腔　35
造林木食害　101
壮齢人工針葉樹林　113
側頭筋　28
側頭骨間の縫合線　184
属レベルの分化　165
祖先型　168
足骨　39
足根骨　184
外地島　208

タ　行

第一次消費者　203
第一切歯　27
第1種特別地域　218
大英博物館　171
体温調整　193
体温調整機能　31
体温調整能力　82,194
大規模集落　8
大規模農地の拡大　233
第三紀境界層　36
第三次消費者　203
胎児　11,226
対紫外線対策　184
大雪山系　236
大切歯　27
第二次消費者　203
第二次世界大戦中　136
第二切歯　27
体熱　193
胎盤性性腺刺激ホルモン　87
タイプ標本　169
体毛色変化　74
体毛の白変化　225
体毛変化の可塑性　225
第四次消費者　203
平島　207
大陸棚　159
大陸的環境　226
大陸島　159
大陸プレート　159

台湾出兵　179
多雨林　162
鷹狩り　3
タカ使い猟法　5
多型系統　52
ダッチ種　142
脱糞　191
単一作物　233
単一子宮　35
短日化　74
単独猟（個人猟）　5
タンニン量　190
タンパク質　226
担保措置　218
地殻変動　159
致死率　227
地租改正条例　4
地中海沿岸部　127
中期更新世　185
中国中央部　233
中新世　165
中世時代　11
中生代　160
中西部個体群　205
中足骨　184
腸管出血性大腸菌　227
長日化　74
鳥獣関係統計　1
鳥獣調査室　4
鳥獣保護管理法　219
重複子宮　35
重複妊娠　77,225
聴胞　184
跳躍型運動様式　61
直腸温度　193
地理的隔離　52
地理的変異　74
追従　78
追従型　85
対馬海峡　51
DNA スーパーマトリックス
　分析法　43
低品質な餌環境　226
天売島　220
適応放散　23
適応力　225
適性栽培　221
適正飼養　221

デジタル録音機　198
テミンク　57
テルペノイド　106
天然記念物　136
天然記念物第1号　216
天然記念物の動物たち　158
天然資源・生物科学大学
　230
デンプン質　190
天文年間　136
東京都小笠原諸島の父島
　220
頭骨　90,182,184
橈骨　184
同種内での競争　226
動静脈吻合　31
島嶼生態系　203
島嶼の結合分離　163
ドゥーダーライン　178
頭頂間骨　63,92,99
頭頂側頭間縫合　92
動原体　48
動物の忌避作用成分　106
東洋区　163
道路建設　206
道路表示　213
トカラ構造海峡　159
トキソプラズマ症　227
毒ガス　150
毒殺　153
特定外来生物　196
徳之島　161,218
毒物　222
特別天然記念物　216
独立行政法人家畜改良センタ
　ー茨城牧場・長野支場　13
土地利用転換　206
トップダウン効果　224
トラバサミトラップによる捕
　獲　153
取り残し個体の復活　219

ナ　行

中之島　207
中琉球　159
ナキウサギファンクラブ
　237
名越左源太　178

270　事項索引

ナチュラルヒストリー　231
七ツ島　138
七ツ島大島　138
南極大陸の氷床の拡大化　40
南限種　163
南島雑話　19,178
軟糞（盲腸発酵物）　33,225
軟糞食（盲腸発酵物食）　225
南方海峡　51
南方系の生物　163
においかぎ　78
日清戦争　180
日中戦争　4
日長変化　74
日本書紀　3
日本の侵略的外来種ワースト
　100　220
日本哺乳類学会　221
日本列島　159
乳成分　85
乳頭数　36
妊娠日数　197
寧夏省　233
熱帯雨林　46
熱伝達（対流）　193
熱伝導（率）　76,193
熱放熱（輻射）　193
年齢層　99
脳炎　213
納税形態　4
脳の松果体　74
農林業加害獣　227
農林省林業試験場　5
ノウワー　26

ハ　行

歯　90
媒介動物　227
配偶システム（様式）　80,
　129
排糞時間帯　201
排卵　226
排卵数　88
白亜紀　36,160
バクテリア　226
畑正憲　158
発見史　170
伐採跡地　113,117

伐採面積　118
発展途上国　12
波照間島　208
歯の萌出・置換　99
パルプ用材　219
バレット–ハミルトン　58
破裂卵胞　87
ハーレム的な乱婚性　129
ハワイ島　159
半砂漠　226
繁殖期（幼獣の出現期）　217
繁殖行動　78
繁殖障害　131
繁殖巣穴形成　196
繁殖成功コスト　120
繁殖の同調性　80
繁殖妨害　136
繁殖用巣穴　196
反芻　33
晩成性（動物）　82,98
ハンティングエリア　119
非意図的導入　233
東シナ海　50,162
東村　162
ビクトリア州　153
腓骨　29
鼻骨　184
肘関節　29
ヒ素　202
日高山脈　236
ビタミン　226
非反芻　33
被捕食・捕食関係の攪乱
　136
氷河期　164
評価基準（クライテリア）
　215
氷河周辺部　224
病気　206,222,226
病原菌　233
ヒラー　56,169
微量元素研究　202
肥料や農薬の大量使用　233
品種改良　125,131
Fauna Japonica　57,67,136
ファーネス　56,169
フィラデルフィア自然科学ア
　カデミー　172

フィリピン海プレート　159
フィルターの役割　163
フォーム　70
付加体　159
複雑なトンネルシステム
　127
副切歯　27
富国強兵　179
不採食切断　107
二山型　99
物納から金納　4
ブートストラップ値　187
ブラウザー　26
フラックスとアンガーマン
　59
フランス南部　127
ブルセラ症　227
ブロックカウント法　141
フローラの滝　163
糞　200
糞 DNA　228
糞塊調査　197
文化財保護法　216
分子系統樹解析　223
分子マーカー　223
糞食　33
糞による生息モニタリング
　227
吻部　184
分布域の縮小　225
分布境界線　163
糞分析　212
糞粒法　120
ヘアー・インディアン　7
平均最高気温　193
平均最低気温　193
平均産子数　88
平均糞数　201
閉鎖卵胞　87
ベイトステーション　150
ペグ・ティース　27
舳倉島　138
ペット　130
ヘマトクロマチン　48
変異に富む前臼歯　61
娩出　81
ペンシルバニア大学博物館
　173

事項索引　　*271*

防御物質　224
芳香成分　106
胞状卵胞　87
放熱　193
放熱装置　31
捕獲個体　143
北限種　163
北部グループ　40
北部（龍郷町）個体群　205
保護増殖事業計画　237
母子（間）関係　85,225
捕食圧　232
捕食者　224,233
捕食性哺乳類の存在しない島嶼　207
捕食リスク　225
保全目標　219
北方系の生物　163
ボトムアップ効果　224
ポルトガル　235
ポルト大学　230
ボルネオ遺物コレクション　173
本州　163
本草学　18
本草綱目　19

マ　行

マイクロサテライトDNA　206
マウント　78
巻狩り（猟法）　3,5
マタギ　3
マツ類枯損跡地　101
まぼろしの動物　159
磨耗　94,99
マヤ文明　7
ミオグロビン　63
ミキソーマウイルス感受性　214
ミキソーマトシス（ウサギ粘液腫）　214
未然防止対策　137
ミトコンドリアDNA（mtDNA）　43,206
南アメリカ　47
南集団　51
南琉球　160

宮古諸島　207
三好学　181
明治維新　136,179
メキシコ　235
メキシコ国立自治大学環境地理センター　230
メラトニン（分泌）　12,75
メラニン（色素形成）　75,184
免疫利用による避妊法　153
毛色パターン　142
盲腸　33
盲腸糞　33
毛皮供出　5
毛皮輸出　4
網膜　75
モニタリング　224
モノフルオロ酢酸ナトリウム　150,153
森の島　162

ヤ　行

野外放飼場　224
夜行性　199
野生種　130
野生動物の保全　228
野兎研究会　231
野兎病　227
ヤブノウサギシンドローム　157
山火事跡地　117
大和本草　19
弥生時代　3
やんばる地域　162
誘引餌付け　150
誘引水場　150
有害生物対策　226
有害動物　125
優性遺伝子　142
融雪開始　225
有窓構造　28
誘導排卵　77
夕張山地　236
ユーラシア（大陸）　40,159
ユーラシアプレート　159
湯湾岳　161,204
幼獣　143
幼獣糞　217

揚子江　168,186
腰椎の横突起　184
養兎　136
要望書提出　221
与那国海峡　160
与那覇岳　162

ラ　行

ラジオテレメトリー調査　188
卵丘　88
乱婚型　80
乱婚的な交尾システム　192
リアス式海岸　161
リオン　56,171
離乳（期）　98,196
隆起　159
隆起サンゴ礁　162
琉球弧　159
琉球諸島　159
琉球処分　180
琉球層群　162
猟犬　6,7
猟銃　5
猟友会　5
林縁部　188
林道沿い　201
リンネ　59
類縁関係　222
齢査定（法）　98,99
轢死　217
劣性遺伝子　142
劣性有害遺伝子　131
レッドリスト　215,236
レプトスピラ症　227
レフュージア（避難場所）　51,52,77
レポリア　11
6度目の大絶滅期　214
ローマ人　8,10,129
ロンドン動物学会　215

ワ　行

和漢三才図会　19
渡瀬庄三郎　181
渡瀬線　163,181
ワラダ猟法　5
ワーレン　65,128,195

生物名索引

ア　行

アオダイショウ　111
アオバズク　164,203
アカウサギ　41
アカクビノウサギ　51
アカネズミ　163,167
アカヒゲ　203
アカマタ　203
アカマツ　15,101,104
アカミズキ　191
アカメガシワ　105,106,191
アキノノゲシ　191
アサツキ　145
アザラシ　14
アセビ　105
アナウサギ（カイウサギ）　8,
　19,170
アナウサギ属　42,70
アナウサギ類　22,126
アナグマ　1,9
アパラチアワタオウサギ　47,
　234
アマクサギ　191
アマシバ　189
アマミトゲネズミ　164,167,
　168
アマミノクロウサギ　20,21,
　53,158,164,170,203,234
アマミヤマシギ　203
アメリカナキウサギ　40
アラゲウサギ　56,170,234
アラゲウサギ属　42
アラスカノウサギ　49,91
アリレプス属　38,127
アルタイナキウサギ　40
アンゴラ（ウサギ）　14,156
アンテロープジャックウサギ
　28

アンナミテシマウサギ　7,46
イイズナ　76,149
イエイヌ　129,210
イエウサギ　12,129
イエネコ　129,210
イジュ　162
イスノキ　162,189
イタチ　1,9,111,136,163
イタチ科　76
イタドリ　191
イヌ　3,12
イヌワシ　111
イネ科（カモジクサ）　105,
　144
イノコヅチ　144
イノシシ　1-3,8,9,26,203
イベリアヤマネコ　228
イボイモリ　203
イラクサ　191
イリオモテヤマネコ　164
イリナキウサギ　234
ウイルス　15
ウガンダクサウサギ　7
ウガンダクサウサギ属　41
ウサギ　12,16
ウサギ亜科　171
ウサギ科　15,22,30
ウサギ型科　69
ウサギ目　22
ウサギ類　6,20,26,165
ウシ　3,12
ウマ　3,12,19
海鳥　139
ウミネコ　139
液果類　8
エゴノキ　189,191
エゴマ　8
エゾナキウサギ　53
エゾノウサギ　13

エゾハツカウサギ　56
エゾマツ　15
エゾヤマノウサギ　60
エゾユキウサギ　20
エゾユキノウサギ　60
オオカミ　181
オオタニワタリ　158
オオトラツグミ　203
オオミズナギドリ　136,138,
　181
オオヨモギ　144-146
オキナワコキクガシラコウモ
　リ　164
オキナワトゲネズミ　164,
　168
オキナワハツカネズミ　164
オキノウサギ　53
オグロジャックウサギ　92
オコジョ　76
オジロジャックウサギ　49,
　50,76
オジロライチョウ　76
オットセイ　13
オナガイタチ　76
オミルテメワタオウサギ
　224,234
オリイオオコウモリ　164
オリイコキクガシラコウモリ
　164
オリイジネズミ　164

カ　行

蚊　154,155
カイウサギ　5,12-14,19,129
外来種クマネズミ　203
外来種マングース　196,203
外来種ヨーロッパアナウサギ
　16
カエデ　15

生物名索引　*273*

カエル　203
カグラコウモリ　164
カナダオオヤマネコ　21
カモシカ　9
カモジグサ　145
カモノハシ　35
カヤツリグサ科　105
カヤネズミ　34,167
カヤネズミ属　166
カラス　136,149
カラスザンショウ　191
カラスバト　203
ガラスヒバ　203
カラフトノウサギ　59
カラマツ　15,101
カリシウイルス科　156
カワウソ　13
カンガルー　26,30
カンジキウサギ　7,21,76
ガンジョウワタオウサギ　234
カンムリウミスズメ　139
雉　10
希少猛禽類　111
キタナキウサギ　40,55
キツネ　1,3,4,9,111,163
キツネノボタン　189,191
キツネ類　31
キャベツ　145
キュウシュウノウサギ　53
キリ　101
菌類　202
偶蹄類　36
クヌギ　101
クビワナキウサギ　40
クマ　1,9
クマウサギ　69
クマタカ　5,111
クマネズミ　167,202,203
クマネズミ属　166
グラナダノウサギ　50
クリ　8
クルミ　8
グレイハウンド　7,8
グレリス　36
クロウサギ　203
クロガネモチ　191
クロジャックウサギ　49,234

クロマツ　15,101
齧歯目　69,165
齧歯類　17,26,34,66
ケナガイタチ　10
ケナガネズミ　163,164,167,203
ケープノウサギ　76
堅果性（ドングリ）の広葉樹林　162
堅果類　8
嫌気性原生動物　32
コアジサイ　105
コウモリシダ　189
広葉樹　101
コオロギ　199
黒色種　130
黒白色種　130
コズロフナキウサギ　234
コナラ　15
コノハズク　203
コバンモチ　191
子羊　10
ゴボウ　8,9
コルシカノウサギ　50,234

サ　行

ササ　105
サーディニアンナキウサギ　234
サドノウサギ　53
サバクワタオウサギ　47
サル　3
サル類　31
サンゴ礁　162
サンホセウサギ　234
シイ　158
シカ　1-3,6-8,26
シシアクチ　191
シナノウサギ　50
ジネズミ　203
シベリアンハムスター　76
シマウリカエデ　189,191
ジャコウネズミ　164
ジャパニーズ・ホワイト　13
重門歯亜目　36,69
ジュゴン　26
食虫目　35
食用カエル　181

ジリス　86
シルバーナキウサギ　233,234
シルバー・ラビット　130
シロウサギ　69
シロザ　144
シロワキジャックウサギ　234
真獣下網　36
真主齧類　36
ズアカアオバト　203
スイバ　144-146
スギ　15,101
スゲ　105,106,189,191
ススキ　105,149
スダジイ　162,189,191
ステップナキウサギ　40
スマトラウサギ　46,234
スマトラウサギ属　38,42
スミイロオオヒキコウモリ　164
スモール・チンチラ　130
セスジネズミ　164
センカクモグラ　164
線虫　202
ゾウ　26
草本類　105
ソテツ　178

タ　行

ダイトウオオコウモリ　164
タカ　3,111
ダッチ（種）　130,140
ダニ　202
タヌキ　1,4,14
タブ　158
タマガワヤツリ　191
単孔類　35
単門歯亜目　36
チシマノウサギ　59
チベットナキウサギ　40
着生ラン　158
チョウセンノウサギ　50,76
長鼻目　46
長鼻類（アフリカゾウ）　34
チリモス　179
ツキノワグマ　5
ツツガムシ　213

274　生物名索引

ツルニガグサ 189,191
ツワブキ 145
テリハノブドウ 189,191
テワンテペクジャックウサギ
　49,234
テン 1,9,136
トウブワタオウサギ 7,47,
　87,129
トウホクノウサギ 53
トカゲ 203
トキソプラズマ 213
トキワススキ 189,191
トクノシマトゲネズミ 164,
　168
毒蛇ハブ 158
トゲネズミ 162,203
トチノミ 8
トドマツ 15
トリシゾラーグス属 127
トレスマリアワタオウサギ
　234

ナ　行

ナガバモミジイチゴ 104
ナキウサギ 7,20,170
ナキウサギ科 22,30
ナキウサギ類 22
ナノハナハブ 164
ナンゴクホウチャクソウ
　191
ニホンイタチ 13,207
ニホンザル 19
ニホンジカ 19
ニホンノウサギ 50,53,163
日本白色種 12
ニューイングランドワタオウ
　サギ 234
ニュージーランド・ホワイト
　（種） 13,130
ニュージーランド・レッド
　130
ニワトコ属 8
ニンジン 145,155
ヌートリア 14
ヌマダイコン 191
ヌマチウサギ 47,82
ネコ 12
ネズミ 69

ネズミ亜科 165
ネズミ型科 69
ネズミ類 165
ノイヌ 203,210
ノウサギ 1-7,9,13,14,67
野うさぎ 67
野ウサギ 67
ノウサギ属 15,22,42,76,
　170
ノウサギ類 22,126
ノカブ 144-146
ノネコ 203,210
野ネズミ 9
ノボタン 191
ノミ 155,202
ノラネコ 220

ハ　行

灰色種 130
バイソン 7
ハイナンノウサギ 7,50,234
ハイポラーグス属 38
ハイラックス 26
バーガンディー・ファウン
　130
白色種 130
バクテリア 32
ハシブトガラス 203
ハツカネズミ 167
ハツカネズミ属 166
パピロン 130
ハマウド 145
ハヤブサ 149
パンダウサギ 140
ピグミーウサギ属 42
ヒゲスゲ 144-146
微生物 32
ヒツジ 7,12
ヒノキ 15,101,105
ビーバー 13,14
ヒマラヤン 130
ヒメアリドオシ 189
ヒメジソ 191
ヒメナベワリ 191
ヒメヌマチウサギ 47
ヒメネズミ 167
ヒメハブ 164,203
ヒョウタン 8

フイリマングース 196
フェレット 10
ブタ 12
ブッシュマンウサギ 234
ブッシュマンウサギ属 41
ブユ 154,155
ブラジルワタオウサギ 155
プリオペンタラーグス 38
フレミッシュ・ジャイアント
　130
プレーリードッグ 17
フレンチ・ジャイアント
　130
フレンチ・ハバナ 130
フレンチ・ロップ 130
ヘビ 203
ホウキノウサギ 234
ボウスキャット・ジャイアン
　ト・ホワイト 130
ホウロクイチゴ 189,191
ボタンボウフウ 191
ホッキョクウサギ 13,49
ホッキョクギツネ 76,155
ホッキョクノウサギ 76
ホフマンナキウサギ 234
ポーリッシュ・ラビット
　130
ホルノトキ 189

マ　行

マサキ 145
マスクラット 13
マストドン 46
マナティー 26
マングース 182,203
マンシュウノウサギ 50,76
マンモス 7
ミキソーマウイルス 153,
　155
ミヤコザサ 106
ミンク 13
ムカシウサギ亜科 171
ムササビ 1,2
ムース 7
メキシコウサギ 234
メキシコウサギ属 42
猛禽類 164
モクタチバナ 191

生物名索引　275

木本植物（類）　105,190
モグラ　14
モチツツジ　105
モリウサギ　47,49
モンゴルナキウサギ　40

ヤ　行

ヤエヤマオオコウモリ　164
ヤエヤマコキクガシラコウモ
　　リ　164
ヤギ　12
野生齧歯類　17
野生種　130
野生動物　18
野兎　10,67
野兎病菌　17
ヤブツバキ　191
ヤブノウサギ　8,11,21,129
ヤマアラシ型科　69
ヤマウルシ　105,106
ヤマザクラ　101
ヤマドリ　111
ヤマネコ　21
ヤマノウサギ　60
ヤマビワ　189,191

ヤマワタオウサギ　47
ヤルカンドノウサギ　50,234
ヤンバルホオヒゲコウモリ
　　164
有胎盤類　36
有蹄類　65
ユキウサギ　21,49,127,129
ユキノウサギ　60
ユリ　179
ユンナンノウサギ　50
ヨゴレイタチシダ　189
ヨシ　145,149
ヨーロッパアナウサギ　16,
　　125,234

ラ　行

ラゴウイルス属　156
ラット　12
リス　69
リス型科　69
リス類　1
リュウキュウイチゴ　189
リュウキュウイノシシ　164
リュウキュウコノハズク
　　164

リュウキュウシカ　185
リュウキュウテングコウモリ
　　164
リュウキュウハシブトガラス
　　164
リュウキュウバライチゴ
　　189,191
リュウキュウユビナガコウモ
　　リ　164
リョウブ　105
ルリカケス　174,181,203
霊長類　36
レッキス　14
レミングの仲間　76
ロイルナキウサギ　40

ワ　行

ワシ　111
ワタオウサギ　7
ワタオウサギ属　22,70,126
ワタセジネズミ　164
ワニ　18
ワムシ　202

著者略歴

1953 年　滋賀県に生まれる.
1975 年　新潟大学農学部林学科卒業.
1981 年　九州大学大学院農学研究科畜産学専攻（動物
　　　　　学）博士課程単位取得満期退学.
現　在　国立研究開発法人森林総合研究所野生動物研究
　　　　　領域鳥獣生態研究室特任研究員，農学博士.
専　門　動物生態学.

主要著書

『生態学からみた里山の自然と保護』（分担執筆，2005 年，
　講談社）
"Lagomorph Biology : Evolution, Ecology and Conserva-
　tion"（分担執筆，2008 年，Springer）
『日本の外来哺乳類——管理戦略と生態系保全』（共編，
　2011 年，東京大学出版会）
『南西諸島の生物多様性——その成立と保全』（分担執筆，
　2015 年，南方新社）
"The Wild Mammals of Japan. 2nd ed."（分担執筆，2015
　年，松香堂書店）ほか.

ウサギ学
　——隠れることと逃げることの生物学

2017 年 2 月 20 日　初　版

［検印廃止］

著　者　山田文雄

発行所　一般財団法人　東京大学出版会

代表者　吉見俊哉

153-0041　東京都目黒区駒場 4-5-29
電話 03-6407-1069・振替 00160-6-59964

印刷所　三美印刷株式会社
製本所　牧製本印刷株式会社

Ⓒ 2017 Fumio Yamada
ISBN 978-4-13-060199-3　Printed in Japan

JCOPY 〈㈳出版者著作権管理機構　委託出版物〉
本書の無断複写は著作権法上での例外を除き禁じられています.
複写される場合は，そのつど事前に，㈳出版者著作権管理機構
（電話 03-3513-6969，FAX 03-3513-6979，e-mail : info@jcopy.or.
jp）の許諾を得てください.

Natural History Series（継続刊行中）

日本の自然史博物館　糸魚川淳二著 ── A5判・240頁/4000円（品切）
●理論と実際とを対比させながら自然史博物館の将来像をさぐる．

恐竜学　小畠郁生編 ── A5判・368頁/4500円（品切）
犬塚則久・山崎信寿・杉本剛・瀬戸口烈司・木村達明・平野弘道著
●7人の日本の研究者がそれぞれ独特の研究視点からダイナミックに恐竜像を描く．

樹木社会学　渡邊定元著 ── A5判・464頁/5600円
●永年にわたり森林をみつめてきた著者が描き上げた森林と樹木の壮大な自然史．

動物分類学の論理　馬渡峻輔著 ── A5判・248頁/3800円
多様性を認識する方法
●誰もが知りたがっていた「分類することの論理」について気鋭の分類学者が明快に語る．

花の性　その進化を探る　矢原徹一著 ── A5判・328頁/4800円
●魅力あふれる野生植物の世界を鮮やかに読み解く．発見と興奮に満ちた科学の物語．

民族動物学　周達生著 ── A5判・240頁/3600円
アジアのフィールドから
●ヒトと動物たちをめぐるナチュラルヒストリー．

海洋民族学　秋道智彌著 ── A5判・272頁/3800円（品切）
海のナチュラリストたち
●太平洋の島じまに海人と生きものたちの織りなす世界をさぐる．

両生類の進化　松井正文著 ── A5判・312頁/4800円
●はじめて陸に上がった動物たちの自然史をダイナミックに描く．

シダ植物の自然史　岩槻邦男著 ── A5判・272頁/3400円（品切）
●「生きているとはどういうことか」を解く鍵を求め続けてきたあるナチュラリストの軌跡．

太古の海の記憶　池谷仙之・阿部勝巳著 ── A5判・248頁/3700円（品切）
オストラコーダの自然史
●新しい自然史科学へ向けて地球科学と生物科学の統合が始まる．

哺乳類の生態学　土肥昭夫・岩本俊孝・三浦慎悟・池田啓著 ── A5判・272頁/3800円（品切）
●気鋭の生態学者たちが描く〈魅惑的〉な野生動物の世界．

高山植物の生態学 増沢武弘著 ————— A5判・232頁/3800円（品切）
●極限に生きる植物たちのたくみな生きざまをみる.

サメの自然史 谷内透著 ————— A5判・280頁/4200円（品切）
●「海の狩人たち」を追い続けた海洋生物学者がとらえたかれらの多様な世界.

生物系統学 三中信宏著 ————— A5判・480頁/5800円
●より精度の高い系統樹を求めて展開される現代の系統学.

テントウムシの自然史 佐々治寛之著 ——— A5判・264頁/4000円（品切）
●身近な生きものたちに自然史科学の広がりと深まりをみる.

鰭脚類 [ききゃくるい] 和田一雄 伊藤徹魯 著 ————— A5判・296頁/4800円（品切）
アシカ・アザラシの自然史
●水生生活に適応した哺乳類の進化・生態・ヒトとのかかわりをみる.

植物の進化形態学 加藤雅啓著 ————— A5判・256頁/4000円
●植物のかたちはどのように進化したのか. 形態の多様性から種の多様性にせまる.

新しい自然史博物館 糸魚川淳二著 ————— A5判・240頁/3800円（品切）
●これからの自然史博物館に求められる新しいパラダイムとはなにか.

地形植生誌 菊池多賀夫著 ————— A5判・240頁/4400円
●精力的なフィールドワークと丹念な植生図の読解をもとに描く地形と植生の自然史.

日本コウモリ研究誌 前田喜四雄著 ————— A5判・216頁/3700円（品切）
翼手類の自然史
●北海道から南西諸島まで, 精力的にコウモリを訪ね歩いた研究者の記録.

爬虫類の進化 疋田努著 ————— A5判・248頁/4400円
●トカゲ, ヘビ, カメ, ワニ……多様な爬虫類の自然史を気鋭のトカゲ学者が描写する.

生物体系学 直海俊一郎著 ————— A5判・360頁/5200円（品切）
●生物体系学の構造・論理・歴史を分類学はじめ5つの視座から丹念に読み解く.

生物学名概論 平嶋義宏著 ————— A5判・272頁/4600円
●身近な生物の学名をとおして基礎を学び, 命名規約により理解を深める.

哺乳類の進化　遠藤秀紀著 ————— A5判・400頁/5400円
●地球史を飾る動物たちの〈歴史性〉にナチュラルヒストリーが挑む.

動物進化形態学　倉谷滋著 ————— A5判・632頁/7400円（品切）
●進化発生学の視点から脊椎動物のかたちの進化にせまる.

日本の植物園　岩槻邦男著 ————— A5判・264頁/3800円
●植物園の歴史や現代的な意義を論じ，長期的な将来構想を提示する.

民族昆虫学　野中健一著 ————— A5判・224頁/4200円
昆虫食の自然誌
●人間はなぜ昆虫を食べるのか ——人類学や生物学などの枠組を越えた人間と自然の関係学.

シカの生態誌　高槻成紀著 ————— A5判・496頁/7800円
●動物生態学と植物生態学の2つの座標軸から，シカの生態を鮮やかに描く.

ネズミの分類学　金子之史著 ————— A5判・320頁/5000円
生物地理学の視点
●分類学的研究の集大成として，さらに自然史研究のモデルとして注目のモノグラフ.

化石の記憶　矢島道子著 ————— A5判・240頁/3200円
古生物学の歴史をさかのぼる
●時代をさかのぼりながら，化石をめぐる物語を読み解こう.

ニホンカワウソ　安藤元一著 ————— A5判・248頁/4400円
絶滅に学ぶ保全生物学
●身近な水辺の動物であったニホンカワウソ——かれらはなぜ絶滅しなくてはならなかったのか.

フィールド古生物学　大路樹生著 ————— A5判・164頁/2800円
進化の足跡を化石から読み解く
●フィールドワークや研究史上のエピソードをまじえながら，古生物学の魅力を語る.

日本の動物園　石田戢著 ————— A5判・272頁/3600円
●動物園学のすすめ——多様な視点からこれからの動物園を論じた決定版テキスト.

貝類学　佐々木猛智著 ————— A5判・400頁/5400円
●化石種から現生種まで，軟体動物の多様な世界を体系化. 著者撮影の精緻な写真を多数掲載.

リスの生態学　田村典子著 ――――― A5判・224頁/3800円
●行動生態，進化生態，保全生態など生態学の主要なテーマにリスからアプローチ.

イルカの認知科学　村山司著 ――――― A5判・224頁/3400円
異種間コミュニケーションへの挑戦
●イルカと話したい――「海の霊長類」の知能に認知科学の手法で迫る.

海の保全生態学　松田裕之著 ――――― A5判・224頁/3600円
●マグロやクジラはどれだけ獲ってよいのか？　サンマやイワシはいつまで獲れるのか？

日本の水族館　内田詮三・荒井一利 著 ――――― A5判・240頁/3600円
　　　　　　　西田清徳
●日本の水族館を牽引する名物館長たちが熱く語るユニークな水族館論.

トンボの生態学　渡辺守著 ――――― A5判・260頁/4200円
●身近な昆虫――トンボをとおして生態学の基礎から応用まで統合的に解説.

フィールドサイエンティスト　佐藤哲著 ――――― A5判・252頁/3600円
地域環境学という発想
●世界のフィールドを駆け巡り「ひとり学際研究」をつくりあげ，学問と社会の境界を乗り越える.

ニホンカモシカ　落合啓二著 ――――― A5判・290頁/5300円
行動と生態
●40年におよぶ野外研究の集大成. 徹底的な行動観察と個体識別による野生動物研究の優れたモデル.

新版 動物進化形態学　倉谷滋著 ――――― A5判・768頁/12000円
●ゲーテの形態学から最先端の進化発生学まで，時空を超えて壮大なスケールで展開される進化論.

ここに表記された価格は本体価格です. ご購入の際には消費税が加算されますのでご了承下さい.